KB213283

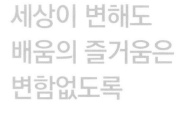

세상이 변해도
배움의 즐거움은
변함없도록

시대는 빠르게 변해도
배움의 즐거움은
변함없어야 하기에

어제의 비상은
남다른 교재부터
결이 다른 콘텐츠
전에 없던 교육 플랫폼까지

변함없는 혁신으로
교육 문화 환경의 새로운 전형을
실현해왔습니다.

비상은 오늘, 다시 한번
새로운 교육 문화 환경을 실현하기 위한
또 하나의 혁신을 시작합니다.

오늘의 내가 어제의 나를 초월하고
오늘의 교육이 어제의 교육을 초월하여
배움의 즐거움을 지속하는 혁신,

바로, 메타인지 기반 완전 학습을.

상상을 실현하는 교육 문화 기업 비상

메타인지 기반 완전 학습

초월을 뜻하는 meta와 생각을 뜻하는 인지가 결합한 메타인지는
자신이 알고 모르는 것을 스스로 구분하고 학습계획을 세우도록 하는
궁극의 학습 능력입니다. 비상의 메타인지 기반 완전 학습 시스템은
잠들어 있는 메타인지를 깨워 공부를 100% 내 것으로 만들도록 합니다.

공부 계획표 12주 완성에 맞추어 공부하면
단원별로 **개념책, 유형책**을 번갈아 공부하며
응용 실력을 완성할 수 있어요!

7주	3. 공간과 입체		4. 비례식과 비례배분		
	유형책 56~59쪽	유형책 60~64쪽	개념책 65~69쪽	개념책 70~71쪽	개념책 72~75쪽
	월 일	월 일	월 일	월 일	월 일

8주	4. 비례식과 비례배분				
	개념책 76~77쪽	개념책 78~79쪽	개념책 80~84쪽	유형책 65~68쪽	유형책 69~70쪽
	월 일	월 일	월 일	월 일	월 일

9주	4. 비례식과 비례배분			5. 원의 둘레와 넓이	
	유형책 71~73쪽	유형책 74~77쪽	유형책 78~82쪽	개념책 85~91쪽	개념책 92~97쪽
	월 일	월 일	월 일	월 일	월 일

10주	5. 원의 둘레와 넓이				
	개념책 98~99쪽	개념책 100~104쪽	유형책 83~86쪽	유형책 87~89쪽	유형책 90~91쪽
	월 일	월 일	월 일	월 일	월 일

11주	5. 원의 둘레와 넓이		6. 원기둥, 원뿔, 구		
	유형책 92~95쪽	유형책 96~100쪽	개념책 105~111쪽	개념책 112~113쪽	개념책 114~115쪽
	월 일	월 일	월 일	월 일	월 일

12주	6. 원기둥, 원뿔, 구				
	개념책 116~120쪽	유형책 101~105쪽	유형책 106~107쪽	유형책 108~111쪽	유형책 112~116쪽
	월 일	월 일	월 일	월 일	월 일

개념+유형 파워

공부 계획표

개념책으로 공부

1주

1. 분수의 나눗셈			2. 소수의 나눗셈	
개념책 5~10쪽	개념책 11~17쪽	개념책 18~24쪽	개념책 25~29쪽	개념책 30~34쪽
월 일	월 일	월 일	월 일	월 일

2주

2. 소수의 나눗셈			3. 공간과 입체	
개념책 35~39쪽	개념책 40~44쪽	개념책 45~49쪽	개념책 50~54쪽	개념책 55~59쪽
월 일	월 일	월 일	월 일	월 일

3주

3. 공간과 입체		4. 비례식과 비례배분		5. 원의 둘레와 넓이
개념책 60~64쪽	개념책 65~71쪽	개념책 72~77쪽	개념책 78~84쪽	개념책 85~91쪽
월 일	월 일	월 일	월 일	월 일

4주

5. 원의 둘레와 넓이			6. 원기둥, 원뿔, 구	
개념책 92~97쪽	개념책 98~104쪽	개념책 105~111쪽	개념책 112~115쪽	개념책 116~120쪽
월 일	월 일	월 일	월 일	월 일

공부 계획표 8주 완성에 맞추어 공부하면
개념책으로 공부한 후 **유형책**으로 응용 유형을 강화하며
응용 실력을 완성할 수 있어요!

유형책으로 공부

5주

1. 분수의 나눗셈			2. 소수의 나눗셈	
유형책 3~11쪽	유형책 12~17쪽	유형책 18~22쪽	유형책 23~27쪽	유형책 28~33쪽
월 일	월 일	월 일	월 일	월 일

6주

2. 소수의 나눗셈			3. 공간과 입체	
유형책 34~39쪽	유형책 40~44쪽	유형책 45~49쪽	유형책 50~55쪽	유형책 56~59쪽
월 일	월 일	월 일	월 일	월 일

7주

3. 공간과 입체	4. 비례식과 비례배분			5. 원의 둘레와 넓이
유형책 60~64쪽	유형책 65~73쪽	유형책 74~77쪽	유형책 78~82쪽	유형책 83~91쪽
월 일	월 일	월 일	월 일	월 일

8주

5. 원의 둘레와 넓이		6. 원기둥, 원뿔, 구		
유형책 92~95쪽	유형책 96~100쪽	유형책 101~107쪽	유형책 108~111쪽	유형책 112~116쪽
월 일	월 일	월 일	월 일	월 일

개념+유형 파워

공부 계획표

6-2
12주
완성

1주

1. 분수의 나눗셈

개념책 5~10쪽	개념책 11~17쪽	개념책 18~19쪽	개념책 20~24쪽	유형책 3~7쪽
월 일	월 일	월 일	월 일	월 일

2주

1. 분수의 나눗셈   2. 소수의 나눗셈

유형책 8~11쪽	유형책 12~14쪽	유형책 15~17쪽	유형책 18~22쪽	개념책 25~29쪽
월 일	월 일	월 일	월 일	월 일

3주

2. 소수의 나눗셈

개념책 30~31쪽	개념책 32~35쪽	개념책 36~37쪽	개념책 38~39쪽	개념책 40~44쪽
월 일	월 일	월 일	월 일	월 일

4주

2. 소수의 나눗셈

유형책 23~27쪽	유형책 28~31쪽	유형책 32~33쪽	유형책 34~36쪽	유형책 37~39쪽
월 일	월 일	월 일	월 일	월 일

5주

2. 소수의 나눗셈   3. 공간과 입체

유형책 40~44쪽	개념책 45~49쪽	개념책 50~51쪽	개념책 52~55쪽	개념책 56~57쪽
월 일	월 일	월 일	월 일	월 일

6주

3. 공간과 입체

개념책 58~59쪽	개념책 60~64쪽	유형책 45~49쪽	유형책 50~52쪽	유형책 53~55쪽
월 일	월 일	월 일	월 일	월 일

다치지 않도록 주의하여 가위로 잘라서 사용하세요.

개념+유형

파워

개념책

초등 수학 ——

6·2

구성과 특징

빠르고 알찬 개념 학습

 개념책

개념 정리

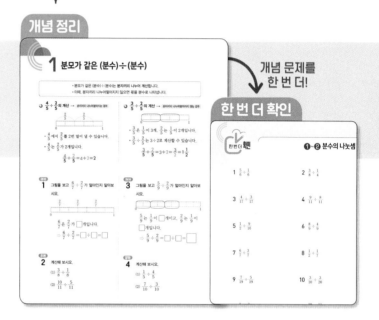

개념 문제를
한 번 더!

중~상 수준의 다양한 실전유형 문제를 풀어 실전 감각을 강화

 유형책

실전유형 강화

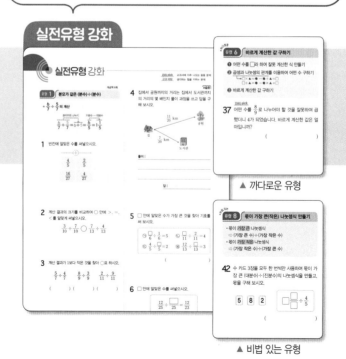

개념책으로 실력을 쌓은 뒤
응용 유형이 강화된 유형책으로 응용 완성!

잘 나오는 실전·응용문제 학습

STEP 1 실전문제

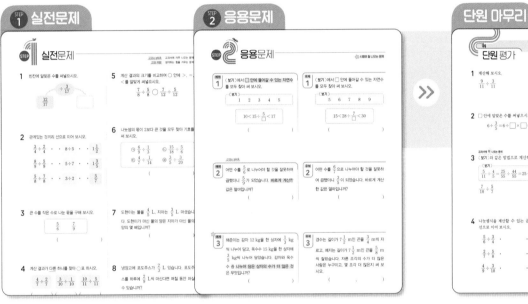

STEP 2 응용문제

응용 평가

단원 마무리

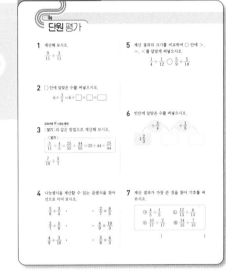

상~최상 수준의 대표문제를 풀어 최상위로 도약

상위권유형 강화

수준별 평가로 어려운 시험까지 대비

응용·심화 단원 평가

개념+유형 파워

차례

파워에서
공부할 단원이에요

1
분수의 나눗셈

1 분모가 같은 (분수)÷(분수)

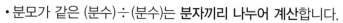

- 분모가 같은 (분수)÷(분수)는 분자끼리 나누어 계산합니다.
- 이때, 분자끼리 나누어떨어지지 않으면 몫을 분수로 나타냅니다.

↻ $\frac{4}{5} \div \frac{2}{5}$의 계산 → 분자끼리 나누어떨어지는 경우

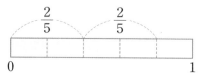

- $\frac{4}{5}$에서 $\frac{2}{5}$를 2번 덜어 낼 수 있습니다.
- $\frac{4}{5}$는 $\frac{2}{5}$가 2개입니다.

$$\frac{4}{5} \div \frac{2}{5} = 4 \div 2 = 2$$

↻ $\frac{3}{5} \div \frac{2}{5}$의 계산 → 분자끼리 나누어떨어지지 않는 경우

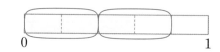

- $\frac{3}{5}$은 $\frac{1}{5}$이 3개, $\frac{2}{5}$는 $\frac{1}{5}$이 2개입니다.
- $\frac{3}{5} \div \frac{2}{5}$는 3÷2로 계산할 수 있습니다.

$$\frac{3}{5} \div \frac{2}{5} = 3 \div 2 = \frac{3}{2} = 1\frac{1}{2}$$

예제

1 그림을 보고 $\frac{6}{7} \div \frac{2}{7}$가 얼마인지 알아보시오.

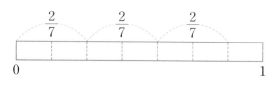

$\frac{6}{7}$은 $\frac{2}{7}$가 $\square$개입니다.

⇨ $\frac{6}{7} \div \frac{2}{7} = \square \div \square = \square$

예제

3 그림을 보고 $\frac{5}{9} \div \frac{2}{9}$가 얼마인지 알아보시오.

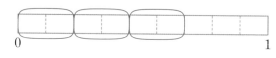

$\frac{5}{9}$는 $\frac{1}{9}$이 $\square$개이고, $\frac{2}{9}$는 $\frac{1}{9}$이 $\square$개입니다.

⇨ $\frac{5}{9} \div \frac{2}{9} = \square \div \square = \square$

유제

2 계산해 보시오.

(1) $\frac{3}{8} \div \frac{1}{8}$

(2) $\frac{10}{11} \div \frac{5}{11}$

유제

4 계산해 보시오.

(1) $\frac{1}{5} \div \frac{4}{5}$

(2) $\frac{7}{10} \div \frac{3}{10}$

2 분모가 다른 (분수)÷(분수)

- 분모가 다른 (분수)÷(분수)는 **통분하여 분자끼리 나누어 계산합니다.**
- 이때, 분자끼리 나누어떨어지지 않으면 몫을 분수로 나타냅니다.

◐ $\frac{3}{4} \div \frac{3}{8}$ 의 계산 → 분자끼리 나누어떨어지는 경우

$\frac{3}{4} = \frac{6}{8}$

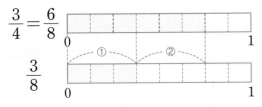

$\frac{3}{8}$

분자끼리 나누기

$$\frac{3}{4} \div \frac{3}{8} = \frac{6}{8} \div \frac{3}{8} = 6 \div 3 = 2$$

통분

◐ $\frac{2}{3} \div \frac{1}{2}$ 의 계산 → 분자끼리 나누어떨어지지 않는 경우

분자끼리 나누기

$$\frac{2}{3} \div \frac{1}{2} = \frac{4}{6} \div \frac{3}{6} = 4 \div 3 = \frac{4}{3} = 1\frac{1}{3}$$

통분

예제 5 그림을 보고 $\frac{3}{5} \div \frac{1}{10}$ 이 얼마인지 알아보시오.

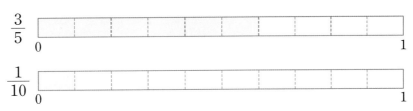

$$\frac{3}{5} \div \frac{1}{10} = \frac{\square}{10} \div \frac{1}{10} = \square \div 1 = \square$$

유제 6 계산해 보시오.

(1) $\frac{5}{6} \div \frac{1}{12}$

(2) $\frac{4}{5} \div \frac{4}{15}$

(3) $\frac{1}{3} \div \frac{1}{7}$

(4) $\frac{3}{8} \div \frac{1}{5}$

1 $\dfrac{5}{6} \div \dfrac{1}{6}$

2 $\dfrac{3}{8} \div \dfrac{1}{4}$

3 $\dfrac{4}{17} \div \dfrac{3}{17}$

4 $\dfrac{9}{11} \div \dfrac{8}{11}$

5 $\dfrac{1}{2} \div \dfrac{9}{10}$

6 $\dfrac{8}{9} \div \dfrac{4}{9}$

7 $\dfrac{6}{7} \div \dfrac{3}{7}$

8 $\dfrac{1}{2} \div \dfrac{1}{7}$

9 $\dfrac{7}{19} \div \dfrac{5}{19}$

10 $\dfrac{3}{10} \div \dfrac{3}{20}$

11 $\dfrac{1}{5} \div \dfrac{1}{15}$

12 $\dfrac{10}{13} \div \dfrac{11}{13}$

13 $\dfrac{7}{12} \div \dfrac{5}{6}$

14 $\dfrac{2}{3} \div \dfrac{1}{6}$

STEP 실전문제

교과서 pick 교과서에 자주 나오는 문제
교과 역량 생각하는 힘을 키우는 문제

1 빈칸에 알맞은 수를 써넣으시오.

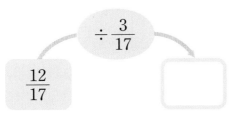

2 관계있는 것끼리 선으로 이어 보시오.

$\dfrac{3}{4} \div \dfrac{2}{4}$ ·   · $8 \div 5$ ·   · $1\dfrac{1}{2}$

$\dfrac{8}{9} \div \dfrac{5}{9}$ ·   · $5 \div 7$ ·   · $1\dfrac{3}{5}$

$\dfrac{5}{8} \div \dfrac{7}{8}$ ·   · $3 \div 2$ ·   · $\dfrac{5}{7}$

3 큰 수를 작은 수로 나눈 몫을 구해 보시오.

$$\dfrac{5}{6} \qquad \dfrac{7}{9}$$

(   )

4 계산 결과가 <u>다른</u> 하나를 찾아 ○표 하시오.

$\dfrac{4}{7} \div \dfrac{2}{7}$ $\dfrac{3}{10} \div \dfrac{1}{10}$ $\dfrac{10}{11} \div \dfrac{5}{11}$

(   ) (   ) (   )

5 계산 결과의 크기를 비교하여 ○ 안에 $>$, $=$, $<$를 알맞게 써넣으시오.

$$\dfrac{7}{8} \div \dfrac{5}{8} \bigcirc \dfrac{7}{12} \div \dfrac{5}{12}$$

6 나눗셈의 몫이 2보다 큰 것을 모두 찾아 기호를 써 보시오.

㉠ $\dfrac{6}{9} \div \dfrac{1}{3}$	㉡ $\dfrac{15}{18} \div \dfrac{5}{6}$
㉢ $\dfrac{4}{7} \div \dfrac{1}{14}$	㉣ $\dfrac{3}{5} \div \dfrac{3}{20}$

(   )

7 도현이는 물을 $\dfrac{4}{5}$ L, 지아는 $\dfrac{3}{5}$ L 마셨습니다. 도현이가 마신 물의 양은 지아가 마신 물의 양의 몇 배입니까?

(   )

8 냉장고에 포도주스가 $\dfrac{2}{3}$ L 있습니다. 포도주스를 하루에 $\dfrac{2}{9}$ L씩 마신다면 며칠 동안 마실 수 있습니까?

(   )

9 그림에 알맞은 진분수끼리의 나눗셈식을 만들고 답을 구해 보시오.

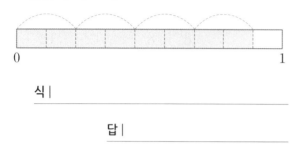

식 |

답 |

10 ㉠은 ㉡의 몇 배인지 풀이 과정을 쓰고 답을 구해 보시오. 서술형

㉠ $\dfrac{7}{10} \div \dfrac{1}{10}$ ㉡ $\dfrac{8}{15} \div \dfrac{2}{15}$

풀이 |

답 |

11 세로가 $\dfrac{2}{5}$ m인 직사각형의 넓이가 $\dfrac{2}{3}$ m²입니다. 이 직사각형의 가로는 몇 m입니까?

$\dfrac{2}{3}$ m² $\dfrac{2}{5}$ m

(   )

12 교과 역량 문제 해결, 추론

☐ 안에 알맞은 분수를 써넣으시오.

$$\boxed{} \times \dfrac{3}{4} = \dfrac{6}{13} \div \dfrac{10}{13}$$

13 교과서 pick

어느 애벌레는 $\dfrac{7}{9}$ cm를 기어가는 데 $\dfrac{1}{12}$분이 걸립니다. 이 애벌레가 같은 빠르기로 기어간다면 1분 동안 갈 수 있는 거리는 몇 cm입니까?

(   )

14 교과 역량 문제 해결, 추론

땅콩 $\dfrac{24}{25}$ kg을 한 봉지에 $\dfrac{6}{25}$ kg씩 나누어 담았습니다. 한 봉지에 4000원씩 모두 팔았을 때, 땅콩을 판 금액은 얼마입니까?

(   )

3 (자연수)÷(분수)

$$(자연수)÷(분수)=(자연수)÷\frac{(분자)}{(분모)}=(자연수)÷(분자)×(분모)$$

예 고구마 8 kg을 캐는 데 $\frac{4}{5}$시간이 걸렸을 때, 1시간 동안 캘 수 있는 고구마의 무게 구하기

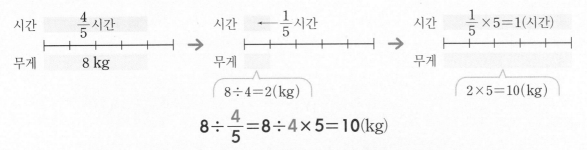

| 시간 | $\frac{4}{5}$시간 | | 시간 | $\frac{1}{5}$시간 | | 시간 | $\frac{1}{5}×5=1$(시간) |

$8÷4=2(kg)$

$2×5=10(kg)$

$$8÷\frac{4}{5}=8÷4×5=10(kg)$$

참고 (자연수)÷(단위분수)는 자연수에 단위분수의 분모를 곱하여 계산합니다.

$$5÷\frac{1}{7}=5×7=35$$

예제

1 수박 $\frac{2}{3}$통의 무게가 6 kg일 때, 그림을 보고 수박 1통의 무게는 몇 kg인지 구해 보시오.

수박 $\frac{2}{3}$통   수박 $\frac{1}{3}$통   수박 $\frac{1}{3}×3=1$(통)

무게 6 kg

$6÷\boxed{}=\boxed{}$ (kg) $\boxed{}×3=\boxed{}$ (kg)

$$6÷\frac{2}{3}=6÷\boxed{}×\boxed{}=\boxed{}\ (kg)$$

유제

2 계산해 보시오.

(1) $4÷\frac{2}{5}$ (2) $10÷\frac{5}{7}$

(3) $2÷\frac{3}{4}$ (4) $5÷\frac{10}{11}$

4 (분수)÷(분수)를 (분수)×(분수)로 나타내기

$$(분수) \div (분수) = (분수) \div \frac{(분자)}{(분모)} = (분수) \times \frac{(분모)}{(분자)}$$

예 우유 $\frac{5}{9}$ L를 빈 통에 담아 통의 $\frac{2}{3}$만큼 채웠을 때, 한 통을 가득 채우는 데 필요한 우유의 양 구하기

통 $\dfrac{2}{3}$통 → 통 $\dfrac{1}{3}$통 → 통 $\dfrac{1}{3} \times 3 = 1$(통)

우유 $\dfrac{5}{9}$ L

$$\frac{5}{9} \div 2 = \left(\frac{5}{9} \times \frac{1}{2} \right)(L)$$

$$\left(\frac{5}{9} \times \frac{1}{2} \times 3 \right)(L)$$

$$\frac{5}{9} \div \frac{2}{3} = \frac{5}{9} \div 2 \times 3 = \frac{5}{9} \times \frac{1}{2} \times 3 = \frac{5}{\overset{}{9}} \times \frac{\overset{1}{3}}{2} = \frac{5}{6}(L)$$

$$\blacksquare \div \blacktriangle = \blacksquare \times \frac{1}{\blacktriangle}$$

예제 3

물 $\frac{2}{7}$ L를 빈 병에 담았더니 병의 $\frac{3}{4}$만큼 찼습니다. 그림을 보고 한 병을 가득 채우는 데 필요한 물은 몇 L인지 구해 보시오.

병 $\dfrac{3}{4}$병 → 병 $\dfrac{1}{4}$병 → 병 $\dfrac{1}{4} \times 4 = 1$(병)

물 $\dfrac{2}{7}$ L 물 물

$$\frac{2}{7} \div \square = \left(\frac{2}{7} \times \frac{\square}{\square} \right)(L)$$

$$\left(\frac{2}{7} \times \frac{\square}{\square} \times \square \right)(L)$$

$$\frac{2}{7} \div \frac{3}{4} = \frac{2}{7} \div \square \times \square = \frac{2}{7} \times \frac{1}{\square} \times \square = \frac{2}{7} \times \frac{\square}{\square} = \square (L)$$

유제 4

분수의 나눗셈을 분수의 곱셈으로 나타내어 계산해 보시오.

(1) $\dfrac{2}{5} \div \dfrac{5}{6}$

(2) $\dfrac{3}{4} \div \dfrac{7}{9}$

(3) $\dfrac{4}{5} \div \dfrac{7}{8}$

(4) $\dfrac{3}{10} \div \dfrac{4}{11}$

5 (분수)÷(분수)

↻ $\dfrac{9}{4} \div \dfrac{5}{7}$의 계산 → (가분수)÷(분수)

방법 1 통분하여 분자끼리 나누어 계산하기

$$\dfrac{9}{4} \div \dfrac{5}{7} = \dfrac{63}{28} \div \dfrac{20}{28} = 63 \div 20 = \dfrac{63}{20} = 3\dfrac{3}{20}$$

방법 2 분수의 곱셈으로 나타내어 계산하기

$$\dfrac{9}{4} \div \dfrac{5}{7} = \dfrac{9}{4} \times \dfrac{7}{5} = \dfrac{63}{20} = 3\dfrac{3}{20}$$

↻ $1\dfrac{4}{5} \div \dfrac{7}{8}$의 계산 → (대분수)÷(분수)

방법 1 통분하여 분자끼리 나누어 계산하기

$$1\dfrac{4}{5} \div \dfrac{7}{8} = \dfrac{9}{5} \div \dfrac{7}{8} = \dfrac{72}{40} \div \dfrac{35}{40} = 72 \div 35 = \dfrac{72}{35} = 2\dfrac{2}{35}$$

대분수 → 가분수

방법 2 분수의 곱셈으로 나타내어 계산하기

$$1\dfrac{4}{5} \div \dfrac{7}{8} = \dfrac{9}{5} \div \dfrac{7}{8} = \dfrac{9}{5} \times \dfrac{8}{7} = \dfrac{72}{35} = 2\dfrac{2}{35}$$

예제 5

$1\dfrac{2}{3} \div \dfrac{4}{7}$를 어떻게 계산하는지 두 가지 방법으로 알아보시오.

방법 1 통분하여 분자끼리 나누어 계산하기

$$1\dfrac{2}{3} \div \dfrac{4}{7} = \dfrac{\square}{3} \div \dfrac{4}{7} = \dfrac{\square}{21} \div \dfrac{\square}{21} = \square \div \square = \dfrac{\square}{\square} = \square$$

방법 2 분수의 곱셈으로 나타내어 계산하기

$$1\dfrac{2}{3} \div \dfrac{4}{7} = \dfrac{\square}{3} \div \dfrac{4}{7} = \dfrac{\square}{3} \times \dfrac{\square}{\square} = \dfrac{\square}{\square} = \square$$

유제 6

계산해 보시오.

(1) $\dfrac{5}{4} \div \dfrac{8}{9}$

(2) $1\dfrac{4}{7} \div \dfrac{3}{8}$

(3) $2\dfrac{1}{2} \div \dfrac{4}{3}$

(4) $2\dfrac{1}{3} \div 1\dfrac{3}{5}$

❸~❺ 분수의 나눗셈 (2)

1 $7 \div \frac{1}{4}$

2 $\frac{5}{4} \div \frac{11}{12}$

3 $\frac{4}{15} \div \frac{8}{13}$

4 $1\frac{7}{10} \div 2\frac{2}{3}$

5 $6 \div \frac{5}{11}$

6 $2\frac{2}{9} \div \frac{4}{15}$

7 $1\frac{1}{10} \div \frac{11}{20}$

8 $2 \div \frac{4}{9}$

9 $3\frac{1}{8} \div 3\frac{3}{4}$

10 $1\frac{3}{7} \div \frac{5}{4}$

11 $2\frac{4}{5} \div \frac{7}{12}$

12 $\frac{5}{16} \div \frac{5}{8}$

13 $12 \div \frac{3}{5}$

14 $\frac{15}{2} \div \frac{26}{3}$

1 나눗셈식을 계산할 수 있는 곱셈식을 찾아 선으로 이어 보시오.

$\dfrac{2}{3} \div \dfrac{4}{7}$ ·   · $\dfrac{7}{8} \times \dfrac{9}{2}$

$\dfrac{8}{9} \div \dfrac{3}{5}$ ·   · $\dfrac{8}{9} \times \dfrac{5}{3}$

$\dfrac{7}{8} \div \dfrac{2}{9}$ ·   · $\dfrac{2}{3} \times \dfrac{7}{4}$

2 자연수를 분수로 나눈 몫을 구해 보시오.

$$12 \qquad \dfrac{4}{9}$$

(   )

3 빈칸에 알맞은 수를 써넣으시오.

$\div \dfrac{1}{3}$ $\div \dfrac{5}{7}$

$\dfrac{1}{5}$

4 바르게 계산한 사람은 누구입니까?

$\dfrac{9}{7} \div \dfrac{1}{8} = 10\dfrac{2}{7}$ $2\dfrac{3}{4} \div \dfrac{5}{6} = 2\dfrac{9}{10}$

진주   선재

(   )

5 계산 결과의 크기를 비교하여 ○ 안에 >, =, <를 알맞게 써넣으시오.

$$12 \div \dfrac{3}{8} \bigcirc 10 \div \dfrac{2}{5}$$

6 ㉠을 ㉡으로 나눈 몫을 구해 보시오.

㉠ $\dfrac{5}{14}$ ㉡ $\dfrac{1}{10}$ 이 7개인 수

(   )

7 계산 결과가 큰 것부터 차례대로 1, 2, 3을 써넣으시오.

$9 \div \dfrac{1}{4}$	$8 \div \dfrac{6}{7}$	$6 \div \dfrac{2}{5}$

8 계산 결과가 자연수인 것을 찾아 기호를 써 보시오.

$$\text{㉠ } \frac{4}{7} \div \frac{5}{8} \qquad \text{㉡ } 1\frac{1}{5} \div 1\frac{3}{10}$$

$$\text{㉢ } \frac{4}{3} \div \frac{7}{9} \qquad \text{㉣ } 3\frac{3}{8} \div \frac{9}{16}$$

(   )

9 나눗셈의 몫을 각각 구하고, 알맞은 말에 ○표 하시오.

$$1\frac{5}{7} \div 1\frac{4}{5} = \boxed{} \qquad 1\frac{5}{7} \div \frac{3}{4} = \boxed{}$$

$1\frac{5}{7} \div 1\frac{4}{5}$ 의 몫은 $1\frac{5}{7}$ 보다
(큽니다 , 작습니다).
$1\frac{5}{7} \div \frac{3}{4}$ 의 몫은 $1\frac{5}{7}$ 보다
(큽니다 , 작습니다).

10 길이가 7 m인 끈을 $\frac{7}{8}$ m씩 자르려고 합니다. 자른 끈은 모두 몇 조각이 됩니까?

(   )

11 밑변의 길이가 $\frac{4}{5}$ cm인 평행사변형의 넓이가 $1\frac{2}{7}$ cm²입니다. 이 평행사변형의 높이는 몇 cm입니까?

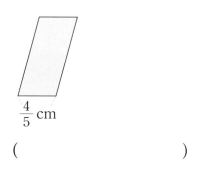

$\frac{4}{5}$ cm

(   )

12 서술형 고무관 $\frac{9}{10}$ m의 무게가 $\frac{3}{7}$ kg입니다. 고무관 1 m의 무게는 몇 kg인지 풀이 과정을 쓰고 답을 구해 보시오.

풀이 |

답 |

13 도넛 한 개를 만드는 데 밀가루 $\frac{4}{15}$ 컵이 필요합니다. 밀가루 $2\frac{2}{5}$ 컵으로 만들 수 있는 도넛은 몇 개입니까?

(   )

14 선물 한 개를 포장하는 데 색 테이프 $\dfrac{4}{9}$ m가 필요합니다. 색 테이프 $1\dfrac{1}{6}$ m로 선물을 몇 개까지 포장할 수 있습니까?

( )

15 윤하네 집에서 각 장소까지의 거리를 나타낸 것입니다. 윤하네 집에서 가장 먼 곳까지의 거리는 가장 가까운 곳까지의 거리의 몇 배입니까?

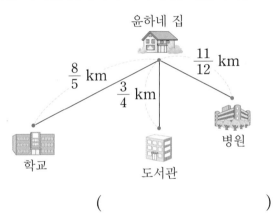

윤하네 집

$\dfrac{8}{5}$ km $\quad$ $\dfrac{11}{12}$ km

$\dfrac{3}{4}$ km

학교 $\qquad$ 도서관 $\qquad$ 병원

( )

16 장난감 한 개를 만드는 데 $\dfrac{2}{3}$ 시간이 걸립니다. 하루에 6시간씩 8일 동안 만든다면 장난감을 몇 개 만들 수 있습니까?

( )

교과서 pick

17 ☐ 안에 들어갈 수 있는 자연수는 모두 몇 개입니까?

$$\square < 5\dfrac{3}{5} \div 1\dfrac{3}{4}$$

( )

18 밤 $\dfrac{5}{8}$ kg의 가격이 7000원입니다. 밤 2 kg의 가격은 얼마입니까?

( )

교과 역량 문제 해결, 정보 처리

19 민준이는 오늘 집에 있던 5시간 중에서 $2\dfrac{1}{3}$ 시간은 공부했고, $\dfrac{7}{8}$ 시간은 운동했고, 나머지 시간은 책을 읽었습니다. 민준이가 책을 읽은 시간은 운동한 시간의 몇 배입니까?

( )

⭐ 시험에 잘 나오는 문제

예제 **1** 〈보기〉에서 ☐ 안에 들어갈 수 있는 자연수를 모두 찾아 써 보시오.

〈보기〉
1   2   3   4   5

$$10 < 15 \div \frac{5}{\square} < 17$$

(   )

유제 **1** 〈보기〉에서 ☐ 안에 들어갈 수 있는 자연수를 모두 찾아 써 보시오.

〈보기〉
5   6   7   8   9

$$15 < 28 \div \frac{7}{\square} < 30$$

(   )

교과서 pick

예제 **2** 어떤 수를 $\frac{5}{6}$로 나누어야 할 것을 잘못하여 곱했더니 $\frac{5}{9}$가 되었습니다. 바르게 계산한 값은 얼마입니까?

(   )

유제 **2** 어떤 수를 $\frac{6}{7}$으로 나누어야 할 것을 잘못하여 곱했더니 $\frac{3}{5}$이 되었습니다. 바르게 계산한 값은 얼마입니까?

(   )

예제 **3** 해준이는 감자 12 kg을 한 상자에 $\frac{1}{3}$ kg씩 나누어 담고, 옥수수 15 kg을 한 상자에 $\frac{3}{5}$ kg씩 나누어 담았습니다. 감자와 옥수수 중 나누어 담은 상자의 수가 더 많은 것은 무엇입니까?

(   )

유제 **3** 경수는 길이가 $7\frac{1}{2}$ m인 끈을 $\frac{3}{4}$ m씩 자르고, 예지는 길이가 $7\frac{1}{2}$ m인 끈을 $\frac{5}{8}$ m씩 잘랐습니다. 자른 조각의 수가 더 많은 사람은 누구이고, 몇 조각 더 많은지 써 보시오.

(,   )

교과서 pick

예제 4

〔조건〕을 모두 만족하는 분수의 나눗셈식을 모두 써 보시오.

─〔조건〕─
- $6 \div 5$를 이용하여 계산할 수 있습니다.
- 분모가 10보다 작은 진분수의 나눗셈입니다.
- 두 분수의 분모는 같습니다.

(   )

유제 4

〔조건〕을 모두 만족하는 분수의 나눗셈식을 모두 써 보시오.

─〔조건〕─
- $8 \div 7$을 이용하여 계산할 수 있습니다.
- 분모가 9 이하인 진분수의 나눗셈입니다.
- 두 분수의 분모는 같습니다.

(   )

예제 5

나눗셈의 몫이 자연수일 때, ☐ 안에 들어갈 수 있는 수를 모두 찾아 ◯표 하시오.

$$\frac{1}{3} \div \frac{1}{\square}$$

(1 , 2 , 3 , 4 , 5 , 6 , 7 , 8 , 9)

유제 5

나눗셈의 몫이 자연수일 때, ☐ 안에 들어갈 수 있는 수를 모두 찾아 ◯표 하시오.

$$\frac{1}{2} \div \frac{\square}{18}$$

(1 , 2 , 3 , 4 , 5 , 6 , 7 , 8 , 9)

예제 6

가로가 14 m, 세로가 $1\frac{2}{3}$ m인 직사각형 모양의 벽을 칠하는 데 $3\frac{3}{4}$ L의 페인트를 사용했습니다. 1 L의 페인트로 몇 m²의 벽을 칠한 것입니까?

(   )

유제 6

가로가 15 m, 세로가 $1\frac{7}{10}$ m인 직사각형 모양의 벽을 칠하는 데 $2\frac{1}{7}$ L의 페인트를 사용했습니다. 1 L의 페인트로 몇 m²의 벽을 칠한 것입니까?

(   )

단원 평가

1 계산해 보시오.

$$\frac{9}{11} \div \frac{3}{11}$$

2 ☐ 안에 알맞은 수를 써넣으시오.

$$6 \div \frac{3}{5} = 6 \div \boxed{} \times \boxed{} = \boxed{}$$

교과서에 꼭 나오는 문제

3 (보기)와 같은 방법으로 계산해 보시오.

┌─(보기)─────────────────────────┐
$$\frac{5}{11} \div \frac{4}{5} = \frac{25}{55} \div \frac{44}{55} = 25 \div 44 = \frac{25}{44}$$
└────────────────────────────────┘

$$\frac{7}{10} \div \frac{5}{7}$$

4 나눗셈식을 계산할 수 있는 곱셈식을 찾아 선으로 이어 보시오.

$$\frac{5}{6} \div \frac{3}{4} \cdot \qquad \cdot \frac{2}{7} \times \frac{8}{5}$$

$$\frac{2}{7} \div \frac{5}{8} \cdot \qquad \cdot \frac{4}{9} \times \frac{10}{3}$$

$$\frac{4}{9} \div \frac{3}{10} \cdot \qquad \cdot \frac{5}{6} \times \frac{4}{3}$$

5 계산 결과의 크기를 비교하여 ○ 안에 >, =, <를 알맞게 써넣으시오.

$$\frac{1}{4} \div \frac{1}{12} \bigcirc \frac{5}{9} \div \frac{5}{18}$$

6 빈칸에 알맞은 수를 써넣으시오.

$$1\frac{2}{3} \xrightarrow{\div \frac{3}{4}} \boxed{} \xrightarrow{\div \frac{1}{5}} \boxed{}$$

7 계산 결과가 가장 큰 것을 찾아 기호를 써 보시오.

┌─────────────────────────────────┐
│ ㉠ $\frac{4}{5} \div \frac{1}{5}$ ㉡ $\frac{12}{13} \div \frac{4}{13}$ │
│ ㉢ $\frac{10}{17} \div \frac{2}{17}$ ㉣ $\frac{14}{15} \div \frac{7}{15}$ │
└─────────────────────────────────┘

(   )

8 가장 큰 수를 가장 작은 수로 나눈 몫을 구해 보시오.

$$\frac{2}{3} \qquad \frac{3}{4} \qquad \frac{4}{5} \qquad \frac{8}{9}$$

(   )

9 나눗셈의 몫이 1보다 작은 것을 찾아 ○표 하시오.

$$\frac{6}{7} \div \frac{5}{12} \qquad \frac{7}{8} \div 1\frac{1}{9} \qquad 4\frac{2}{3} \div \frac{5}{6}$$

(   ) (   ) (   )

10 ☐ 안에 알맞은 수를 구해 보시오.

$$\boxed{} \times \frac{5}{6} = 12$$

(   )

11 우유가 8 L 있습니다. 우유를 하루에 $\frac{2}{3}$ L씩 마신다면 며칠 동안 마실 수 있습니까?

(   )

잘 틀리는 문제

12 ⓛ은 ㉠의 몇 배입니까?

$$㉠ \ \frac{7}{8} \div \frac{1}{3} \qquad ⓛ \ 1\frac{1}{4} \div \frac{2}{7}$$

(   )

교과서에 꼭 나오는 문제

13 세로가 $\frac{7}{10}$ m인 직사각형의 넓이가 $\frac{21}{25}$ m²입니다. 이 직사각형의 가로는 몇 m입니까?

$\frac{7}{10}$ m

(   )

14 인형 한 개를 만드는 데 $\frac{3}{5}$ 시간이 걸립니다. 하루에 9시간씩 4일 동안 만든다면 인형을 몇 개 만들 수 있습니까?

(   )

15 ☐ 안에 알맞은 수를 써넣으시오.

$$\frac{7}{10} \times \boxed{} = 1\frac{3}{5} \div \frac{4}{9}$$

16 〈보기〉에서 ☐ 안에 들어갈 수 있는 자연수를 모두 찾아 써 보시오.

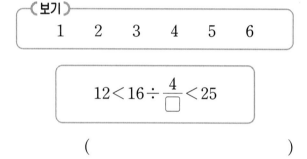

〈보기〉

| 1 | 2 | 3 | 4 | 5 | 6 |

$$12 < 16 \div \frac{4}{\boxed{}} < 25$$

(   )

잘 틀리는 문제

17 나눗셈의 몫이 자연수일 때, ☐ 안에 들어갈 수 있는 수를 모두 찾아 ◯표 하시오.

$$\frac{1}{4} \div \frac{\boxed{}}{16}$$

(1 , 2 , 3 , 4 , 5 , 6 , 7 , 8 , 9)

❮서술형 **문제**

18 다음은 분수의 나눗셈을 잘못 계산한 것입니다. 계산이 잘못된 이유를 쓰고, 바르게 계산해 보시오.

$$\frac{7}{9} \div \frac{5}{8} = \frac{7}{9} \times \frac{5}{8} = \frac{35}{72}$$

답 | _____

_____

_____

19 쇠막대 $\frac{6}{7}$ m의 무게가 $3\frac{1}{4}$ kg입니다. 쇠막대 1 m의 무게는 몇 kg인지 풀이 과정을 쓰고 답을 구해 보시오.

풀이 | _____

_____

_____

답 | _____

20 정미는 쌀 6 kg을 한 통에 $\frac{2}{5}$ kg씩 나누어 담고, 보리 8 kg을 한 통에 $\frac{4}{7}$ kg씩 나누어 담았습니다. 쌀과 보리 중 나누어 담은 통의 수가 더 많은 것은 무엇인지 풀이 과정을 쓰고 답을 구해 보시오.

풀이 | _____

_____

_____

답 | _____

1) 중력 알아보기

중력이란 지구 위의 물체가 지구로부터 받는 힘을 말합니다.
행성들은 중력이 서로 다르기 때문에 같은 물체라도 행성에 따라 무게가 다르다고 합니다.
따라서 ㉮ 행성의 중력이 ㉯ 행성의 중력의 ▮▮배이면 ㉮ 행성에서 잰 무게도 ㉯ 행성에서 잰 무게의 ▮▮배입니다.

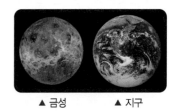

▲ 금성　　　▲ 지구

금성의 중력은 지구의 중력의 $\dfrac{9}{10}$배입니다.

금성에서 잰 무게가 27 kg인 물건을 지구에서 잰다면 몇 kg입니까?

(　　　　　　　　　　)

2) 전기차 알아보기

전기차는 전기만을 이용하여 움직이는 친환경자동차로, 화석연료를 사용하지 않고 배터리를 충전하여 동력을 얻기 때문에 배기가스 배출이나 소음이 거의 없습니다.
전기차의 장점은 차의 수명이 길고, 사고 시 폭발의 위험성이 적다는 것입니다. 또한 집에서도 충전이 가능하고, 운전 조작이 간편하다는 특징이 있습니다.

어느 전기차는 전체 배터리 용량의 $\dfrac{5}{6}$만큼을 충전하는 데 $\dfrac{2}{3}$시간이 걸립니다. 배터리의 충전 속도가 일정할 때, 충전된 양이 0 %인 배터리를 완전히 충전하는 데 걸리는 시간은 몇 분입니까?

(　　　　　　　　　　)

다른 부분을 찾아라!

↻ 땅에 서 있는 너구리와 물에 비친 너구리의 모습에서 서로 다른 부분 5군데를 찾아보세요.

2

소수의 나눗셈

1 자연수의 나눗셈을 이용한 (소수)÷(소수)

> (소수)÷(소수)에서 **나누어지는 수**와 **나누는 수**를 똑같이 **10배** 또는 **100배** 하여
> (자연수)÷(자연수)로 바꾸어 계산하면 (소수)÷(소수)와 몫이 같습니다.

◯ 4.8÷0.3의 계산 → (소수 한 자리 수)÷(소수 한 자리 수)

$$
\begin{bmatrix}
4.8 \div 0.3 \\
\downarrow 10배 \quad \downarrow 10배 \\
48 \div 3 = 16
\end{bmatrix}
$$
→ 4.8÷0.3=16

◯ 0.48÷0.03의 계산 → (소수 두 자리 수)÷(소수 두 자리 수)

$$
\begin{bmatrix}
0.48 \div 0.03 \\
\downarrow 100배 \quad \downarrow 100배 \\
48 \div 3 = 16
\end{bmatrix}
$$
→ 0.48÷0.03=16

예제 1 자연수의 나눗셈을 이용하여 소수의 나눗셈을 계산해 보시오.

(1)
$$5.4 \div 0.9$$
10배   □배
$$\boxed{} \div \boxed{} = \boxed{}$$
⇨ 5.4÷0.9=□

(2)
$$9.45 \div 0.35$$
100배   □배
$$\boxed{} \div \boxed{} = \boxed{}$$
⇨ 9.45÷0.35=□

유제 2 자연수의 나눗셈을 이용하여 계산해 보시오.

(1) 11.2÷0.7

(2) 25.2÷1.4

(3) 3.63÷0.33

(4) 9.66÷0.46

2 자릿수가 같은 (소수)÷(소수)

3.2÷0.8의 계산 → (소수 한 자리 수)÷(소수 한 자리 수)

방법 1 소수를 분수로 바꾸어 분수의 나눗셈으로 계산하기

$$3.2 \div 0.8 = \frac{32}{10} \div \frac{8}{10}$$
$$= 32 \div 8 = 4$$

방법 2 자연수의 나눗셈을 이용하여 계산하기

10배
$$3.2 \div 0.8 \qquad 32 \div 8 = 4$$
10배

⇨ $3.2 \div 0.8 = 4$

세로로 계산하기

$$0.8 \overline{)3.2} \quad \rightarrow \quad 8 \overline{)32}$$
$$\underline{32}$$
$$0$$

나누는 수와 나누어지는 수의
소수점을 똑같이 옮깁니다.

5.04÷0.72의 계산 → (소수 두 자리 수)÷(소수 두 자리 수)

방법 1 소수를 분수로 바꾸어 분수의 나눗셈으로 계산하기

$$5.04 \div 0.72 = \frac{504}{100} \div \frac{72}{100}$$
$$= 504 \div 72 = 7$$

방법 2 자연수의 나눗셈을 이용하여 계산하기

100배
$$5.04 \div 0.72 \qquad 504 \div 72 = 7$$
100배

⇨ $5.04 \div 0.72 = 7$

세로로 계산하기

$$0.72 \overline{)5.04} \quad \rightarrow \quad 72 \overline{)504}$$
$$\underline{504}$$
$$0$$

예제 3

5.72÷0.26을 어떻게 계산하는지 두 가지 방법으로 알아보시오.

방법 1 소수를 분수로 바꾸어 분수의 나눗셈으로 계산하기

$$5.72 \div 0.26 = \frac{\boxed{}}{100} \div \frac{26}{100}$$
$$= \boxed{} \div \boxed{}$$
$$= \boxed{}$$

방법 2 자연수의 나눗셈을 이용하여 계산하기

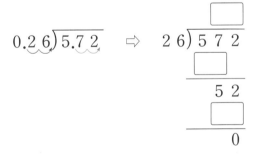

유제 4

계산해 보시오.

(1) 36.8÷0.8

(2) 4.48÷0.32

(3) 11.7÷1.3

(4) 10.08÷0.28

2. 소수의 나눗셈 **27**

3 자릿수가 다른 (소수)÷(소수)

나누어지는 수 또는 나누는 수가 **자연수**가 되도록 나누어지는 수와 나누는 수를
똑같이 10배 또는 100배 하여 계산합니다.

◐ **8.64÷2.7의 계산** → (소수 두 자리 수)÷(소수 한 자리 수)

방법 1 나누어지는 수를 자연수로 만들어 계산하기

$$8.64 \div 2.7 \quad 864 \div 270 = 3.2$$
(100배, 100배)

⇨ $8.64 \div 2.7 = 3.2$

세로로 계산하기

몫을 쓸 때 옮긴 소수점의 위치에 점을 찍어야 합니다.

$$2.70)\overline{8.64} \rightarrow 270)\overline{8640}$$
```
     3.2
270)8640
    810
    540
    540
      0
```

방법 2 나누는 수를 자연수로 만들어 계산하기

$$8.64 \div 2.7 \quad 86.4 \div 27 = 3.2$$
(10배, 10배)

⇨ $8.64 \div 2.7 = 3.2$

세로로 계산하기

```
    3.2
2.7)8.64 → 27)86.4
   81
   54
   54
    0
```

예제 5 3.48÷1.2를 어떻게 계산하는지 두 가지 방법으로 알아보시오.

방법 1 나누어지는 수를 자연수로 만들어 계산하기

$$1.20)\overline{3.48} \Rightarrow 120)\overline{3480}$$
```
120)3480
   1080
      0
```

방법 2 나누는 수를 자연수로 만들어 계산하기

$$1.2)\overline{3.48} \Rightarrow 12)\overline{34.8}$$
```
12)34.8
  108
    0
```

유제 6 계산해 보시오.

(1) 5.44÷1.6

(2) 20.1÷1.34

(3) 9.43÷2.3

(4) 29.6÷1.85

한번더 **확인**

❶~❸ 소수의 나눗셈(1)

1 $0.4\overline{)3.6}$

2 $0.5\,1\overline{)4.0\,8}$

3 $0.7\overline{)2.9\,4}$

4 $3.1\overline{)3\,7.2}$

5 $6.7\,9\overline{)1\,2\,9.0\,1}$

6 $6.3\overline{)1\,6\,3.8}$

7 $3\,9.2\overline{)2\,0\,7.7\,6}$

8 $9.9\,6\overline{)2\,4.9}$

9 $1.6\,5\overline{)2\,9.0\,4}$

10 $43.2 \div 3.2$

11 $53.46 \div 2.97$

12 $71.41 \div 19.3$

13 $74.7 \div 9.96$

1 〈보기〉와 같은 방법으로 계산해 보시오.

〈보기〉
$$9.12 \div 0.38 = \frac{912}{100} \div \frac{38}{100}$$
$$= 912 \div 38 = 24$$

$6.48 \div 0.72 =$ _____

2 계산해 보시오.

(1) $0.3\overline{)5.7}$ (2) $0.59\overline{)8.85}$

3 $5.94 \div 0.11$과 몫이 같은 것을 모두 찾아 기호를 써 보시오.

㉠ $59.4 \div 0.11$ ㉡ $59.4 \div 1.1$
㉢ $594 \div 11$ ㉣ $594 \div 1.1$

(   )

4 나눗셈의 몫을 찾아 선으로 이어 보시오.

$7.6 \div 1.9$ ·   · 1.4

$0.72 \div 0.24$ ·   ·

$0.84 \div 0.6$ ·   · 3

5 빈칸에 알맞은 수를 써넣으시오.

4.56 → ÷0.8 → ☐ → ÷1.14 → ☐

6 가장 큰 수를 가장 작은 수로 나눈 몫을 구해 보시오.

| 7.94 | 6.2 | 8.06 |

(   )

7 잘못 계산한 곳을 찾아 이유를 쓰고, 바르게 계산해 보시오.

〔서술형〕

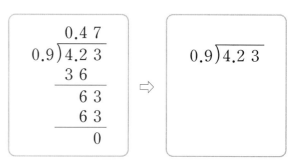

이유 |

_____

_____

8 ㉠÷㉡의 몫은 얼마입니까?

> ㉠ 1860을 $\frac{1}{100}$배 한 수
>
> ㉡ 0.248을 10배 한 수

( )

9 나눗셈의 몫이 가장 큰 것을 찾아 기호를 써 보시오.

> ㉠ 17.28÷6.4
> ㉡ 9.4÷3.76
> ㉢ 4.55÷1.75

( )

10 물 15.3 L가 있습니다. 물을 물통 한 개에 0.9 L씩 나누어 담는다면 물통은 몇 개가 필요합니까?

( )

11 평행사변형의 넓이가 25.5 cm²일 때, 이 평행사변형의 밑변의 길이는 몇 cm입니까?

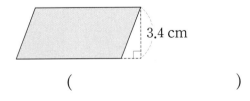

3.4 cm

( )

12 ☐ 안에 들어갈 수 있는 자연수는 모두 몇 개입니까?

> ☐ < 3.64÷0.7

( )

13 어떤 수에 4.12를 곱했더니 10.3이 되었습니다. 어떤 수는 얼마입니까?

( )

14 준서는 입구에서 산 정상까지 8.33 km인 등산로를 걸으려고 합니다. 일정한 빠르기로 한 시간에 2.38 km씩 걸어서 정상까지 쉬지 않고 올라가는 데 걸리는 시간은 몇 시간 몇 분입니까?

( )

교과서 **pick**

15 지수와 정우는 길이가 31.2 m인 털실을 각각 가지고 있습니다. 이 털실을 지수는 한 도막에 0.8 m씩, 정우는 한 도막에 1.2 m씩 모두 잘랐습니다. 누가 자른 털실이 몇 도막 더 많습니까?

(,)

4 (자연수)÷(소수)

12÷2.4의 계산 → (자연수)÷(소수 한 자리 수)

방법1 소수를 분수로 바꾸어 분수의 나눗셈으로 계산하기

$$12 \div 2.4 = \frac{120}{10} \div \frac{24}{10} = 120 \div 24 = 5$$

방법2 자연수의 나눗셈을 이용하여 계산하기

10배

$$12 \div 2.4 \qquad 120 \div 24 = 5 \Rightarrow 12 \div 2.4 = 5$$

10배

───────── 세로로 계산하기 ─────────

$$2.4\overline{)12} \ \rightarrow \ 2.4\overline{)12.0} \ \rightarrow \ 24\overline{)120}$$

나누는 수와 나누어지는 수의
소수점을 똑같이 옮깁니다.

$$\begin{array}{r} 5 \\ 24\overline{)120} \\ \underline{120} \\ 0 \end{array}$$

> **(자연수)÷(소수)를 분수의 나눗셈으로 바꾸어 계산하는 경우**
>
> 나누는 수가 소수 한 자리 수이면 분모가 10인 분수로, 소수 두 자리 수이면 분모가 100인 분수로 나타냅니다.

> **자연수를 소수로 나타내기**
>
> 자연수의 오른쪽 끝에는 0이 생략되어 있습니다.
> $$3 = 3.0 = 3.00 = \cdots\cdots$$

예제 1

34÷1.36을 어떻게 계산하는지 두 가지 방법으로 알아보시오.

방법1 소수를 분수로 바꾸어 분수의 나눗셈으로 계산하기

$$34 \div 1.36 = \frac{\boxed{}}{100} \div \frac{136}{100} = \boxed{} \div \boxed{} = \boxed{}$$

방법2 자연수의 나눗셈을 이용하여 계산하기

$$1.36\overline{)34} \ \Rightarrow \ 1.36\overline{)34.00} \ \Rightarrow \ 136\overline{)3400}$$

유제 2

계산해 보시오.

(1) 63÷1.8

(2) 36÷0.48

(3) 49÷3.5

(4) 9÷0.36

5 몫을 반올림하여 나타내기

몫이 간단한 소수로 구해지지 않을 경우에는 **몫을 반올림**하여 나타냅니다.

● 7.6÷3의 몫을 반올림하여 주어진 자리까지 나타내기

```
     2.5 3 3
3) 7.6 0 0
   6
   1 6
   1 5
     1 0
       9
       1 0
         9
         1
```

일의 자리까지 나타내기	소수 첫째 자리까지 나타내기	소수 둘째 자리까지 나타내기
7.6÷3=2.533…… ⇨ 3	7.6÷3=2.533…… ⇨ 2.5	7.6÷3=2.533…… ⇨ 2.53

예제 3

7÷6의 몫을 반올림하여 나타내어 보시오.

$$6\overline{)7}$$

(1) 몫을 소수 셋째 자리까지 구해 보시오.

(2) 몫을 반올림하여 주어진 자리까지 나타내어 보시오.

일의 자리까지	소수 첫째 자리까지	소수 둘째 자리까지

유제 4

몫을 반올림하여 소수 첫째 자리까지 나타내어 보시오.

(1)
$$0.9\overline{)6.5}$$

(2)
$$3.6\overline{)5}$$

(   )   (   )

2
단원

6 나누어 주고 남는 양 알아보기

철사 13.6 m를 한 사람에게 4 m씩 나누어 줄 때, 나누어 줄 수 있는 **사람 수와 남는 양** 구하기

방법1 그림으로 알아보기

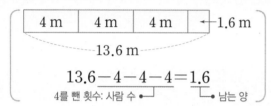

| 4 m | 4 m | 4 m | ←1.6 m |

━━━━━ 13.6 m ━━━━━

$$13.6-4-4-4=1.6$$

4를 뺀 횟수: 사람 수 ┘ └ 남는 양

⇨ 나누어 줄 수 있는 사람 수: 3명

남는 철사의 길이: 1.6 m

참고 (나누어 주는 철사의 길이)=3×4=12(m)

⇨ (처음 철사의 길이)=(나누어 주는 철사의 길이)+(남는 철사의 길이)=12+1.6=13.6(m)

방법2 소수의 나눗셈으로 알아보기

한 사람이 가지는 철사의 길이 ┐

$$13.6 \div 4 \rightarrow 4 \overline{)13.6}$$

나누어 주는 철사의 길이

3

12

1.6

남는 양의 소수점은 나누어지는 수의 소수점의 위치와 같게 찍습니다.

⇨ 나누어 줄 수 있는 사람 수: 3명

남는 철사의 길이: 1.6 m

예제 5 주스 13.7 L를 한 사람에게 3 L씩 나누어 줄 때, 나누어 줄 수 있는 사람 수와 남는 주스의 양을 알아보시오.

(1) ☐ 안에 알맞은 수를 써넣으시오.

| 3 L | 3 L | 3 L | 3 L | ☐ |

━━━ 13 L ━━━

$$13.7-3-\boxed{}-\boxed{}-\boxed{}=\boxed{}$$

(2) 주스를 나누어 줄 수 있는 사람은 몇 명입니까?

( )

(3) 나누어 주고 남는 주스의 양은 몇 L입니까?

( )

예제 6 사과 34.7 kg을 한 상자에 5.4 kg씩 담아서 팔 때, 팔 수 있는 사과 상자 수와 남는 사과의 무게를 알아보시오.

(1) ☐ 안에 알맞은 수를 써넣으시오.

$$5.4 \overline{)34.7}$$

☐

324

☐

(2) 팔 수 있는 사과 상자는 몇 상자입니까?

( )

(3) 팔고 남는 사과의 무게는 몇 kg입니까?

( )

한번더 확인

④~⑤ 소수의 나눗셈 (2)

④ (자연수)÷(소수)

(1~8) 계산해 보시오.

1 $0.6\overline{)3}$

2 $2.25\overline{)18}$

3 $3.84\overline{)96}$

4 $3.5\overline{)119}$

5 $2.72\overline{)204}$

6 $5.6\overline{)210}$

7 $123 \div 8.2$

8 $169 \div 3.25$

⑤ 몫을 반올림하여 나타내기

(9~11) 몫을 반올림하여 주어진 자리까지 나타내어 보시오.

9 일의 자리

$9\overline{)39.4}$

10 소수 첫째 자리

$14\overline{)46.1}$

11 소수 둘째 자리

$2.3\overline{)6.27}$

(   )   (   )   (   )

교과서 **pick** 교과서에 자주 나오는 문제
교과 역량 생각하는 힘을 키우는 문제

1 계산해 보시오.

(1) $2.5\overline{)3\,0}$ (2) $2.25\overline{)5\,4}$

2 나눗셈의 몫을 반올림하여 소수 첫째 자리까지 나타내어 보시오.

$$15.22 \div 3$$

( )

3 빈칸에 알맞은 수를 써넣으시오.

154	5.5	
44	1.76	

4 나눗셈의 몫의 크기를 비교하여 ○ 안에 >, =, <를 알맞게 써넣으시오.

$$105 \div 3.5 \bigcirc 72 \div 2.25$$

5 ☐ 안에 알맞은 수를 써넣으시오.

(1)
$$36 \div 4 = \boxed{}$$
$$36 \div 0.4 = \boxed{}$$
$$36 \div 0.04 = \boxed{}$$

(2)
$$2.25 \div 0.09 = \boxed{}$$
$$22.5 \div 0.09 = \boxed{}$$
$$225 \div 0.09 = \boxed{}$$

교과 역량 문제 해결, 의사 소통 서술형

6 고구마 42.5 kg을 한 사람당 5 kg씩 나누어 줄 때, 나누어 줄 수 있는 사람은 몇 명이고 남는 고구마는 몇 kg인지 알기 위해 다음과 같이 계산했습니다. 잘못 계산한 곳을 찾아 이유를 쓰고, 바르게 계산해 보시오.

$$\begin{array}{r} 8.5 \\ 5\overline{)4\,2.5} \\ \underline{4\,0} \\ 2\,5 \\ \underline{2\,5} \\ 0 \end{array}$$

사람 수: 8명
남는 양: 0.5 kg

⇨

$$5\overline{)4\,2.5}$$

사람 수: ( )
남는 양: ( )

이유 |

_____

_____

교과서 pick

7 학교에서 도서관까지의 거리는 학교에서 우체
국까지의 거리의 몇 배인지 반올림하여 소수 첫
째 자리까지 나타내어 보시오.

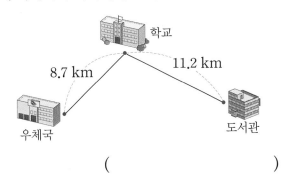

( )

8 나눗셈의 몫을 반올림하여 나타낸 수가 큰 것부
터 차례대로 기호를 써 보시오.

> ㉠ 6÷3.38의 몫을 반올림하여
> 일의 자리까지 나타낸 수
>
> ㉡ 10.58÷6.7의 몫을 반올림하여
> 소수 첫째 자리까지 나타낸 수
>
> ㉢ 15.69÷9의 몫을 반올림하여
> 소수 둘째 자리까지 나타낸 수

( )

9 넓이가 58 cm²인 직사각형이 있습니다. □ 안
에 알맞은 수를 써넣으시오.

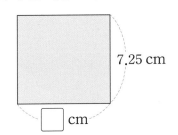

10 책꽂이에 한 권의 두께가 4.3 cm인 백과사전
을 여러 권 꽂으려고 합니다. 책꽂이 한 칸의 너
비가 62.7 cm라면 책꽂이 한 칸에는 같은 두
께의 백과사전을 몇 권까지 꽂을 수 있습니까?

( )

11 음료 2.5 L가 들어 있는 병이 있습니다. 이 병
의 전체 무게가 4.25 kg이고, 빈 병의 무게가
1.25 kg이면 음료 1 L의 무게는 몇 kg입니
까?

( )

12 장거리 달리기 선수가 42.19 km를 쉬지 않고
3시간 24분 만에 완주했습니다. 이 선수가 일
정한 빠르기로 달렸다면 1시간 동안 달린 거리
는 몇 km인지 반올림하여 일의 자리까지 나타
내어 보시오.

( )

교과 역량 문제 해결, 추론

13 어느 채소 가게에서 파는 감자는 1.4 kg에
3500원이고, 고구마는 2.5 kg에 6000원입
니다. 감자와 고구마의 같은 양의 가격을 비
교했을 때 더 저렴한 채소는 무엇입니까?

( )

STEP 2 응용문제

예제 1
다음 나눗셈의 몫을 반올림하여 소수 첫째 자리까지 나타낸 값과 소수 둘째 자리까지 나타낸 값의 차를 구해 보시오.

$$27.5 \div 7.1$$

( )

유제 1
다음 나눗셈의 몫을 반올림하여 소수 첫째 자리까지 나타낸 값과 소수 둘째 자리까지 나타낸 값의 차를 구해 보시오.

$$51.2 \div 9.8$$

( )

예제 2
어떤 수를 6.5로 나누어야 할 것을 잘못하여 곱했더니 138.58이 되었습니다. 바르게 계산한 몫은 얼마입니까?

( )

유제 2
어떤 수를 3.35로 나누어야 할 것을 잘못하여 곱했더니 179.56이 되었습니다. 바르게 계산한 몫은 얼마입니까?

( )

교과서 pick

예제 3
물이 1.8 L씩 9병 있습니다. 이 물을 한 사람에게 3 L씩 남김없이 모두 나누어 주려고 합니다. 적어도 몇 L의 물이 더 필요합니까?

( )

유제 3
우유가 1.25 L씩 11병 있습니다. 이 우유를 한 사람에게 4 L씩 남김없이 모두 나누어 주려고 합니다. 적어도 몇 L의 우유가 더 필요합니까?

( )

예제 4

몫의 소수 7째 자리 숫자를 구해 보시오.

$$17 \div 33$$

( )

유제 4

몫의 소수 10째 자리 숫자를 구해 보시오.

$$3.7 \div 1.1$$

( )

교과서 pick

예제 5

수 카드 4장을 한 번씩만 사용하여 몫이 가장 작은 나눗셈식을 만들고, 몫을 구해 보시오.

3 1 6 5

$$\square.\square \div \square.\square = \square$$

유제 5

수 카드 5장을 한 번씩만 사용하여 몫이 가장 큰 나눗셈식을 만들고, 몫을 구해 보시오.

5 0 8 2 7

$$\square\square \div \square.\square\square = \square$$

예제 6

똑같은 음료수 42개를 담은 상자의 무게를 재어 보니 16.95 kg이었습니다. 음료수 24개가 팔린 후 남은 음료수를 담은 상자의 무게를 재어 보니 9.74 kg이었습니다. 음료수 한 개의 무게는 몇 kg인지 반올림하여 소수 첫째 자리까지 나타내어 보시오.

( )

유제 6

무게가 같은 사과 64개를 담은 상자의 무게를 재어 보니 52.8 kg이었습니다. 사과 36개가 팔린 후 남은 사과를 담은 상자의 무게를 재어 보니 28.08 kg이었습니다. 사과 한 개의 무게는 몇 kg인지 반올림하여 소수 둘째 자리까지 나타내어 보시오.

( )

1 ☐ 안에 알맞은 수를 써넣으시오.

$$27.54 \div 1.53 = \boxed{} \div 153$$
$$= \boxed{}$$

2 계산해 보시오.

$$2.35 \overline{)6\,1.1}$$

3 빈칸에 알맞은 수를 써넣으시오.

3.36 ── ÷0.6 ── ☐

4 나눗셈의 몫을 반올림하여 주어진 자리까지 나타내어 보시오.

$$6.54 \div 0.9$$

소수 첫째 자리까지 (   )
소수 둘째 자리까지 (   )

5 나눗셈의 몫이 큰 것부터 차례대로 기호를 써 보시오.

㉠ $0.408 \div 0.08$	㉡ $4.08 \div 0.08$
㉢ $40.8 \div 0.08$	㉣ $408 \div 0.08$

(   )

6 잘못 계산한 곳을 찾아 바르게 계산해 보시오.

$$
\begin{array}{r}
1.5 \\
6.4\,)\overline{9\,6} \\
6\,4 \\
\hline
3\,2\,0 \\
3\,2\,0 \\
\hline
0
\end{array}
$$

⇨

$$6.4\,)\overline{9\,6}$$

교과서에 꼭 나오는 문제

7 가장 큰 수를 가장 작은 수로 나눈 몫을 구해 보시오.

7.2	1.25	8	3.6

(   )

• 정답 12쪽

잘 틀리는 문제

8 계산 결과의 크기를 비교하여 ○ 안에 >, =, <를 알맞게 써넣으시오.

| 85.8÷7의 몫을 반 올림하여 소수 첫째 자리까지 나타낸 수 | | 85.8÷7 |

9 음료수 23.75 L를 병 한 개에 1.25 L씩 나누어 담으려고 합니다. 필요한 병은 몇 개입니까?

(   )

10 1부터 9까지의 자연수 중에서 □ 안에 들어갈 수 있는 자연수를 모두 구해 보시오.

$$4.7 \div 0.91 < \square$$

(   )

교과서에 꼭 나오는 문제

11 길이가 22 m인 나무토막의 무게는 72.8 kg입니다. 이 나무토막의 굵기가 일정하다면 나무토막 1 m의 무게는 몇 kg인지 반올림하여 소수 첫째 자리까지 나타내어 보시오.

(   )

12 리본 한 개를 만드는 데 색 테이프 3 m가 필요합니다. 색 테이프 110.2 m로 만들 수 있는 리본은 몇 개이고, 남는 색 테이프는 몇 m인지 구해 보시오.

만들 수 있는 리본 수 (   )
남는 색 테이프의 길이 (   )

13 경호는 자전거를 타고 한 시간 동안 3.7 km를 갈 수 있습니다. 경호가 자전거를 타고 같은 빠르기로 4.81 km를 가는 데 몇 시간 몇 분이 걸리겠습니까?

(   )

14 삼각형의 넓이가 28.14 cm²일 때, 이 삼각형의 높이는 몇 cm입니까?

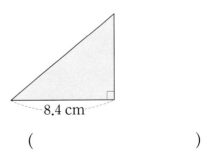

8.4 cm

(   )

15 나눗셈의 몫을 반올림하여 소수 첫째 자리까지 나타낸 값과 소수 둘째 자리까지 나타낸 값의 차를 구해 보시오.

$$6 \div 3.24$$

(   )

잘 틀리는 문제
16 어떤 수를 2.4로 나누어야 할 것을 잘못하여 곱했더니 23.04가 되었습니다. 바르게 계산한 몫은 얼마입니까?

(   )

17 딸기 26.7 kg을 한 상자에 4 kg씩 담아 판매하려고 합니다. 이 딸기를 남김없이 모두 판매하려면 딸기는 적어도 몇 kg이 더 필요합니까?

(   )

◀ 서술형 문제

18 준호의 몸무게는 38.6 kg이고 아버지의 몸무게는 77.2 kg입니다. 아버지의 몸무게는 준호의 몸무게의 몇 배인지 풀이 과정을 쓰고 답을 구해 보시오.

풀이 |

답 |

19 휘발유 1.4 L로 14.7 km를 갈 수 있는 자동차가 있습니다. 이 자동차가 420 km를 가는 데 필요한 휘발유의 양은 몇 L인지 풀이 과정을 쓰고 답을 구해 보시오.

풀이 |

답 |

20 몫의 소수 15째 자리 숫자를 구하려고 합니다. 풀이 과정을 쓰고 답을 구해 보시오.

$$40 \div 11$$

풀이 |

답 |

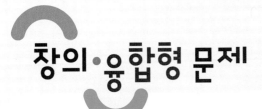

창의·융합형 문제

정답 13쪽

1 지리산 둘레길 알아보기

지리산 둘레길은 지리산 둘레를 고리 모양으로 연결하는 장거리 도보길로 3개 도(전북, 전남, 경남), 5개 시군(남원, 구례, 하동, 산청, 함양) 16개 읍면 80여 개 마을에 걸쳐 있으며, 총 길이는 300여km에 달합니다.

정주와 다정이는 지리산 둘레길을 걸었습니다. 정주는 1시간 45분 동안 8.75 km를 걸었고, 다정이는 1시간 동안 5.3 km를 걸었습니다. 정주와 다정이가 각각 일정한 빠르기로 걸었다면 누가 더 빨리 걸었습니까?

(   )

2 체질량지수(BMI) 알아보기

체질량지수(BMI)는 키와 몸무게를 이용하여 지방의 양을 추정하는 비만 측정법으로 다음과 같이 계산합니다.

$$체질량지수 = 몸무게(kg) \div (키(m) \times 키(m))$$

체질량지수는 계산 방법이 간단해 비만을 추정하기에 좋지만 나이, 인종, 성별, 근육량, 유전적 요인 등이 사람마다 모두 다르기 때문에 일괄적으로 적용하기에는 무리가 있습니다.

민수의 삼촌의 키는 1.8 m, 몸무게는 77.76 kg입니다. 체질량지수 기준표를 보고 민수의 삼촌의 비만 정도를 구해 보시오.

체질량지수 기준표

체질량지수	비만 정도
18.5 미만	저체중
18.5 이상 23 미만	정상체중
23 이상 25 미만	과체중
25 이상	비만

(   )

퍼즐 조각을 찾아라!

↻ 퍼즐의 빈 곳에 알맞은 조각을 찾아보세요.

①    ②

③    ④

3

공간과 입체

1 어느 방향에서 본 모양인지 알아보기

> 물체를 바라보는 방향에 따라 다른 모양으로 보일 수 있습니다.

예 여러 방향에서 본 모양 알아보기

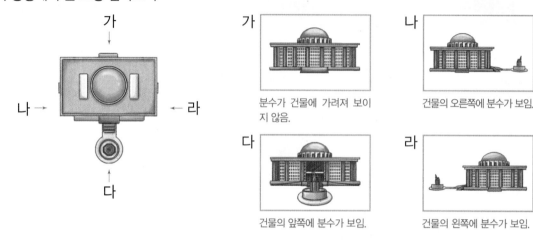

가 — 분수가 건물에 가려져 보이지 않음.

나 — 건물의 오른쪽에 분수가 보임.

다 — 건물의 앞쪽에 분수가 보임.

라 — 건물의 왼쪽에 분수가 보임.

예제 1

돌하르방 사진을 여러 방향에서 찍었습니다. 각 사진을 찍은 방향을 찾아보시오.

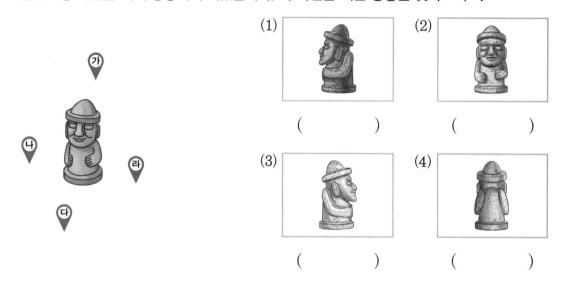

(1) (　　　　　)

(2) (　　　　　)

(3) (　　　　　)

(4) (　　　　　)

유제 2

각 사진을 찍은 방향을 찾아보시오.

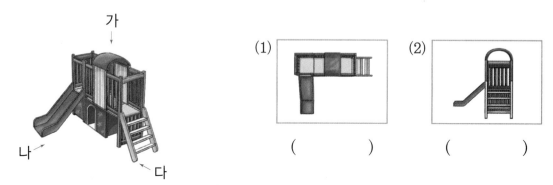

(1) (　　　　　)

(2) (　　　　　)

2 쌓은 모양과 위에서 본 모양을 보고 쌓은 모양과 쌓기나무의 개수 알아보기

쌓기나무를 쌓아 봐!

🔵 쌓은 모양에서 보이는 위의 면과 위에서 본 모양이 같은 경우

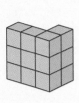

위에서 본 모양

쌓은 모양에서 보이는 위의 면과 위에서 본 모양이 같으므로 숨겨진 쌓기나무가 없습니다.

⇨ (쌓기나무의 개수)$=\underset{1층}{4}+\underset{2층}{4}+\underset{3층}{4}=12$(개)

🔵 쌓은 모양에서 보이는 위의 면과 위에서 본 모양이 다른 경우

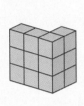

숨겨진 쌓기나무
위에서 본 모양

쌓은 모양에서 보이는 위의 면과 위에서 본 모양이 다르므로 숨겨진 쌓기나무가 1개 또는 2개 있습니다.

⇨ 쌓은 모양을 뒤에서 본 모양과 쌓기나무의 개수

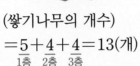
또는

(쌓기나무의 개수)
$=\underset{1층}{5}+\underset{2층}{4}+\underset{3층}{4}=13$(개)

(쌓기나무의 개수)
$=\underset{1층}{5}+\underset{2층}{5}+\underset{3층}{4}=14$(개)

예제 3

쌓기나무로 쌓은 모양과 위에서 본 모양을 보고 숨겨진 쌓기나무가 있는 모양에 ◯표, 없는 모양에 ✕표 하시오.

위에서 본 모양

위에서 본 모양

(   )   (   )

예제 4

쌓기나무로 쌓은 모양과 위에서 본 모양을 보고 똑같은 모양으로 쌓는 데 필요한 쌓기나무의 개수를 구하려고 합니다. 알맞은 말에 ◯표 하고, ☐ 안에 알맞은 수를 써넣으시오.

위에서 본 모양

보이는 위의 면과 위에서 본 모양이 같으므로 숨겨진 쌓기나무가 (있습니다 , 없습니다).

⇨ (쌓기나무의 개수)$=\underset{1층}{\Box}+\underset{2층}{\Box}+\underset{3층}{\Box}=\Box$(개)

3 위, 앞, 옆에서 본 모양을 보고 쌓은 모양과 쌓기나무의 개수 알아보기

쌓기나무를 쌓아 봐!

◐ 쌓은 모양을 보고 위, 앞, 옆에서 본 모양 그리기

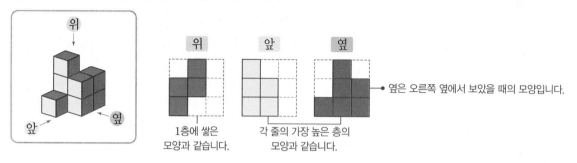

◐ 위, 앞, 옆에서 본 모양을 보고 쌓은 모양과 쌓기나무의 개수 알아보기

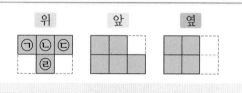

  또는

(쌓기나무의 개수) = 4+2 = 6(개)
 1층 2층

(쌓기나무의 개수) = 4+3 = 7(개)
 1층 2층

- 앞 에서 본 모양을 보면 ㉠ 자리에 2개, ㉢ 자리에 1개가 놓입니다.
- 옆 에서 본 모양을 보면 ㉣ 자리에 2개, ㉡ 자리에 1개 또는 2개가 놓입니다.

예제 5

쌓기나무로 쌓은 모양과 위에서 본 모양입니다. 앞과 옆에서 본 모양을 각각 그려 보시오.

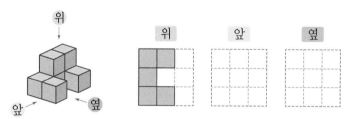

예제 6

쌓기나무로 쌓은 모양을 위, 앞, 옆에서 본 모양입니다. 쌓은 모양을 찾아보시오.

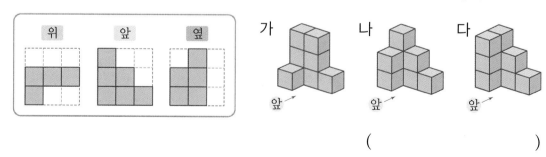

(   )

한번더 확인

❷~❸ 쌓기나무 (1)

❷ 쌓은 모양과 위에서 본 모양을 보고
쌓은 모양과 쌓기나무의 개수 알아보기

(1~4) 주어진 모양과 똑같이 쌓는 데 필요한 쌓기나무의 개수를 구해 보시오.

1

위에서 본 모양

(   )

2

위에서 본 모양

(   )

3

위에서 본 모양

(   )

4

위에서 본 모양

(   )

❸ 위, 앞, 옆에서 본 모양을 보고
쌓은 모양과 쌓기나무의 개수 알아보기

(5~6) 쌓기나무로 쌓은 모양과 위에서 본 모양입니다. 앞과 옆에서 본 모양을 각각 그려 보시오.

5

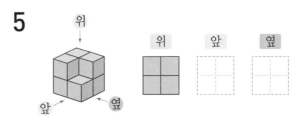

6

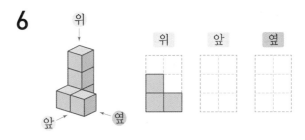

❸ 위, 앞, 옆에서 본 모양을 보고
쌓은 모양과 쌓기나무의 개수 알아보기

(7~8) 쌓기나무로 쌓은 모양을 위, 앞, 옆에서 본 모양입니다. 똑같은 모양으로 쌓는 데 필요한 쌓기나무의 개수를 구해 보시오.

7

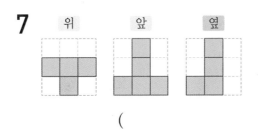

(   )

8

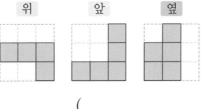

(   )

STEP 1 실전문제

1 배를 타고 여러 방향에서 사진을 찍었습니다. 어느 배에서 찍은 사진인지 번호를 써 보시오.

(   ) (   ) (   )

2 〔보기〕와 같이 컵을 놓았을 때 찍을 수 <u>없는</u> 사진을 찾아보시오.

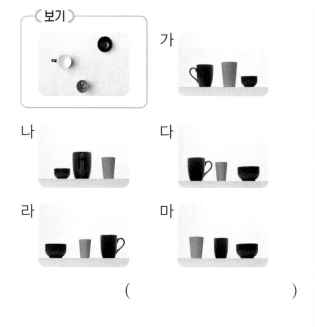

(   )

3 오른쪽 모양을 보고 위에서 본 모양이 될 수 <u>없는</u> 것을 찾아보시오.

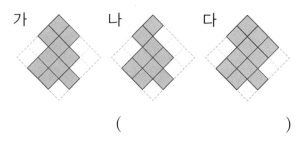

가   나   다

(   )

교과 역량 추론, 의사소통   개념 확인 〔서술형〕

4 주어진 모양과 똑같이 쌓는 데 필요한 쌓기나무는 12개 또는 13개입니다. 쌓기나무의 개수가 여러 가지 나올 수 있는 이유를 써 보시오.

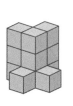 

위에서 본 모양

이유 |

_____

_____

_____

5 쌓기나무 9개로 쌓은 모양입니다. 위, 앞, 옆에서 본 모양을 각각 그려 보시오.

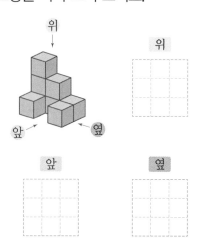

위

앞   옆

6 민주는 쌓기나무를 15개 가지고 있습니다. 주어진 모양과 똑같이 쌓는다면 쌓고 남은 쌓기나무는 몇 개입니까?

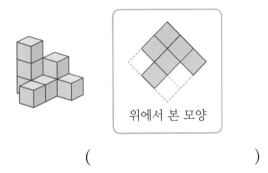

위에서 본 모양

( )

교과서 pick

7 쌓기나무로 쌓은 모양을 위, 앞, 옆에서 본 모양입니다. 쌓을 수 있는 모양을 모두 찾아보시오.

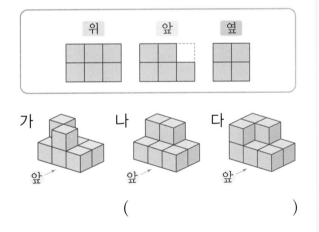

위   앞   옆

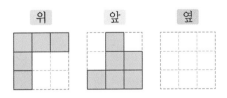

가   나   다

( )

8 쌓기나무 8개로 쌓은 모양을 위와 앞에서 본 모양입니다. 옆에서 본 모양을 그려 보시오.

위   앞   옆

9 쌓기나무로 쌓은 모양을 위, 앞, 옆에서 보고 그렸는데 표시를 하지 않아서 어느 것이 위, 앞, 옆에서 본 모양인지 알 수 없습니다. 위, 앞, 옆에서 본 모양을 찾아 기호를 써 보시오.

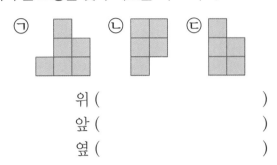

㉠   ㉡   ㉢

위 ( )
앞 ( )
옆 ( )

교과 역량 정보 처리

10 쌓기나무를 붙여서 만든 모양을 오른쪽과 같은 구멍이 있는 상자에 넣으려고 합니다. 상자에 넣을 수 없는 모양을 찾아보시오.

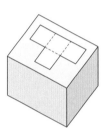

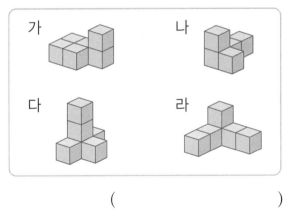

가   나
다   라

( )

11 위, 앞, 옆에서 본 모양을 보고 쌓기나무를 쌓으려고 합니다. 만들 수 있는 쌓기나무 모양은 모두 몇 가지입니까?

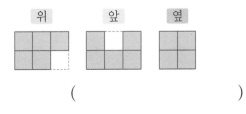

위   앞   옆

( )

4 위에서 본 모양에 수를 써서 쌓은 모양과 쌓기나무의 개수 알아보기

쌓기나무를 쌓아 봐!

● 쌓은 모양을 보고 위에서 본 모양에 수를 쓰는 방법으로 쌓기나무의 개수 알아보기

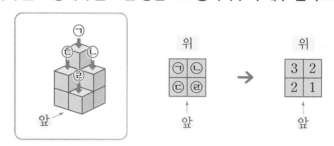

⇨ (쌓기나무의 개수)=3+2+2+1=8(개)
  └─➤ 위에서 본 모양에 쓰인 수의 합

● 위에서 본 모양에 수를 쓴 것을 보고 쌓은 모양 알아보기 → 위에서 본 모양에 수를 쓰는 방법을 보고 쌓기나무를 쌓으면 쌓은 모양을 정확하게 알 수 있습니다.

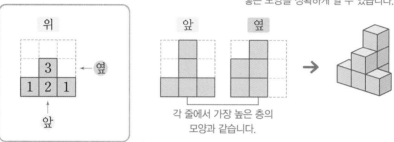

각 줄에서 가장 높은 층의 모양과 같습니다.

예제 1

쌓기나무로 쌓은 모양을 보고 위에서 본 모양에 수를 쓰고, 똑같은 모양으로 쌓는 데 필요한 쌓기나무의 개수를 구해 보시오.

(   )

예제 2

쌓기나무로 쌓은 모양을 보고 위에서 본 모양에 수를 쓴 것입니다. 쌓은 모양을 찾아 보시오.

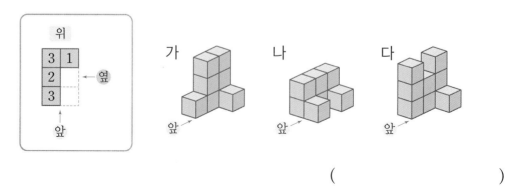

(   )

5 층별로 나타낸 모양을 보고 쌓은 모양과 쌓기나무의 개수 알아보기

쌓기나무를 쌓아 봐!

○ 쌓은 모양을 보고 층별로 나타낸 모양 그리기

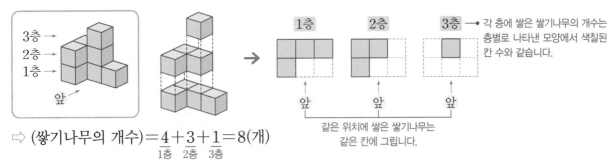

→ 각 층에 쌓은 쌓기나무의 개수는 층별로 나타낸 모양에서 색칠된 칸 수와 같습니다.

같은 위치에 쌓은 쌓기나무는 같은 칸에 그립니다.

⇨ (쌓기나무의 개수)=4+3+1=8(개)
　　　　　　　　　　　1층 2층 3층

○ 층별로 나타낸 모양을 보고 쌓은 모양 알아보기 ← 층별로 나타낸 모양을 보고 쌓기나무를 쌓으면 쌓은 모양을 정확하게 알 수 있습니다.

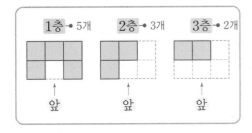

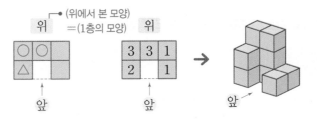

○ 부분은 3층까지, △ 부분은 2층까지, 나머지 부분은 1층만 있습니다.

예제 3 쌓기나무로 쌓은 모양과 1층 모양을 보고 2층과 3층 모양을 각각 그려 보시오.

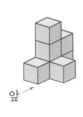

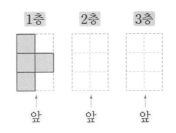

예제 4 쌓기나무로 쌓은 모양을 층별로 나타낸 모양입니다. 쌓은 모양을 찾아보시오.

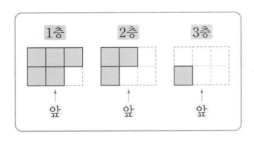

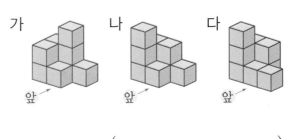

(　　　　　　　　)

6 여러 가지 모양 만들기

🌀 **쌓기나무로 여러 가지 모양 만들기**

예 쌓기나무 4개로 서로 다른 모양 만들기

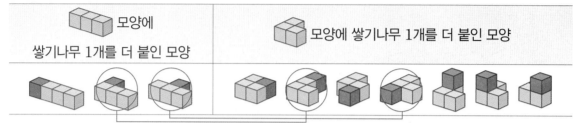

뒤집거나 돌려서 모양이 같으면 같은 모양입니다.

⇨ 쌓기나무 4개로 만들 수 있는 서로 다른 모양은 모두 8가지입니다.

🌀 **두 가지 모양을 사용하여 새로운 모양 만들기**

예   모양을 사용하여 새로운 모양 만들기

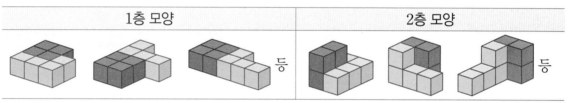

예제 5

 모양에 쌓기나무 1개를 더 붙여서 만들 수 있는 모양을 찾아보시오.

가 　　나 　　다

(　　　　　　　　　)

예제 6

쌓기나무를 4개씩 붙여서 만든 두 가지 모양을 사용하여 만들 수 있는 새로운 모양에 ○표 하시오.

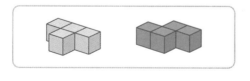　　　　　　

(　　　) (　　　)

한번더 확인

❹~❻ 쌓기나무(2)

❹ 위에서 본 모양에 수를 써서
쌓은 모양과 쌓기나무의 개수 알아보기

(1~2) 쌓기나무로 쌓은 모양을 보고 위에서 본 모양에 수를 쓰고, 똑같은 모양으로 쌓는 데 필요한 쌓기나무의 개수를 구해 보시오.

1

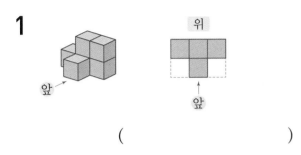

(   )

2

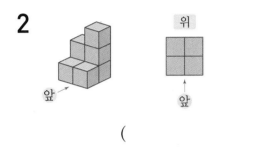

(   )

❺ 층별로 나타낸 모양을 보고
쌓은 모양과 쌓기나무의 개수 알아보기

(3~4) 쌓기나무로 쌓은 모양을 보고 1층과 2층 모양을 각각 그려 보시오.

3

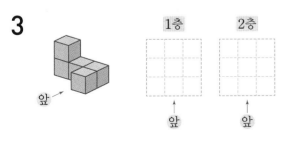

4

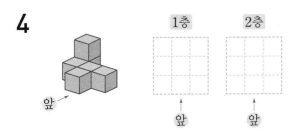

❺ 층별로 나타낸 모양을 보고
쌓은 모양과 쌓기나무의 개수 알아보기

(5~6) 쌓기나무로 쌓은 모양을 층별로 나타낸 모양입니다. 위에서 본 모양을 그리고, 각 자리에 쌓은 쌓기나무의 수를 써 보시오.

5

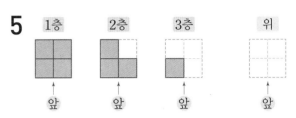

6

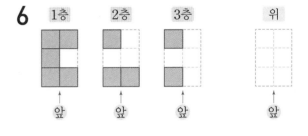

❻ 여러 가지 모양 만들기

(7~8) 왼쪽 쌓기나무 모양에 쌓기나무를 1개 더 붙여서 만들 수 있는 모양에 ◯표 하시오.

7

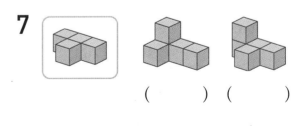

(   ) (   )

8

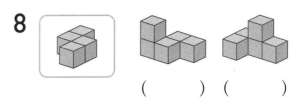

(   ) (   )

실전문제

1 쌓기나무 4개로 만든 모양입니다. 돌리거나 뒤집었을 때 같은 모양끼리 선으로 이어 보시오.

  ·   ·

  ·   ·

2 쌓기나무로 쌓은 모양을 보고 위에서 본 모양에 수를 쓴 것입니다. 앞과 옆에서 본 모양을 각각 그려 보시오.

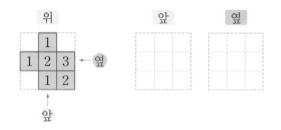

서술형

3 쌓기나무로 1층 위에 2층과 3층을 쌓았습니다. 2층과 3층 중 모양이 잘못된 층을 찾아 쓰고, 그 이유를 써 보시오.

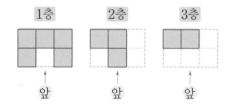

답 |

_____

_____

4 쌓기나무로 쌓은 모양을 보고 위에서 본 모양에 수를 쓴 것입니다. 1층, 2층, 3층 모양을 각각 그려 보시오.

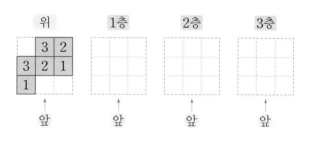

5 쌓기나무로 쌓은 모양을 위, 앞, 옆에서 본 모양입니다. 똑같은 모양으로 쌓는 데 필요한 쌓기나무는 몇 개입니까?

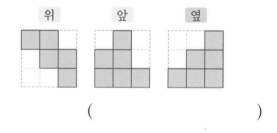

(   )

6 쌓기나무로 쌓은 모양을 위와 앞에서 본 모양입니다. 위에서 본 모양에 수를 쓰고, 옆에서 본 모양을 그려 보시오.

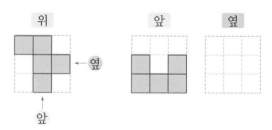

7 가, 나, 다 모양 중에서 두 가지 모양을 사용하여 새로운 모양 2개를 만들었습니다. 사용한 두 가지 모양을 찾아보시오.

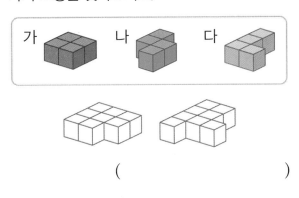

(   )

교과 역량 추론, 창의·융합, 정보 처리

8 쌓기나무를 4개씩 붙여서 만든 두 가지 모양을 사용하여 새로운 모양 2개를 만들었습니다. 어떻게 만들었는지 구분하여 색칠해 보시오.

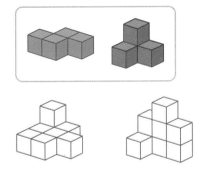

교과서 pick

9 쌓기나무로 쌓은 모양을 층별로 나타낸 모양입니다. 똑같은 모양으로 쌓는 데 필요한 쌓기나무의 개수를 구하고, 앞에서 본 모양을 그려 보시오.

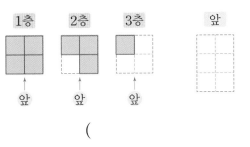

(   )

10 쌓기나무로 1층 위에 2층과 3층을 쌓으려고 합니다. 1층 모양을 보고 가, 나, 다, 라를 한 번씩만 사용하여 쌓을 수 있는 2층과 3층으로 알맞은 모양을 각각 찾아보시오.

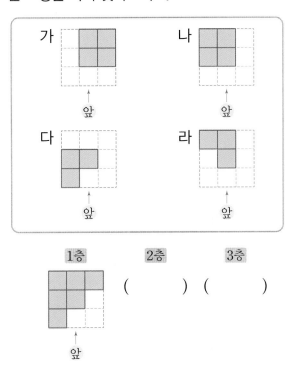

2층 (   ) 3층 (   )

교과 역량 문제 해결, 추론, 정보 처리

11 쌓기나무를 8개씩 사용하여 조건을 만족하도록 위에서 본 모양에 수를 각각 써 보시오.

조건
• 가와 나의 쌓은 모양은 서로 다릅니다.
• 앞에서 본 모양이 서로 같습니다.
• 옆에서 본 모양이 서로 같습니다.

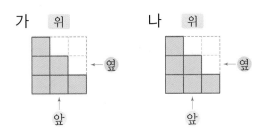

예제 1

왼쪽은 쌓기나무로 쌓은 모양을 보고 위에서 본 모양에 수를 쓴 것입니다. 오른쪽 모양은 ㉠~㉣ 중 어느 방향에서 본 것인지 찾아 기호를 써 보시오.

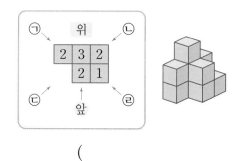

( )

교과서 pick

예제 2

쌓기나무 11개로 만든 모양입니다. 파란색 쌓기나무 2개를 빼냈을 때, 옆에서 본 모양을 그려 보시오.

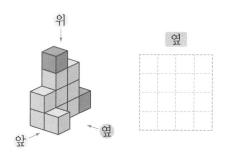

예제 3

쌓기나무로 쌓은 모양과 위에서 본 모양입니다. 이 모양에 쌓기나무를 더 쌓아 가장 작은 정육면체 모양을 만들려고 합니다. 더 필요한 쌓기나무는 몇 개입니까?

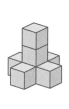

위에서 본 모양

( )

유제 1

왼쪽은 쌓기나무로 쌓은 모양을 보고 위에서 본 모양에 수를 쓴 것입니다. 오른쪽 모양은 ㉠~㉣ 중 어느 방향에서 본 것인지 찾아 기호를 써 보시오.

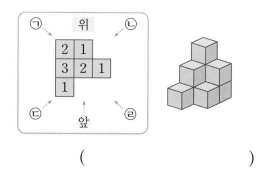

( )

유제 2

쌓기나무 13개로 만든 모양입니다. 분홍색 쌓기나무 3개를 빼냈을 때, 앞에서 본 모양을 그려 보시오.

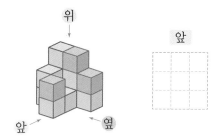

유제 3

쌓기나무로 쌓은 모양과 위에서 본 모양입니다. 이 모양에 쌓기나무를 더 쌓아 가장 작은 정육면체 모양을 만들려고 합니다. 더 필요한 쌓기나무는 몇 개입니까?

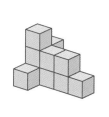

위에서 본 모양

( )

교과서 pick

예제 4 쌓기나무로 쌓은 모양과 위에서 본 모양입니다. 옆에서 보았을 때 가능한 모양을 2가지 그려 보시오.

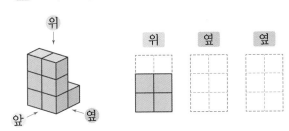

유제 4 쌓기나무로 쌓은 모양과 위에서 본 모양입니다. 앞에서 보았을 때 가능한 모양을 2가지 그려 보시오.

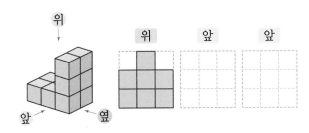

예제 5 쌓기나무로 쌓은 모양에서 쌓기나무 1개를 빼낼 때, 앞과 옆에서 본 모양이 변하지 않으려면 ㉠~㉣ 중 어느 것을 빼내야 하는지 기호를 써 보시오.

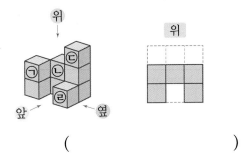

(   )

유제 5 쌓기나무로 쌓은 모양에서 쌓기나무 1개를 빼낼 때, 앞과 옆에서 본 모양이 변하지 않으려면 ㉠~㉣ 중 어느 것을 빼내야 하는지 기호를 써 보시오.

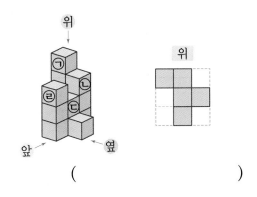

(   )

예제 6 모양에 쌓기나무를 1개 더 붙여서 만들 수 있는 서로 다른 모양은 모두 몇 가지입니까?

(   )

유제 6 모양에 쌓기나무를 1개 더 붙여서 만들 수 있는 서로 다른 모양은 모두 몇 가지입니까?

(   )

단원 평가

(1~2) 주혁이와 친구들은 거북선 사진을 여러 방향에서 찍었습니다. 물음에 답하시오.

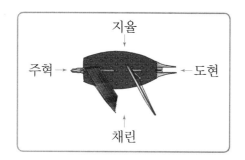

1 오른쪽 사진을 찍은 친구는 누구입니까?

( )

2 지율이가 찍은 사진에 ◯표 하시오.

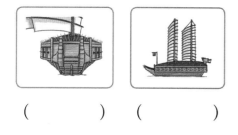

( ) ( )

3 주어진 모양과 똑같이 쌓는 데 필요한 쌓기나무는 몇 개입니까?

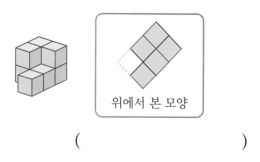

위에서 본 모양

( )

4 (보기)와 같은 모양을 찾아보시오.

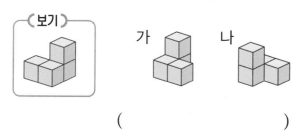

(보기)

가 나

( )

5 쌓기나무로 쌓은 모양과 위에서 본 모양입니다. 앞과 옆에서 본 모양을 각각 그려 보시오.

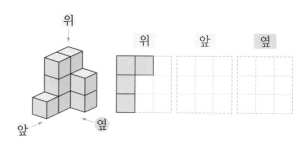

위 앞 옆

교과서에 꼭 나오는 문제
6 쌓기나무로 쌓은 모양을 보고 위에서 본 모양에 수를 써 보시오.

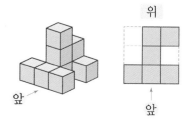

위

앞

7 쌓기나무로 쌓은 모양을 층별로 나타낸 것입니다. 관계있는 것끼리 선으로 이어 보시오.

1층 2층 3층

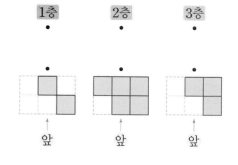

앞 앞 앞

8 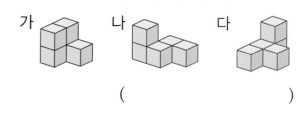 모양에 쌓기나무 1개를 더 붙여서 만들 수 있는 모양을 찾아보시오.

가 나 다

( )

60 개념플러스유형 파워 6-2

• 정답 18쪽

9 쌓기나무로 쌓은 모양을 층별로 나타낸 모양입니다. 똑같은 모양으로 쌓는 데 필요한 쌓기나무는 몇 개입니까?

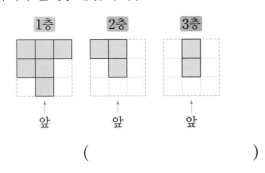

(   )

10 쌓기나무로 쌓은 모양을 보고 위에서 본 모양에 수를 썼습니다. 앞과 옆에서 본 모양을 각각 그려 보시오.

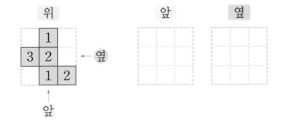

11 쌓기나무로 쌓은 모양을 층별로 나타낸 모양을 보고 앞에서 본 모양을 그려 보시오.

잘 틀리는 문제

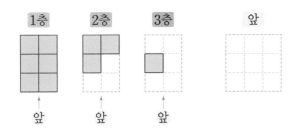

12 쌓기나무로 쌓은 모양을 위, 앞, 옆에서 본 모양입니다. 똑같은 모양으로 쌓는 데 필요한 쌓기나무는 몇 개입니까?

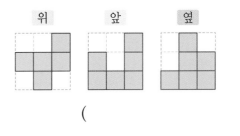

(   )

교과서에 꼭 나오는 문제

13 쌓기나무를 4개씩 붙여서 만든 두 가지 모양으로 만들 수 있는 새로운 모양을 모두 찾아보시오.

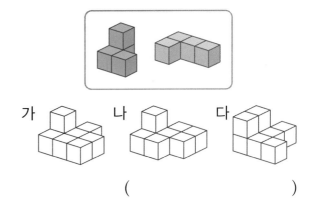

가   나   다

(   )

14 오른쪽 모양을 보고 위에서 본 모양이 될 수 없는 것을 찾아보시오.

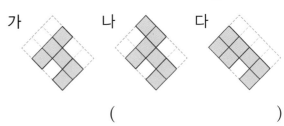

가   나   다

(   )

15 쌓기나무 10개로 쌓은 모양을 위와 앞에서 본 모양입니다. 옆에서 본 모양을 그려 보시오.

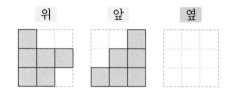

잘 틀리는 문제

16 쌓기나무를 7개씩 사용하여 (조건)을 만족하도록 위에서 본 모양에 수를 각각 써 보시오.

(조건)
- 가와 나의 쌓은 모양은 서로 다릅니다.
- 앞에서 본 모양이 서로 같습니다.
- 옆에서 본 모양이 서로 같습니다.

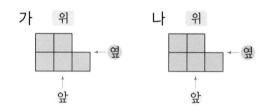

17 쌓기나무로 쌓은 모양에서 쌓기나무 1개를 빼낼 때, 앞과 옆에서 본 모양이 변하지 않으려면 ㉠~㉣ 중 어느 것을 빼내야 하는지 기호를 써 보시오.

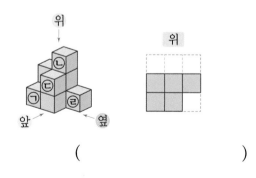

(   )

◀ 서술형 **문제**

18 오른쪽은 쌓기나무로 쌓은 모양을 보고 위에서 본 모양에 수를 쓴 것입니다. 2층에 쌓은 쌓기나무는 몇 개인지 풀이 과정을 쓰고 답을 구해 보시오.

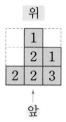

풀이 |

답 |

19 옆에서 본 모양이 다른 하나를 찾으려고 합니다. 풀이 과정을 쓰고 답을 구해 보시오.

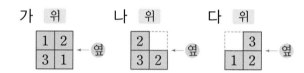

풀이 |

답 |

20 오른쪽 모양에 쌓기나무를 더 쌓아 가장 작은 정육면체 모양을 만들려고 합니다. 더 필요한 쌓기나무는 몇 개인지 풀이 과정을 쓰고 답을 구해 보시오.

풀이 |

답 |

창의·융합형 문제

정답 19쪽

1 소마 큐브 알아보기

소마 큐브는 덴마크의 수학자이자 물리학자인 피에트 하인이 정육면체를 붙여 만든 입체 퍼즐입니다. 소마 큐브는 7개의 모양으로 구성되어 있는데 각각 3개 또는 4개의 정육면체들로 이루어져 있습니다.

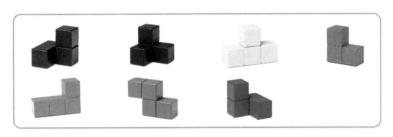

▲ 피에트 하인

다음은 소마 큐브의 4가지 모양을 사용하여 만든 새로운 모양을 위와 옆에서 본 모양입니다. 어떻게 만들었는지 구분하여 색칠해 보시오.

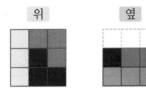

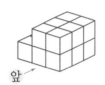

2 빛과 그림자 알아보기

물체에 빛을 비추었을 때 빛이 물체를 통과하지 못하기 때문에 물체의 모양과 비슷한 그림자가 생깁니다. 물체에 빛을 비추면서 물체의 뒤쪽에 흰 종이를 대면 그림자를 볼 수 있습니다. 같은 물체라도 물체를 놓는 방향에 따라 그림자 모양이 달라지기도 합니다.

쌓기나무 12개로 쌓은 모양에 그림과 같은 방향에서 빛을 비추었습니다. 나타나는 그림자의 모양이 다른 하나를 찾아보시오.

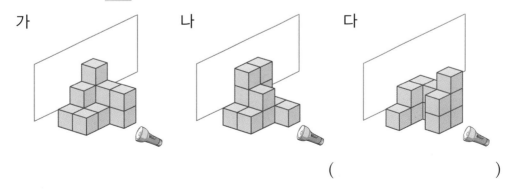

( )

주어진 모양을 찾아라!

그림에서 주어진 모양을 찾아보세요.

4

비례식과
비례배분

1 비의 성질

🔵 **비의 전항과 후항**

$$2:3$$

기호 ' : '의 앞에 있는 수 ◀── **전항 후항** ──▶ 기호 ' : '의 뒤에 있는 수

🔵 **비의 성질**

비의 전항과 후항에 **0이 아닌 같은 수를 곱하여도** 비율은 같습니다.

비의 전항과 후항을 **0이 아닌 같은 수로 나누어도** 비율은 같습니다.

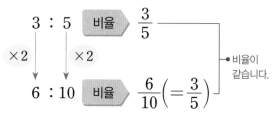

참고 비의 전항과 후항에 0을 곱하면 0 : 0이 되므로 0을 곱할 수 없습니다.

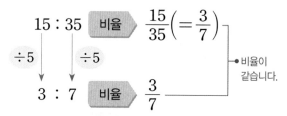

참고 0으로는 나눌 수 없으므로 비의 전항과 후항을 0으로 나눌 수 없습니다.

예제

1 비의 성질을 이용하여 비율이 같은 비를 구하려고 합니다. ☐ 안에 알맞은 수를 써넣으시오.

(1)
```
        ×4
5 : 8        20 : [  ]
        ×[ ]
```

(2)
```
         ÷7
14 : 28        2 : [  ]
         ÷[ ]
```

유제

2 비의 성질을 이용하여 비율이 같은 비를 찾아 선으로 이어 보시오.

8 : 7   •   •   12 : 27

12 : 24   •   •   160 : 140

4 : 9   •   •   3 : 6

2 간단한 자연수의 비로 나타내기

자연수의 비	전항과 후항을 두 수의 **공약수로 나눕니다.** 이때 두 수의 최대공약수로 나누면 좀 더 간단하게 나타낼 수 있습니다.	$\div 6$ $12 : 18 \qquad 2 : 3$ $\div 6$
소수의 비	전항과 후항에 **10, 100, 1000……을 곱합니다.**	$\times 10$ $0.7 : 1.1 \qquad 7 : 11$ $\times 10$
분수의 비	전항과 후항에 두 분모의 **공배수를 곱합니다.** 이때 두 분모의 최소공배수를 곱하면 좀 더 간단하게 나타낼 수 있습니다.	$\times 36$ $\dfrac{1}{4} : \dfrac{1}{9} \qquad 9 : 4$ $\times 36$
소수와 분수의 비	**방법1** 분수를 소수로 나타내기 $0.3 : \dfrac{1}{2} \quad 0.3 : 0.5 \quad 3 : 5$ 소수로 $\times 10$	**방법2** 소수를 분수로 나타내기 $0.3 : \dfrac{1}{2} \quad \dfrac{3}{10} : \dfrac{1}{2} \quad 3 : 5$ 분수로 $\times 10$

예제 3

□ 안에 알맞은 수를 써넣어 간단한 자연수의 비로 나타내어 보시오.

(1)

(2)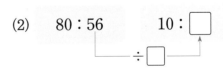

(3)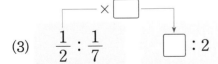

(4)

유제 4

간단한 자연수의 비로 나타내어 보시오.

(1) $45 : 72$

(2) $0.6 : 1.3$

(3) $\dfrac{2}{5} : \dfrac{1}{6}$

(4) $0.7 : \dfrac{3}{8}$

3 비례식

🔵 **비례식** → 比例式(견줄 비, 법식 례, 법 식)

비례식: 비율이 같은 두 비를 기호 '＝'를 사용하여 나타낸 식

외항 → 비례식에서 바깥쪽에 있는 두 수

$$2 : 5 = 4 : 10$$

내항 → 비례식에서 안쪽에 있는 두 수

· $2:5$ [비율] $\dfrac{2}{5}$ · $4:10$ [비율] $\dfrac{4}{10}\left(=\dfrac{2}{5}\right)$

⇨ $2:5$와 $4:10$의 비율이 같으므로 비례식을 세우면 $2:5=4:10$입니다.

🔵 **비의 성질을 이용하여 비례식 세우기**

· $4:5$는 전항과 후항에 3을 곱한 $12:15$와 그 비율이 같습니다.

$$\begin{array}{c}\overset{\times 3}{\frown}\\ 4:5=12:15\\ \underset{\times 3}{\smile}\end{array}$$

· $15:20$은 전항과 후항을 5로 나눈 $3:4$와 그 비율이 같습니다.

$$\begin{array}{c}\overset{\div 5}{\frown}\\ 15:20=3:4\\ \underset{\div 5}{\smile}\end{array}$$

예제 5

두 비의 비율을 각각 분수로 나타내고 비례식을 세워 보시오.

비	$4:9$	$8:18$
비율	$\dfrac{\Box}{\Box}$	$\dfrac{8}{\Box}=\dfrac{\Box}{\Box}$

$$\Box : \Box = \Box : \Box$$

유제 6

☐ 안에 알맞은 수를 써넣고, 외항과 내항을 각각 써 보시오.

(1)
$$\begin{array}{c}\overset{\times 2}{\frown}\\ 5:6=\Box:\Box\\ \underset{\times 2}{\smile}\end{array}$$

외항 (　　　　　　　)
내항 (　　　　　　　)

(2)
$$\begin{array}{c}\overset{\div 7}{\frown}\\ 56:21=\Box:\Box\\ \underset{\div 7}{\smile}\end{array}$$

외항 (　　　　　　　)
내항 (　　　　　　　)

한번더 확인

❶~❸ 비의 성질, 비례식

❶ 비의 성질

(1~2) 비의 성질을 이용하여 ☐ 안에 알맞은 수를 써넣으시오.

1 $4:5 \Rightarrow 16:$ ☐

2 $63:27 \Rightarrow$ ☐ $:3$

❷ 간단한 자연수의 비로 나타내기

(3~6) 간단한 자연수의 비로 나타내어 보시오.

3 $36:120$

4 $0.17:0.9$

5 $\dfrac{1}{2}:\dfrac{3}{7}$

6 $\dfrac{4}{5}:1.5$

❸ 비례식

(7~8) 비례식을 보고 외항과 내항을 각각 써 보시오.

7
$$3:8=6:16$$

외항 (   )
내항 (   )

8
$$12:54=2:9$$

외항 (   )
내항 (   )

❸ 비례식

(9~11) 비율이 같은 비를 찾아 비례식을 세워 보시오.

9
$$10:24 \qquad 15:18 \qquad 30:42$$

$5:6=$ ☐ $:$ ☐

10
$$4:22 \qquad 33:8 \qquad 66:12$$

$11:2=$ ☐ $:$ ☐

11
$$6:5 \qquad 4:7 \qquad 5:8$$

$20:35=$ ☐ $:$ ☐

STEP 1 실전문제

1 30 : 24와 비율이 같은 비를 모두 찾아 ◯표 하시오.

> 10 : 9   5 : 4   15 : 10   60 : 48

2 두 비의 비율이 같을 때, ㉠에 알맞은 수를 구해 보시오.

> 13 : 18   ㉠ : 72

(   )

3 비례식 63 : 49＝9 : 7을 보고 바르게 설명한 사람은 누구입니까?

외항은 63, 7이고 내항은 49, 9야.
비의 전항과 후항에서 0이 아닌 같은 수를 빼면 비례식을 세울 수 있어.
승우   효우

(   )

4 비율이 같은 두 비를 찾아 비례식을 세워 보시오.

> 5 : 8 $\dfrac{1}{9} : \dfrac{1}{8}$ 18 : 24   30 : 48

☐ : ☐ = ☐ : ☐

5 3.6 : 2.7을 간단한 자연수의 비로 나타내려고 합니다. 전항이 4일 때 후항을 구해 보시오.

(   )

6 가로와 세로의 비가 7 : 4와 비율이 같은 액자를 모두 찾아보시오.

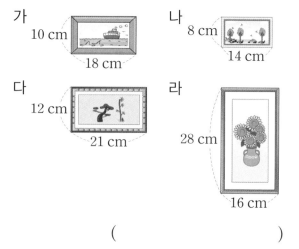

가
10 cm
18 cm

나
8 cm
14 cm

다
12 cm
21 cm

라
28 cm
16 cm

(   )

7 6 : 7과 비율이 같은 비 중에서 후항이 35보다 작은 비를 모두 구해 보시오.

(   )

8 민서와 지후가 같은 책을 각각 1시간 동안 읽었는데 민서는 전체의 $\frac{2}{3}$, 지후는 전체의 $\frac{3}{5}$ 을 읽었습니다. 민서와 지후가 각각 1시간 동안 읽은 책의 양을 간단한 자연수의 비로 나타내려고 합니다. 풀이 과정을 쓰고 답을 구해 보시오.

풀이 |

답 |

교과서 **pick**

9 주어진 비를 간단한 자연수의 비로 나타내면 8 : 15입니다. ☐ 안에 알맞은 수를 구해 보시오.

$$\frac{1}{5} : \frac{\square}{8}$$

(   )

10 후항이 30이고 비율이 $\frac{5}{6}$ 인 비가 있습니다. 이 비의 전항을 구해 보시오.

(   )

11 외항이 8과 15, 내항이 3과 40인 비례식을 세워 보시오.

(   )

12 밑변의 길이가 24 cm이고 넓이가 480 cm² 인 평행사변형입니다. 이 평행사변형의 밑변의 길이와 높이의 비를 간단한 자연수의 비로 나타내어 보시오.

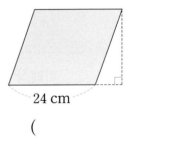

24 cm

(   )

교과 역량 문제 해결, 추론

13 〈조건〉에 맞게 비례식을 완성해 보시오.

┌─〈조건〉─────────┐
• 비율은 $\frac{4}{5}$ 입니다.
• 외항의 곱은 60입니다.
└──────────────┘

12 : ☐ = ☐ : ☐

4 비례식의 성질

○ **비례식의 성질**

> 비례식에서 **외항의 곱**과 **내항의 곱**은 **같습니다.**

$$5 \times 6 = 30$$
$$5 : 3 = 10 : 6 \quad \rightarrow \text{같습니다.}$$
$$3 \times 10 = 30$$

○ **비례식 2 : 5＝6 : ■에서 ■의 값 구하기**

'외항의 곱과 내항의 곱은 같습니다.'라는 비례식의 성질을 이용하여 ■의 값을 구합니다.

$$2 \times ■$$
$$2 : 5 = 6 : ■$$
$$5 \times 6$$

$$\Rightarrow \quad 2 \times ■ = 5 \times 6$$
$$2 \times ■ = 30$$
$$■ = 15$$

예제 1 비례식에서 외항의 곱과 내항의 곱을 각각 구하고, 알맞은 말에 ○표 하시오.

| 4 : 7＝12 : 21 | 외항의 곱 | $4 \times \boxed{} = \boxed{}$ |
| | 내항의 곱 | $7 \times \boxed{} = \boxed{}$ |

비례식에서 외항의 곱과 내항의 곱은 (같습니다 , 다릅니다).

유제 2 비례식의 성질을 이용하여 ■의 값을 구하려고 합니다. ☐ 안에 알맞은 수를 써넣으시오.

$$45 : 10 = 9 : ■$$

$$45 \times ■ = 10 \times \boxed{}$$
$$45 \times ■ = \boxed{}$$
$$■ = \boxed{}$$

유제 3 비례식의 성질을 이용하여 비례식을 찾아 ○표 하시오.

$$8 : 1 = 32 : 6$$
$$20 : 25 = 4 : 5$$

(   )   (   )

5 비례식의 활용

정답 22쪽

머리끈 **2개**가 **1000원**일 때, 머리끈 **6개**의 가격은 얼마인지 구하기

구하려는 것을 ☐라 하고 비례식 세우기

머리끈 6개의 가격을 ☐원이라 하고 비례식을 세웁니다.
$$2:1000=6:☐$$

☐의 값 구하기

방법1 비례식의 성질 이용하기

$2:1000=6:☐$
$⇒ 2×☐=1000×6,$
$2×☐=6000, ☐=3000$

방법2 비의 성질 이용하기

$2:1000=6:☐ ⇒ ☐=3000$ (×3)

문제에 알맞은 답 구하기

머리끈 6개의 가격은 3000원입니다.

예제 4

어머니께서 흰쌀과 현미를 7 : 3으로 섞어서 밥을 지으시려고 합니다. 흰쌀을 840 g 넣었다면 현미는 몇 g을 넣어야 하는지 구하려고 합니다. 물음에 답하시오.

(1) 넣어야 하는 현미를 ■ g이라 하고 비례식을 세워 보시오.

$$7:3=☐:■$$

(2) 비례식의 성질을 이용하여 ■의 값을 구해 보시오.

$$7×■=3×☐, \quad 7×■=☐, \quad ■=☐$$

(3) 현미는 몇 g을 넣어야 합니까?

(   )

유제 5

4초에 5장을 복사하는 복사기가 있습니다. 이 복사기로 60장을 복사하려면 몇 초가 걸리는지 구하려고 합니다. 60장을 복사할 때 걸리는 시간을 ■초라 하고 비례식을 세워서 구해 보시오.

비례식 |

답 |

4. 비례식과 비례배분 **73**

6 비례배분

比例配分(견줄 비, 법식 례, 나눌 배, 나눌 분)

비례배분: 전체를 주어진 비로 배분하는 것

나누는

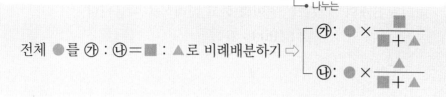

전체 ●를 ㉮ : ㉯＝■ : ▲로 비례배분하기 ⇨ $\begin{cases} ㉮: ● \times \dfrac{■}{■+▲} \\ ㉯: ● \times \dfrac{▲}{■+▲} \end{cases}$

비례식을 이용하여 10을
㉮ : ㉯＝4 : 1로 비례배분하기

• ㉮가 가지게 되는 양을 ■라
하면 4 : 5＝■ : 10
⇨ 4×10＝5×■,
5×■＝40,
■＝8입니다.

• ㉯가 가지게 되는 양을 ▲라
하면 1 : 5＝▲ : 10
⇨ 1×10＝5×▲,
5×▲＝10,
▲＝2입니다.

예 10을 ㉮ : ㉯＝4 : 1로 비례배분하기

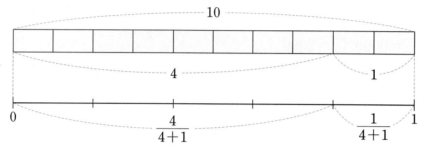

⇨ ㉮: $10 \times \dfrac{4}{4+1} = 10 \times \dfrac{4}{5} = 8$, ㉯: $10 \times \dfrac{1}{4+1} = 10 \times \dfrac{1}{5} = 2$

예제
6

35를 ㉮ : ㉯＝5 : 2로 비례배분해 보시오.

(1) ㉮는 전체의 $\dfrac{\boxed{}}{5+\boxed{}}$ 이므로 $35 \times \dfrac{\boxed{}}{\boxed{}} = \boxed{}$ 입니다.

(2) ㉯는 전체의 $\dfrac{\boxed{}}{5+\boxed{}}$ 이므로 $35 \times \dfrac{\boxed{}}{\boxed{}} = \boxed{}$ 입니다.

유제
7

안의 수를 주어진 비로 비례배분하여 [,] 안에 써 보시오.

(1)
60

1 : 3 ⇨ [,   ]

(2)
54

4 : 5 ⇨ [,   ]

정답 22쪽

❹~❻ 비례식의 성질, 비례배분

❹ 비례식의 성질

（1~2） 옳은 비례식에 ◯표, 틀린 비례식에 ✕표 하시오.

1 $2 : 3 = 14 : 24$

（　　　　　　　）

2 $\dfrac{1}{6} : \dfrac{2}{5} = 30 : 72$

（　　　　　　　）

❹ 비례식의 성질

（3~6） 비례식의 성질을 이용하여 ☐ 안에 알맞은 수를 써넣으시오.

3 $5 : 9 = 10 : \boxed{}$

4 $3 : 16 = \boxed{} : 80$

5 $20 : \boxed{} = 120 : 42$

6 $\boxed{} : 5 = 6.4 : 8$

❻ 비례배분

（7~11） ☐ 안의 수를 주어진 비로 비례배분하여 [,] 안에 써 보시오.

7

36

$5 : 1 \Rightarrow [\qquad, \qquad]$

8

50

$3 : 7 \Rightarrow [\qquad, \qquad]$

9

65

$9 : 4 \Rightarrow [\qquad, \qquad]$

10

98

$11 : 3 \Rightarrow [\qquad, \qquad]$

11

210

$13 : 17 \Rightarrow [\qquad, \qquad]$

4 단원

1 비례식의 성질을 이용하여 비례식을 찾아 기호를 써 보시오.

> ㉠ $5 : 3 = 12 : 20$
> ㉡ $\dfrac{1}{5} : \dfrac{1}{4} = 8 : 15$
> ㉢ $1.2 : 4 = 6 : 20$

(   )

2 비례식에서 외항의 곱을 구해 보시오.

> $\square : 7 = 45 : 35$

(   )

3 $\square$ 안에 알맞은 수가 가장 큰 것을 찾아 기호를 써 보시오.

> ㉠ $3 : \square = 6 : 10$
> ㉡ $1\dfrac{3}{4} : 7 = \square : 28$
> ㉢ $\square : 4.4 = 9 : 6$

(   )

4 어떤 비례식에서 내항의 곱이 56이고, 한 외항이 8이라면 다른 외항은 얼마입니까?

(   )

5 소금과 물의 양의 비가 6 : 13인 소금물이 있습니다. 물의 양이 91 g이면 소금의 양은 몇 g입니까?

(   )

6 1000 mL 주스 2통은 4500원입니다.
1000 mL 주스 8통을 사려면 얼마가 필요합니까?

(   )

7 나와 동생은 6000원짜리 아이스크림을 사려고 합니다. 나와 동생이 7 : 3으로 돈을 나누어 낸다면 각각 얼마를 내야 합니까?

나 (   )
동생 (   )

8 비례식에서 외항의 곱이 45일 때, ●+◆의 값을 구해 보시오.

> $\dfrac{9}{20} : ● = 15 : ◆$

(   )

9 어느 날 낮과 밤의 길이의 비가 7 : 5라면 낮과 밤은 각각 몇 시간입니까?

낮 (   )

밤 (   )

교과 역량 문제 해결

10 만두 76개를 유라와 인서가 10 : 9의 비로 나누어 빚었습니다. 유라는 인서보다 만두를 몇 개 더 많이 빚었습니까?

(   )

서술형

11 공책 225권을 두 반에 학생 수의 비로 나누어 주려고 합니다. 1반에 공책을 몇 권 주어야 하는지 풀이 과정을 쓰고 답을 구해 보시오.

반	1	2
학생 수(명)	21	24

풀이 |

답 |

12 편의점에 있는 우유의 30 %는 딸기 우유입니다. 딸기 우유가 9개라면 편의점에 있는 우유는 모두 몇 개입니까?

(   )

교과 역량 문제 해결, 창의·융합

13 삼각형의 밑변의 길이와 높이의 비는 4 : 3입니다. 삼각형의 높이가 15 cm일 때, 삼각형의 넓이는 몇 cm²입니까?

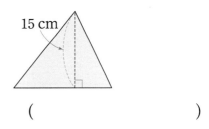

15 cm

(   )

14 길이가 120 cm인 철사를 은영이와 지운이가 1.2 : 0.8로 나누어 가졌습니다. 은영이와 지운이가 나누어 가진 철사의 길이는 각각 몇 cm입니까?

은영 (   )

지운 (   )

교과서 pick

15 수 카드 중에서 4장을 골라 비례식을 1개 세워 보시오.

(   )

예제 1

풍선을 정표와 상희가 6 : 7로 나누어 가졌습니다. 정표가 가진 풍선이 18개라면 처음에 있던 풍선은 모두 몇 개입니까?

(   )

유제 1

색종이를 은주와 건우가 9 : 5로 나누어 가졌습니다. 건우가 가진 색종이가 35장이라면 처음에 있던 색종이는 모두 몇 장입니까?

(   )

예제 2

도윤이와 예성이는 구슬 56개를 나누어 가졌습니다. 도윤이가 예성이보다 8개 더 많이 가졌을 때, 도윤이와 예성이가 가진 구슬의 수의 비를 간단한 자연수의 비로 나타내어 보시오.

(   )

유제 2

밤 195개를 크기가 다른 두 상자에 나누어 담았습니다. 큰 상자에는 작은 상자보다 밤을 45개 더 많이 담았을 때, 큰 상자와 작은 상자에 담은 밤의 수의 비를 간단한 자연수의 비로 나타내어 보시오.

(   )

교과서 pick

예제 3

형과 민재는 25000원짜리 치킨을 주문하면서 배달료로 2000원을 냈습니다. 형과 민재가 치킨값은 3 : 2로, 배달료는 2 : 3으로 나누어 내려고 합니다. 형은 치킨값과 배달료를 합하여 얼마를 내야 합니까?

(   )

유제 3

연아와 동생은 32000원짜리 피자를 주문하면서 배달료로 4000원을 냈습니다. 연아와 동생이 피자값은 5 : 3으로, 배달료는 3 : 5로 나누어 내려고 합니다. 동생은 피자값과 배달료를 합하여 얼마를 내야 합니까?

(   )

4
단원

예제 4 삼각형 ㉮와 원 ㉯가 오른쪽 그림과 같이 겹쳐져 있습니다. 겹쳐진 부분의 넓이는 ㉮의 넓이의 $\frac{2}{5}$, ㉯의 넓이의 $\frac{1}{8}$입니다. ㉮와 ㉯의 넓이의 비를 간단한 자연수의 비로 나타내어 보시오.

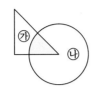

( )

유제 4 사각형 ㉮와 원 ㉯가 오른쪽 그림과 같이 겹쳐져 있습니다. 겹쳐진 부분의 넓이는 ㉮의 넓이의 $\frac{2}{9}$, ㉯의 넓이의 $\frac{3}{7}$입니다. ㉮와 ㉯의 넓이의 비를 간단한 자연수의 비로 나타내어 보시오.

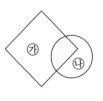

( )

예제 5 ㉮와 ㉯의 곱이 100보다 작은 7의 배수일 때, 비례식에서 □ 안에 들어갈 수 있는 가장 큰 자연수를 구해 보시오.

㉮ : 5 = □ : ㉯

( )

유제 5 ㉮와 ㉯의 곱이 200보다 작은 3의 배수일 때, 비례식에서 □ 안에 들어갈 수 있는 가장 큰 자연수를 구해 보시오.

㉮ : 7 = □ : ㉯

( )

교과서 pick

예제 6 맞물려 돌아가는 두 톱니바퀴 ㉮와 ㉯가 있습니다. 톱니바퀴 ㉮는 톱니가 10개, 톱니바퀴 ㉯는 톱니가 5개입니다. 톱니바퀴 ㉮가 16번 돌 때 톱니바퀴 ㉯는 몇 번 도는지 구해 보시오.

( )

유제 6 맞물려 돌아가는 두 톱니바퀴 ㉮와 ㉯가 있습니다. 톱니바퀴 ㉮는 톱니가 56개, 톱니바퀴 ㉯는 톱니가 24개입니다. 톱니바퀴 ㉮가 30번 돌 때 톱니바퀴 ㉯는 몇 번 도는지 구해 보시오.

( )

1 비례식에서 외항과 내항을 각각 써 보시오.

$$6 : 8 = 24 : 32$$

외항 (　　　　　　　)
내항 (　　　　　　　)

2 비의 성질을 이용하여 비율이 같은 비를 만들려고 합니다. ☐ 안에 알맞은 수를 써넣으시오.

$$2 : 9 \Rightarrow \boxed{} : 27$$

3 36 : 63과 비율이 같은 비를 찾아 써 보시오.

$$4 : 9 \qquad 12 : 21 \qquad 18 : 31$$

(　　　　　　　)

교과서에 꼭 나오는 문제

4 비례식 3 : 8 = 15 : 40에 대해 잘못 설명한 것을 찾아 기호를 써 보시오.

⊙ 내항은 8, 15입니다.
ⓒ 후항은 15, 40입니다.
ⓒ 두 비의 비율은 $\dfrac{3}{8}$입니다.

(　　　　　　　)

5 간단한 자연수의 비로 나타낸 것을 찾아 선으로 이어 보시오.

28 : 36　•　　　•　3 : 5

0.9 : 1.5　•　　　•　5 : 6

$\dfrac{2}{3} : \dfrac{4}{5}$　•　　　•　7 : 9

6 비례식의 성질을 이용하여 ☐ 안에 알맞은 수를 써넣으시오.

$$6 : 27 = \boxed{} : 18$$

7 ⬤ 안의 수를 9 : 4로 비례배분하여 [,] 안에 써 보시오.

169　⇨ [　　　　,　　　　]

교과서에 꼭 나오는 문제

8 비율이 같은 두 비를 찾아 비례식을 세워 보시오.

$$14 : 10 \qquad 9 : 11$$
$$\frac{1}{15} : \frac{1}{14} \qquad 35 : 25$$

☐ : ☐ = ☐ : ☐

9 ☐ 안에 알맞은 수가 더 큰 것의 기호를 써 보시오.

㉠ $3 : ☐ = 4 : 2.4$
㉡ $5\frac{1}{4} : 6 = ☐ : 16$

(　　　　　　　　)

10 가로와 세로의 비가 4 : 3과 비율이 같은 직사각형을 모두 찾아보시오.

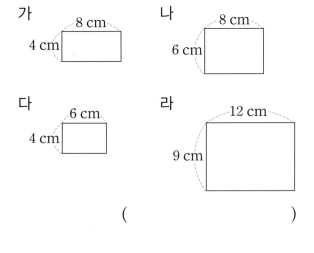

가
8 cm
4 cm

나
8 cm
6 cm

다
6 cm
4 cm

라
12 cm
9 cm

(　　　　　　　　)

11 같은 양의 타자를 치는 데 선영이는 1시간, 용준이는 35분이 걸렸습니다. 각각 일정한 빠르기로 타자를 칠 때 선영이와 용준이가 1분 동안 친 타자 수의 비를 간단한 자연수의 비로 나타내어 보시오.

(　　　　　　　　)

12 일정한 빠르기로 3분 동안 16 km를 달리는 기차가 있습니다. 이 기차가 같은 빠르기로 112 km를 달린다면 몇 분이 걸립니까?

(　　　　　　　　)

13 민유네 가족은 4명이고 주희네 가족은 5명입니다. 고구마 54 kg을 민유네와 주희네 가족 수의 비로 나누어 가지려고 합니다. 민유네 가족과 주희네 가족은 고구마를 각각 몇 kg 가지게 됩니까?

민유네 가족 (　　　　　　　)
주희네 가족 (　　　　　　　)

잘 틀리는 문제

14 가로와 세로의 비가 8 : 5인 직사각형이 있습니다. 이 직사각형의 가로가 40 cm일 때, 직사각형의 넓이는 몇 cm²입니까?

(　　　　　　　　)

15 혜교네 반 남학생 수와 여학생 수의 비는 2 : 1.5입니다. 반 전체 학생 수가 28명일 때, 남학생과 여학생은 각각 몇 명입니까?

남학생 (   )

여학생 (   )

16 삼각형 ㉮와 원 ㉯가 그림과 같이 겹쳐져 있습니다. 겹쳐진 부분의 넓이는 ㉮의 넓이의 $\frac{3}{10}$, ㉯의 넓이의 $\frac{1}{6}$입니다. ㉮와 ㉯의 넓이의 비를 간단한 자연수의 비로 나타내어 보시오.

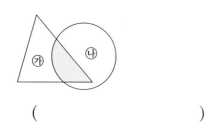

(   )

잘 틀리는 문제
17 ㉮와 ㉯의 곱이 100보다 작은 5의 배수일 때, 비례식에서 ☐ 안에 들어갈 수 있는 가장 큰 자연수를 구해 보시오.

$$3 : ㉮ = ㉯ : ☐$$

(   )

◀ 서술형 문제

18 호떡을 만드는 데 필요한 밀가루와 물의 양의 비는 5 : 2입니다. 밀가루를 650 g 사용한다면 필요한 물은 몇 g인지 풀이 과정을 쓰고 답을 구해 보시오.

풀이 |

답 |

19 붙임딱지 99개를 시연이와 태하가 6 : 5로 나누어 가졌습니다. 시연이는 태하보다 붙임딱지를 몇 개 더 많이 가졌는지 풀이 과정을 쓰고 답을 구해 보시오.

풀이 |

답 |

20 수애와 현서는 클립 78개를 나누어 가졌습니다. 수애가 현서보다 18개 더 많이 가졌을 때, 수애와 현서가 가진 클립 수의 비를 간단한 자연수의 비로 나타내려고 합니다. 풀이 과정을 쓰고 답을 구해 보시오.

풀이 |

답 |

창의·융합형 문제

1) 축척 알아보기

우리가 사는 곳의 모습을 지도로 그릴 때 실제 크기로 그릴 수 없으므로 일정한 비율로 줄여서 그립니다. 이때 지도에서의 거리와 실제 거리의 비율을 축척이라고 합니다. 예를 들어 축척이 1 : 20000이면 지도에서 1 cm가 실제로는 20000 cm(200 m)라는 것입니다.

은설이가 축척이 1 : 25000인 지도에서 여러 곳의 거리를 재어 보았습니다. 학교에서부터 터미널까지의 거리는 2 cm이고, 학교에서부터 기차역까지의 거리는 3 cm였습니다. 학교에서부터 기차역까지의 거리는 학교에서부터 터미널까지의 거리보다 몇 cm 더 깁니까?

(   )

2) 혼합색 알아보기

혼합색은 두 가지 이상의 색을 섞어서 만든 색을 말합니다. 혼합색 중 하나인 주황색은 빨간색과 노란색을 섞어서 만들 수 있고, 초록색은 노란색과 파란색을 섞어서 만들 수 있습니다. 이때 혼합색은 두 가지 색의 혼합 비율에 따라 농도가 달라집니다.

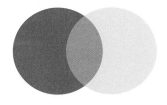 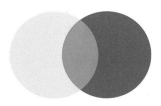

지영이가 빨간색 물감과 노란색 물감을 3 : 4로 섞어서 주황색 물감 84 g, 노란색 물감과 파란색 물감을 6 : 5로 섞어서 초록색 물감 55 g을 만들었습니다. 주황색과 초록색 중 어느 색을 만드는 데 사용한 노란색 물감이 몇 g 더 많습니까?

(,   )

퍼즐 속 단어를 맞혀라!

↺ 가로 힌트와 세로 힌트를 보고 퍼즐 속 단어를 맞혀 보세요.

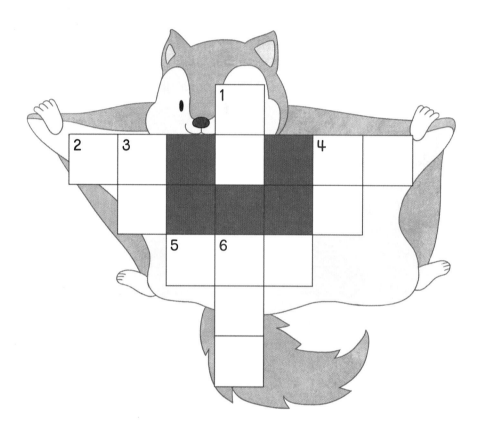

➡ 가로 힌트

2 제비, 박, 놀부 동생

4 과일, 빨간색, 백설 공주

5 달력, 요일, 빨간색

↓ 세로 힌트

1 송편, 보름달, 음력 8월 15일

3 새, 입, 딱딱함

4 동물, 갈기, 으르렁

6 직업, 요리, 사람

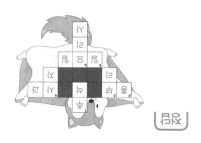

5

원의
둘레와 넓이

1 원주

🌀 **원주** ⟶ 圓(둥글 원, 두루 주)

원주: 원의 둘레

원의 지름이 길어지면 원주도 길어집니다.

🌀 **원주 어림하기**

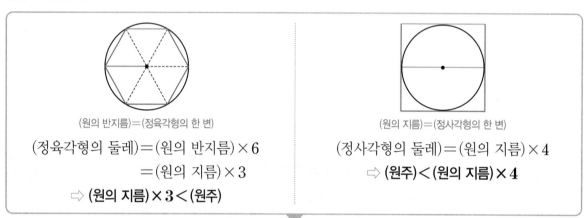

(원의 반지름)=(정육각형의 한 변)

(정육각형의 둘레)=(원의 반지름)×6
            =(원의 지름)×3

➩ **(원의 지름)×3<(원주)**

(원의 지름)=(정사각형의 한 변)

(정사각형의 둘레)=(원의 지름)×4

➩ **(원주)<(원의 지름)×4**

원주는 원의 지름의 3배보다 길고, 원의 지름의 4배보다 짧습니다.

예제

1 한 변의 길이가 1 cm인 정육각형, 지름이 2 cm인 원, 한 변의 길이가 2 cm인 정사각형이 있습니다. 정육각형의 둘레, 정사각형의 둘레를 수직선에 ━━로 표시하고 ☐ 안에 알맞은 수를 써넣으시오.

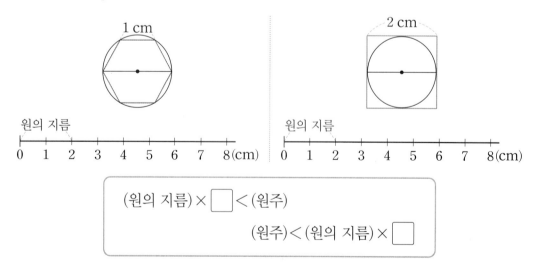

(원의 지름)×☐<(원주)

(원주)<(원의 지름)×☐

2 원주율

● 圓周率(둥글 원, 두루 주, 비율 율)

원주율: 원의 지름에 대한 원주의 비율
→ (원주율)＝(원주)÷(지름)

원주율을 계산하면 3.1415926535897932……와 같이 끝없는 소수로 나타납니다.
따라서 필요에 따라 **3, 3.1, 3.14** 등으로 어림하여 사용하기도 합니다.

참고 원의 크기와 상관없이 (원주)÷(지름)의 값은 일정합니다.

예제 2

세 원의 원주와 지름을 재었습니다. 물음에 답하시오.

(1) 표의 빈칸에 (원주)÷(지름)의 값을 알맞게 써넣으시오.

원주(cm)	지름(cm)	(원주)÷(지름)
9.42	3	
18.84	6	
56.52	18	

(2) 알맞은 말에 ○표 하시오.

> (원주)÷(지름)의 값은 (일정합니다 , 변합니다).

유제 3

원주율을 반올림하여 주어진 자리까지 나타내어 보시오.

원주(cm)	지름(cm)	원주율		
		반올림하여 일의 자리까지	반올림하여 소수 첫째 자리까지	반올림하여 소수 둘째 자리까지
22	7			
37.7	12			

3 원주와 지름 구하기

↻ 지름을 알 때, 원주 구하기

(원주율)＝(원주)÷(지름)
→ **(원주)＝(지름)×(원주율)**
└─ (반지름)×2×(원주율)

예 지름이 3 cm인 원의 원주 구하기 (원주율: 3)

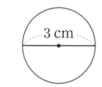

(원주)＝(지름)×(원주율)
＝3×3＝9(cm)

↻ 원주를 알 때, 지름 구하기

(원주율)＝(원주)÷(지름)
→ **(지름)＝(원주)÷(원주율)**
└─ (반지름)＝(원주)÷(원주율)÷2

예 원주가 6 cm인 원의 지름 구하기 (원주율: 3)

(지름)＝(원주)÷(원주율)
＝6÷3＝2(cm)

예제 4

원주는 몇 cm인지 구해 보시오. (원주율: 3.1)

(1)

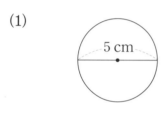

(   )

(2)

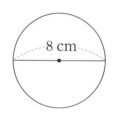

(   )

예제 5

지름은 몇 cm인지 구해 보시오. (원주율: 3.1)

(1)

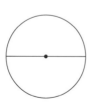

원주: 12.4 cm

(   )

(2)

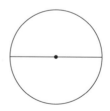

원주: 21.7 cm

(   )

한번더 확인

❸ 원주와 지름 구하기

❸ 원주와 지름 구하기

〈1~4〉 원주는 몇 cm인지 구해 보시오.

(원주율: 3.14)

1

10 cm

(   )

2

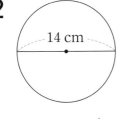

14 cm

(   )

3

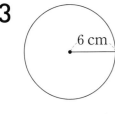

6 cm

(   )

4

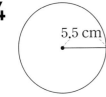

5.5 cm

(   )

❸ 원주와 지름 구하기

〈5~8〉 ☐ 안에 알맞은 수를 써넣으시오.

(원주율: 3)

5

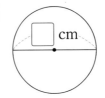

☐ cm

원주: 27 cm

6

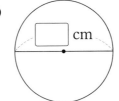

☐ cm

원주: 33 cm

7

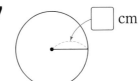

☐ cm

원주: 18 cm

8

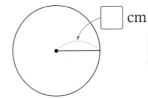

☐ cm

원주: 30 cm

1 잘못 말한 친구를 찾아 이름을 써 보시오.

> • 건우: (원주율)＝(원주)÷(지름)입니다.
> • 수연: 원주율을 소수로 나타내면 끝없이 계속되기 때문에 3, 3.1, 3.14 등으로 어림하여 사용합니다.
> • 다현: 원이 커지면 원주율도 커집니다.

( )

2 지름이 2 cm인 원의 원주와 가장 비슷한 길이를 찾아 기호를 써 보시오.

2 cm

㉠ |—1 cm—|——|
㉡ |——|——|——|——|
㉢ |——|——|——|——|——|——|

( )

3 빈칸에 알맞은 수를 써넣으시오. (원주율: 3.1)

반지름(cm)	지름(cm)	원주(cm)
7		
9.5		

4 길이가 66 cm인 종이띠를 겹치지 않게 붙여서 원을 만들었습니다. 만들어진 원의 지름은 몇 cm입니까? (원주율: 3)

( )

5 그림과 같이 컴퍼스를 벌려 원을 그렸을 때, 그린 원의 원주는 몇 cm입니까? (원주율: 3.14)

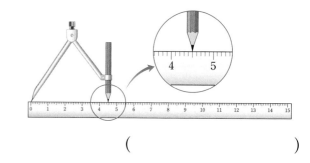

( )

개념 확인 서술형

6 여러 가지 원 모양의 접시가 있습니다.
(원주)÷(지름)을 계산해 보고, 원주율에 대해 알 수 있는 것을 써 보시오.

	㉮	㉯	㉰
접시			
지름(cm)	20	15	30
원주(cm)	62.8	47.1	94.2

답 |

7 교과서 pick

원주가 78.5 cm인 원 모양의 피자를 밑면이 정사각형 모양인 사각기둥 모양의 상자에 담으려고 합니다. 상자 밑면의 한 변의 길이는 최소 몇 cm이어야 합니까? (단, 상자의 두께는 생각하지 않습니다.) (원주율: 3.14)

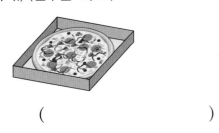

( )

8 교과 역량 추론, 창의·융합

둘레가 68.2 cm인 원 모양의 냄비에 꼭 맞는 뚜껑의 기호를 써 보시오. (원주율: 3.1)

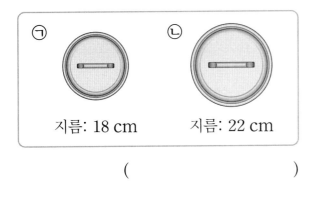

ㄱ 지름: 18 cm   ㄴ 지름: 22 cm

( )

9 두 원의 지름의 차는 몇 cm입니까? (원주율: 3)

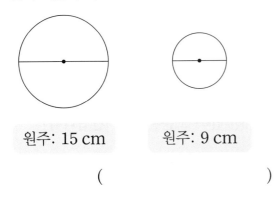

원주: 15 cm   원주: 9 cm

( )

10 은우와 시후의 동전 지갑은 원 모양입니다. 은우의 동전 지갑은 지름이 8 cm이고, 시후의 동전 지갑은 둘레가 18.6 cm입니다. 누구의 동전 지갑의 둘레가 더 깁니까? (원주율: 3.1)

( )

11 유모차의 바퀴는 원 모양입니다. 큰 바퀴의 원주는 작은 바퀴의 원주의 2배이고, 작은 바퀴의 원주는 47.1 cm입니다. 큰 바퀴의 지름은 몇 cm입니까? (원주율: 3.14)

( )

12 교과 역량 문제 해결, 창의·융합

지름이 70 cm인 원 모양의 훌라후프를 굴렸더니 앞으로 840 cm만큼 나아갔습니다. 훌라후프를 몇 바퀴 굴린 것입니까? (원주율: 3)

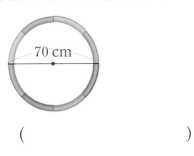

70 cm

( )

4 원의 넓이 어림하기

⟲ 반지름이 4 cm인 원의 넓이 어림하기

방법1 마름모, 정사각형을 이용하여 원의 넓이 어림하기

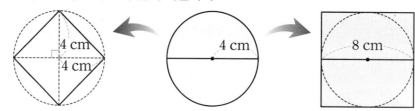

(원 안의 마름모의 넓이)   <   (원의 넓이)
$=8\times8\div2=32(cm^2)$

(원의 넓이)   <   (원 밖의 정사각형의 넓이)
$=8\times8=64(cm^2)$

⟹ 원의 넓이는 32 cm²보다 넓고, 64 cm²보다 좁습니다.

방법2 모눈의 수를 이용하여 원의 넓이 어림하기

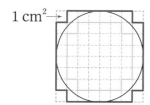

	노란색 부분	빨간색 선 안쪽 부분
모눈의 수	32칸	60칸
넓이	32 cm²	60 cm²

⟹ 원의 넓이는 32 cm²보다 넓고, 60 cm²보다 좁습니다.

예제 **1**

반지름이 6 cm인 원의 넓이를 어림하려고 합니다. ☐ 안에 알맞은 수를 써넣으시오.

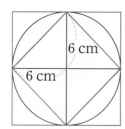

(1) 원 안의 마름모의 넓이는 ☐ cm²입니다.

(2) 원 밖의 정사각형의 넓이는 ☐ cm²입니다.

(3) 원의 넓이는 ☐ cm²보다 넓고, ☐ cm²보다
좁습니다.

예제 **2**

반지름이 5 cm인 원의 넓이를 어림하려고 합니다. ☐ 안에 알맞은 수를 써넣으시오.

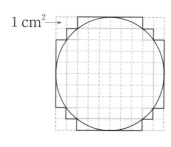

(1) 원 안의 노란색 모눈은 ☐ 칸입니다.

(2) 원 밖의 빨간색 선 안쪽 모눈은 ☐ 칸입니다.

(3) 원의 넓이는 ☐ cm²보다 넓고, ☐ cm²보다
좁습니다.

5 원의 넓이 구하기

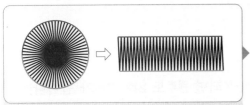

원을 한없이 잘게 잘라서 이어 붙이면 **직사각형**에 가까워집니다.

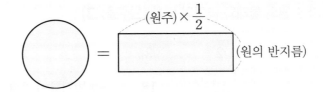

(원의 넓이)=(직사각형의 넓이)

$$(\text{원의 넓이})=(\text{원주}) \times \frac{1}{2} \times (\text{반지름})$$
$$=(\text{원주율}) \times (\text{지름}) \times \frac{1}{2} \times (\text{반지름})$$
$$=(\text{반지름}) \times (\text{반지름}) \times (\text{원주율})$$

예제 3

원을 한없이 잘게 잘라 이어 붙여서 직사각형을 만들었습니다. 원의 넓이는 몇 cm^2인지 알아보시오. (원주율: 3.14)

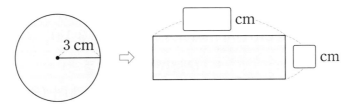

(1) ☐ 안에 알맞은 수를 써넣으시오.

(2) 직사각형의 넓이를 이용하여 원의 넓이는 몇 cm^2인지 구하시오.

(   )

예제 4

원의 넓이는 몇 cm^2인지 구해 보시오. (원주율: 3)

(1)

(2)

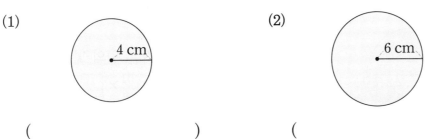

(   )   (   )

6 여러 가지 원의 둘레와 넓이 구하기

🌀 **반지름에 따른 원의 둘레와 넓이의 변화 (원주율: 3)**

반지름 (cm)	1	2	3
원주 (cm)	6 $1 \times 2 \times 3 = 6$	12 $2 \times 2 \times 3 = 12$	18 $3 \times 2 \times 3 = 18$
넓이 (cm²)	3 $1 \times 1 \times 3 = 3$	12 $2 \times 2 \times 3 = 12$	27 $3 \times 3 \times 3 = 27$

→ 반지름이 2배, 3배가 되면 원주도 2배, 3배가 됩니다.

→ 반지름이 2배, 3배가 되면 넓이는 4배, 9배가 됩니다.

🌀 **색칠한 부분의 둘레와 넓이 구하기 (원주율: 3)**

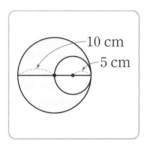

• 색칠한 부분의 둘레

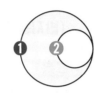

(❶의 원주)＋(❷의 원주)
$= 10 \times 2 \times 3 + 5 \times 2 \times 3$
$= 60 + 30 = 90 \text{(cm)}$

• 색칠한 부분의 넓이

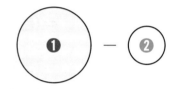

(❶의 넓이)－(❷의 넓이)
$= 10 \times 10 \times 3 - 5 \times 5 \times 3$
$= 300 - 75 = 225 \text{(cm}^2)$

예제 5 색칠한 부분의 둘레는 몇 cm인지 구해 보시오. (원주율: 3.14)

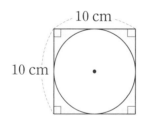

(색칠한 부분의 둘레)
＝(정사각형의 둘레)＋(원의 원주)
$= \boxed{} \times 4 + \boxed{} \times 3.14$
$= \boxed{} \text{(cm)}$

예제 6 색칠한 부분의 넓이는 몇 cm²인지 구해 보시오. (원주율: 3.1)

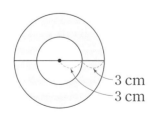

(색칠한 부분의 넓이)
＝(큰 원의 넓이)－(작은 원의 넓이)
$= \boxed{} \times \boxed{} \times 3.1 - \boxed{} \times \boxed{} \times 3.1$
$= \boxed{} \text{(cm}^2)$

한번더 **확인**

⑤~⑥ 원의 넓이, 여러 가지 원의 둘레와 넓이

⑤ 원의 넓이 구하기

《1~4》 원의 넓이는 몇 cm²인지 구해 보시오.
(원주율: 3.14)

1
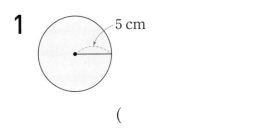
5 cm

( )

2
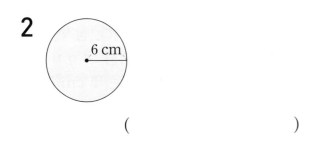
6 cm

( )

3
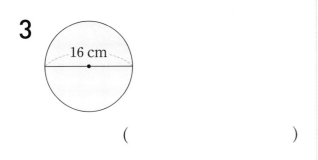
16 cm

( )

4
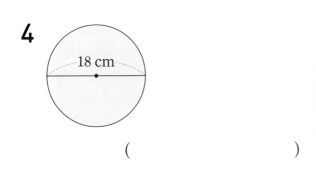
18 cm

( )

⑥ 여러 가지 원의 둘레와 넓이 구하기

《5~6》 색칠한 부분의 둘레는 몇 cm인지 구해 보시오. (원주율: 3)

5
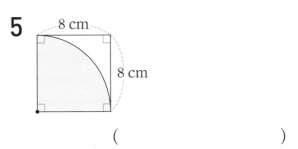
8 cm
8 cm

( )

6
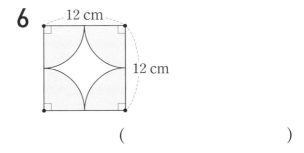
12 cm
12 cm

( )

⑥ 여러 가지 원의 둘레와 넓이 구하기

《7~8》 색칠한 부분의 넓이는 몇 cm²인지 구해 보시오. (원주율: 3)

7
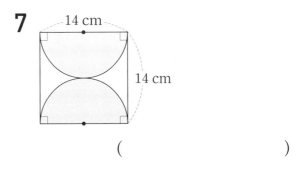
14 cm
14 cm

( )

8
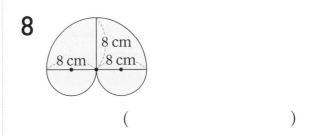
8 cm
8 cm 8 cm

( )

교과서 pick   교과서에 자주 나오는 문제
교과 역량   생각하는 힘을 키우는 문제

1 원 안과 밖의 정사각형의 넓이를 각각 구하여 원의 넓이를 어림하려고 합니다. ☐ 안에 알맞은 수를 써넣으시오.

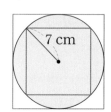

☐ cm² < (원의 넓이)

(원의 넓이) < ☐ cm²

⇨ 어림한 원의 넓이: ☐ cm²

2 원의 넓이는 몇 cm²입니까? (원주율: 3.1)

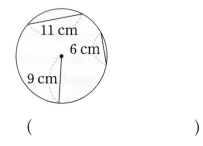

(   )

3 시안이가 컴퍼스의 침과 연필심 사이의 거리를 2 cm만큼 벌려서 원을 그렸습니다. 시안이가 그린 원의 넓이는 몇 cm²입니까? (원주율: 3.14)

(   )

4 원 ㉮와 ㉯의 넓이의 차는 몇 cm²입니까?

(원주율: 3)

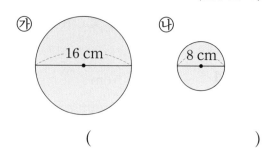

(   )

교과 역량   추론, 창의·융합

5 원 안과 밖의 정육각형의 넓이를 이용하여 원의 넓이를 어림하려고 합니다. 삼각형 ㄱㅇㄷ의 넓이가 40 cm², 삼각형 ㄹㅇㅂ의 넓이가 30 cm²라면 원의 넓이는 몇 cm²라고 어림할 수 있습니까?

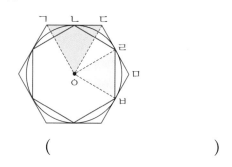

(   )

6 원의 넓이가 78.5 cm²일 때, ☐ 안에 알맞은 수를 써넣으시오. (원주율: 3.14)

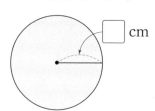

7 넓이가 가장 넓은 원을 찾아 기호를 써 보시오.

(원주율: 3)

> ㉠ 반지름이 6 cm인 원
> ㉡ 원주가 42 cm인 원
> ㉢ 넓이가 243 cm²인 원

(   )

8 직사각형 모양의 종이를 잘라서 만들 수 있는 가장 큰 원의 넓이는 몇 cm²인지 풀이 과정을 쓰고 답을 구해 보시오. (원주율: 3.14)

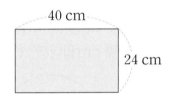

풀이 |

답 |

9 색칠한 부분의 넓이는 몇 cm²입니까?

(원주율: 3.14)

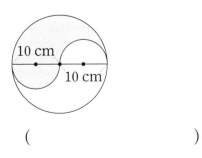

(   )

10 색칠한 부분의 둘레는 몇 cm입니까?

(원주율: 3.14)

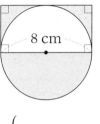

(   )

11 다음과 같은 모양의 모래밭의 넓이는 몇 m²입니까? (원주율: 3.1)

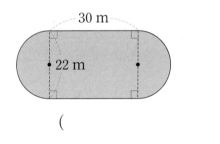

(   )

12 넓이가 198.4 cm²인 원의 원주는 몇 cm입니까? (원주율: 3.1)

(   )

STEP 2 응용문제

시험에 잘 나오는 문제

예제 1
페인트 1 L로 6 m²를 칠할 수 있습니다. 그림과 같이 똑같은 원 3개로 만든 개미 모양의 무늬를 모두 칠하는 데 사용한 파란색 페인트는 몇 L입니까? (원주율: 3)

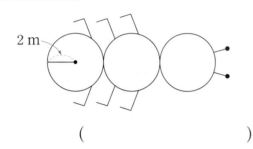

2 m

(   )

유제 1
페인트 1 L로 9 m²를 칠할 수 있습니다. 그림과 같이 똑같은 원 3개로 만든 무늬를 모두 칠하는 데 사용한 파란색 페인트는 몇 L입니까? (원주율: 3)

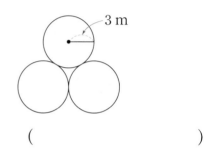

3 m

(   )

예제 2
작은 원 한 개의 원주가 37.2 cm일 때, 큰 원의 원주는 몇 cm입니까? (원주율: 3.1)

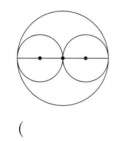

(   )

유제 2
작은 원 한 개의 원주가 31 cm일 때, 큰 원의 원주는 몇 cm입니까? (원주율: 3.1)

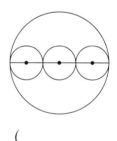

(   )

교과서 pick

예제 3
색칠한 부분의 둘레는 몇 cm입니까?
(원주율: 3.14)

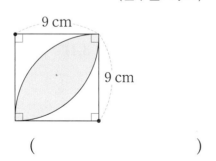

9 cm

9 cm

(   )

유제 3
색칠한 부분의 둘레는 몇 cm입니까?
(원주율: 3.14)

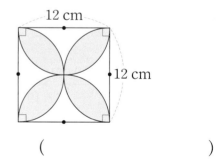

12 cm

12 cm

(   )

교과서 pick

예제
4
색칠한 부분의 넓이는 몇 cm²입니까?
(원주율: 3.14)

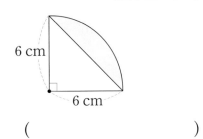

(   )

유제
4
색칠한 부분의 넓이는 몇 cm²입니까?
(원주율: 3.14)

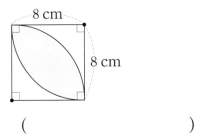

(   )

예제
5
곡선 부분은 크기가 같은 반원입니다. 색칠한 부분의 넓이는 몇 cm²입니까? (원주율: 3)

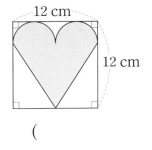

(   )

유제
5
곡선 부분은 크기가 같은 반원입니다. 색칠한 부분의 넓이는 몇 cm²입니까? (원주율: 3)

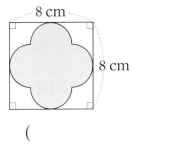

(   )

예제
6
색칠한 부분의 넓이는 몇 cm²입니까?
(원주율: 3.1)

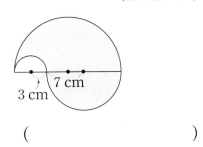

(   )

유제
6
색칠한 부분의 넓이는 몇 cm²입니까?
(원주율: 3.1)

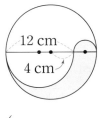

(   )

1 원주가 25.12 cm일 때, 원주율은 얼마입니까?

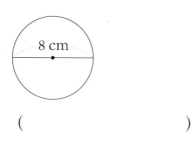
8 cm

( )

2 원주는 몇 cm입니까? (원주율: 3.14)

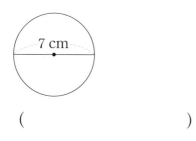
7 cm

( )

3 지름은 몇 cm입니까? (원주율: 3)

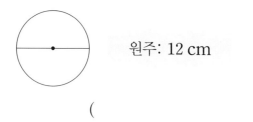
원주: 12 cm

( )

4 잘못 설명한 것을 찾아 기호를 써 보시오.

> ㉠ 지름이 길어지면 원주도 길어집니다.
> ㉡ 원의 지름에 대한 원주의 비율은 변하지 않습니다.
> ㉢ 원이 작아지면 원주율도 작아집니다.

( )

5 노란색 모눈과 초록색 선 안쪽 모눈의 넓이를 각각 구하여 원의 넓이를 어림하려고 합니다. ☐ 안에 알맞은 수를 써넣으시오.

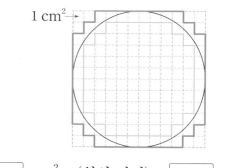
1 cm²

☐ cm² < (원의 넓이) < ☐ cm²

교과서에 꼭 나오는 문제
6 원의 넓이는 몇 cm²입니까? (원주율: 3.1)

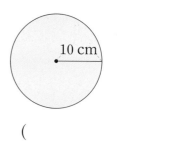
10 cm

( )

7 원주가 36 cm일 때, ☐ 안에 알맞은 수를 써넣으시오. (원주율: 3)

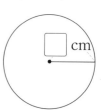
☐ cm

• 정답 31쪽

점수   확인

8 반지름이 7.5 cm인 원 모양의 접시가 있습니다. 이 접시의 원주는 몇 cm입니까?

(원주율: 3.1)

(   )

9 두 원의 원주의 차는 몇 cm입니까?

(원주율: 3.14)

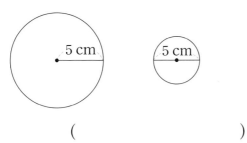

(   )

10 직사각형 모양의 종이를 잘라서 만들 수 있는 가장 큰 원의 넓이는 몇 cm²입니까?

(원주율: 3)

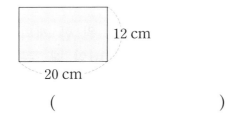

(   )

11 넓이가 192 cm²인 원의 반지름은 몇 cm입니까? (원주율: 3)

(   )

12 넓이가 가장 넓은 원을 찾아 기호를 써 보시오. (원주율: 3.14)

> ㉠ 반지름이 4 cm인 원
> ㉡ 지름이 4 cm인 원
> ㉢ 넓이가 28.26 cm²인 원

(   )

교과서에 꼭 나오는 문제

13 지름이 50 cm인 원 모양의 굴렁쇠를 굴렸더니 앞으로 930 cm만큼 나아갔습니다. 굴렁쇠를 몇 바퀴 굴린 것입니까?

(원주율: 3.1)

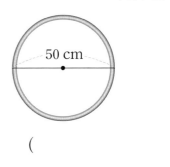

(   )

14 도형의 둘레는 몇 cm입니까? (원주율: 3.1)

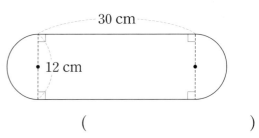

(   )

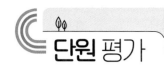
15 꽃밭의 넓이는 몇 m²입니까? (원주율: 3.1)

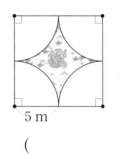

5 m

( )

16 색칠한 부분의 둘레는 몇 cm입니까?

(원주율: 3.14)

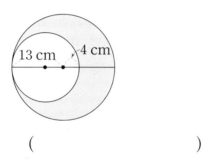

13 cm 4 cm

( )

잘 틀리는 문제

17 색칠한 부분의 넓이는 몇 cm²입니까?

(원주율: 3)

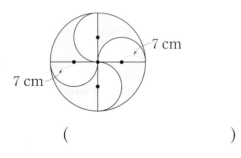

7 cm

7 cm

( )

◀ 서술형 **문제**

18 컴퍼스의 침과 연필심 사이의 거리를 6 cm 만큼 벌려서 원을 그렸을 때, 그린 원의 넓이는 몇 cm²인지 풀이 과정을 쓰고 답을 구해 보시오. (원주율: 3.1)

풀이 |

답 |

19 원주가 더 긴 원의 기호를 쓰려고 합니다. 풀이 과정을 쓰고 답을 구해 보시오.

(원주율: 3.14)

> ㉠ 원주가 40.82 cm인 원
> ㉡ 지름이 11 cm인 원

풀이 |

답 |

20 오른쪽 작은 원 한 개의 원주가 27 cm일 때, 큰 원의 원주는 몇 cm인지 풀이 과정을 쓰고 답을 구해 보시오. (원주율: 3)

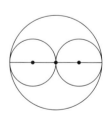

풀이 |

답 |

창의·융합형 문제

정답 32쪽

1 기리고차 알아보기

'기리고차'는 조선시대 때 거리를 재기 위해 사용했던 수레로, 수
레바퀴와 맞물린 세 톱니바퀴의 회전수를 이용하여 수레바퀴가
굴러간 거리를 측정하였습니다. 기리고차가 일정 거리를 가면
징이나 북을 울렸고, 그 소리의 횟수를 통해 이동한 거리를 알 수
있었습니다.

은주가 수레바퀴의 지름이 6 cm이고 수레바퀴가 5번 돌 때마다 북을 울리는 기리고
차 모형을 만들었습니다. 이 기리고차를 현관문에서부터 방문까지 움직였을 때, 북이
3번 울렸다면 현관문에서부터 방문까지의 거리는 최소 몇 cm입니까? (원주율: 3.1)

(   )

2 컬링 알아보기

'컬링'은 각각 4명으로 구성된 두 팀이 빙판에서 둥글고 납작한 돌을
미끄러뜨려 4개의 원으로 이루어진 과녁 안에 넣어 득점을 겨루는
경기입니다. 컬링은 스코틀랜드에서 유래되었으며, 1998년 제18회
동계올림픽경기 대회에서 정식 종목으로 채택되었습니다.

다음 컬링 과녁에서 빨간색 부분의 넓이는 몇 cm²입니까? (원주율: 3)

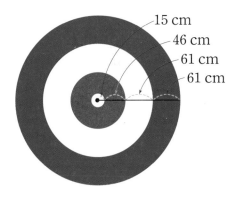

15 cm
46 cm
61 cm
61 cm

(   )

엉킨 선을 풀어라!

⟳ 마우스 선이 서로 엉켜 있습니다. 각 마우스의 끝을 찾아보세요.

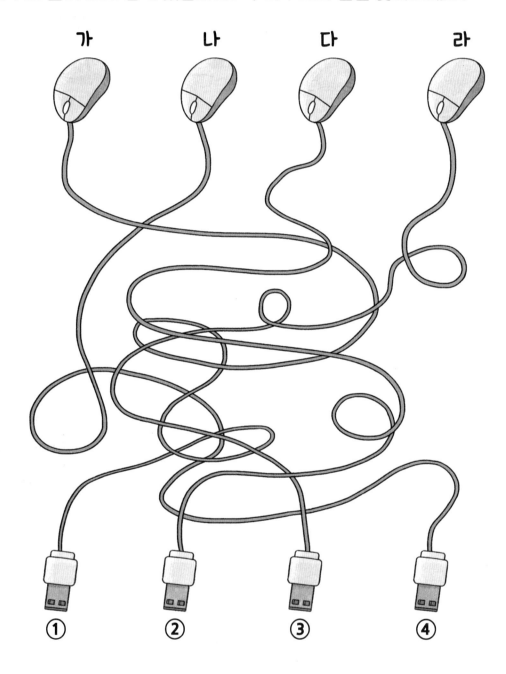

가   나   다   라

① ② ③ ④

6

원기둥, 원뿔, 구

1 원기둥

원기둥

원기둥: 서로 합동이고 평행한 두 원이 있는 입체도형

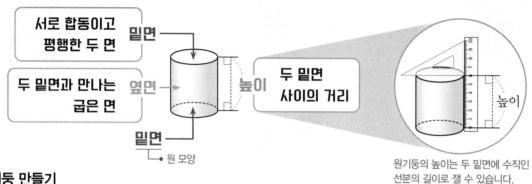

서로 합동이고 평행한 두 면 → **밑면**

두 밑면과 만나는 굽은 면 → **옆면**

높이 → 두 밑면 사이의 거리

밑면 → 원 모양

원기둥의 높이는 두 밑면에 수직인 선분의 길이로 잴 수 있습니다.

원기둥 만들기

직사각형의 한 변을 기준으로 **직사각형을 한 바퀴 돌리면 원기둥**이 만들어집니다.

〈돌리기 전〉 〈돌린 후〉

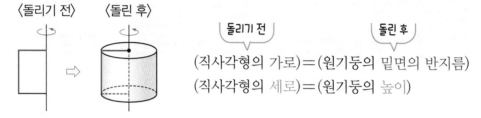

돌리기 전 / 돌린 후

(직사각형의 가로)＝(원기둥의 밑면의 반지름)

(직사각형의 세로)＝(원기둥의 높이)

예제

1 원기둥을 모두 찾아 써 보시오.

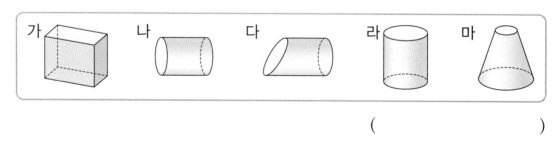

가 나 다 라 마

(   )

유제

2 (보기)에서 알맞은 말을 골라 ☐ 안에 써넣으시오.

(보기)

밑면 옆면 높이

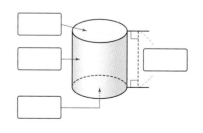

2 원기둥의 전개도

展開圖(펼칠 전, 열 개, 그림 도)

🔵 원기둥의 전개도

원기둥의 전개도: 원기둥을 잘라서 평면 위에 펼쳐 놓은 그림

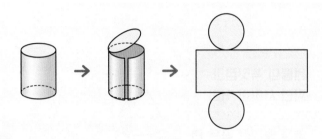

• 두 밑면은 합동인 원입니다.
• 옆면은 직사각형이고, 1개입니다.

🔵 원기둥의 전개도에서 각 부분의 길이

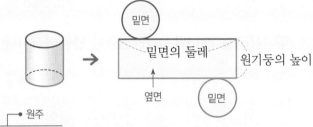

• (옆면의 가로)=(밑면의 둘레)=(밑면의 지름)×(원주율)
원주
• (옆면의 세로)=(원기둥의 높이)

예제 3

원기둥을 만들 수 있는 전개도를 찾아 써 보시오.

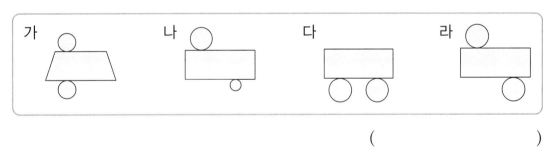

가   나   다   라

(   )

예제 4

원기둥과 원기둥의 전개도를 보고 ☐ 안에 알맞은 수를 써넣으시오. (원주율: 3.1)

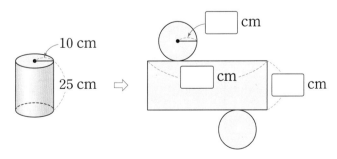

3 원뿔

○ 원뿔

원뿔: 한 면이 원인 뿔 모양의 입체도형

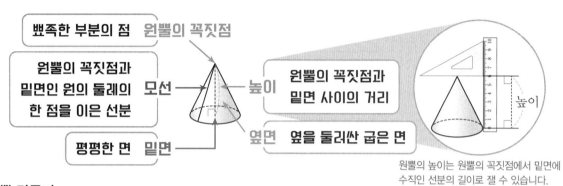

뾰족한 부분의 점 **원뿔의 꼭짓점**

원뿔의 꼭짓점과 밑면인 원의 둘레의 한 점을 이은 선분 **모선**

평평한 면 **밑면**

높이 원뿔의 꼭짓점과 밑면 사이의 거리

옆면 옆을 둘러싼 굽은 면

원뿔의 높이는 원뿔의 꼭짓점에서 밑면에 수직인 선분의 길이로 잴 수 있습니다.

○ 원뿔 만들기

직각삼각형의 한 변을 기준으로 **직각삼각형을 한 바퀴 돌리면 원뿔이 만들어집니다.**

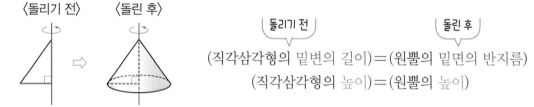

〈돌리기 전〉 〈돌린 후〉

돌리기 전 돌린 후

(직각삼각형의 밑변의 길이)=(원뿔의 밑면의 반지름)

(직각삼각형의 높이)=(원뿔의 높이)

예제

5 원뿔을 모두 찾아 써 보시오.

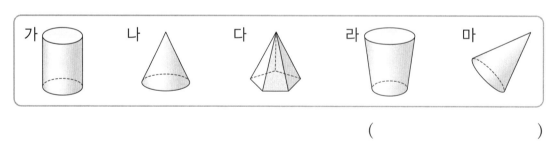

가 나 다 라 마

(   )

유제

6 〈보기〉에서 알맞은 말을 골라 ☐ 안에 써넣으시오.

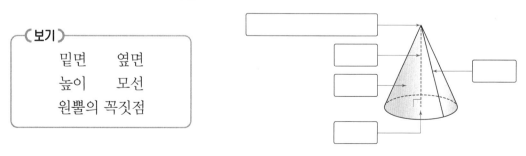

〈보기〉

밑면   옆면

높이   모선

원뿔의 꼭짓점

4 구

구

구: 공 모양의 입체도형

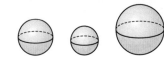

구에서 가장 안쪽에 있는 점	구의 중심

구의 반지름

구의 중심에서 구의 겉면의 한 점을 이은 선분

구의 반지름은 모두 같고 무수히 많습니다.

구 만들기

지름을 기준으로 반원을 한 바퀴 돌리면 구가 만들어집니다.

〈돌리기 전〉   〈돌린 후〉

돌리기 전   돌린 후

(반원의 지름)=(구의 지름)

참고 원기둥, 원뿔, 구를 위, 앞, 옆에서 본 모양

	원기둥	원뿔	구
위에서 본 모양	원	원	원
앞에서 본 모양	직사각형	삼각형	원
옆에서 본 모양	직사각형	삼각형	원

예제 7 구를 모두 찾아 써 보시오.

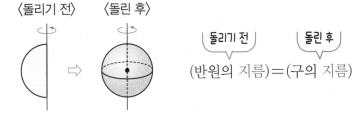

가   나   다   라   마

(   )

유제 8 〈보기〉에서 알맞은 말을 골라 ☐ 안에 써넣으시오.

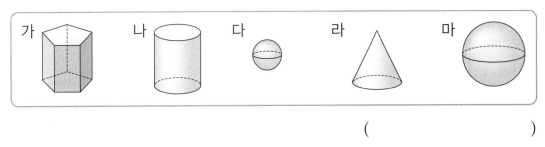

〈보기〉
구의 중심
구의 반지름

여러 가지 입체도형의 비교

각기둥 | ❶ [　　] | 각뿔 | ❷ [　　] | 구

🔷 각기둥과 원기둥의 비교

		각기둥	원기둥
공통점		• 기둥 모양입니다. • 밑면이 2개입니다. • 두 밑면이 서로 합동이고 평행합니다.	
차이점	밑면의 모양	다각형	❸ [　　]
	옆면의 모양	직사각형	굽은 면
	꼭짓점	있음.	없음.
	모서리	있음.	없음.

🔷 각뿔과 원뿔의 비교

		각뿔	원뿔
공통점		• 뿔 모양입니다. • 밑면이 1개입니다. • 꼭짓점이 있습니다.	
차이점	밑면의 모양	다각형	원
	옆면의 모양	❹ [　　]	굽은 면
	모서리	있음.	없음.

🔷 원기둥, 원뿔, 구의 비교

		원기둥	원뿔	구
공통점		굽은 면으로 둘러싸여 있습니다.		
차이점	모양	기둥 모양	뿔 모양	공 모양
	밑면	원, 2개	원, ❺[　]개	없음.
	꼭짓점	없음.	1개	없음.

한번더 확인

①~④ 원기둥, 원뿔, 구

❶ 원기둥 / ❸ 원뿔 / ❹ 구

(1~6) 원기둥, 원뿔, 구에 대한 설명이 맞으면 ○표, 틀리면 ✕표 하시오.

1 원기둥의 밑면의 모양은 원입니다.

( )

2 원기둥의 옆면은 굽은 면입니다.

( )

3 원뿔의 밑면은 2개입니다.

( )

4 원뿔의 모선은 무수히 많습니다.

( )

5 구의 중심은 1개입니다.

( )

6 구의 지름은 구의 중심에서 구의 겉면의 한 점을 이은 선분입니다.

( )

❶ 원기둥 / ❸ 원뿔 / ❹ 구

7 원기둥, 원뿔, 구를 위, 앞, 옆에서 본 모양을 각각 그려 보시오.

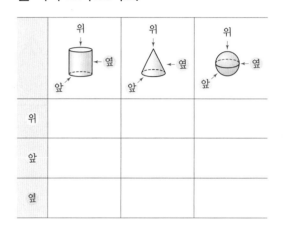

위			
앞			
옆			

❶ 원기둥 / ❸ 원뿔 / ❹ 구

(8~10) 한 변을 기준으로 평면도형을 한 바퀴 돌려 입체도형을 만들었습니다. ☐ 안에 알맞은 수를 써넣으시오.

8

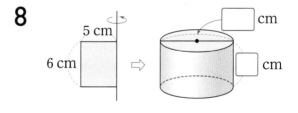

9

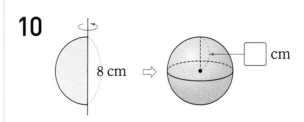

10

1 원기둥과 원뿔을 각각 찾아 써 보시오.

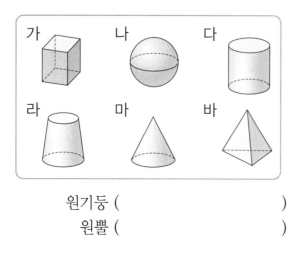

원기둥 (　　　　　　　　　)
원뿔 (　　　　　　　　　)

2 원뿔의 높이와 모선의 길이는 각각 몇 cm입니까?

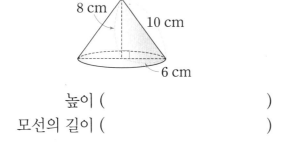

높이 (　　　　　　　　　)
모선의 길이 (　　　　　　　　　)

3 구의 반지름은 몇 cm입니까?

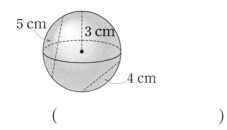

(　　　　　　　　　)

4 원기둥과 원뿔 중 어느 도형의 높이가 몇 cm 더 높습니까?

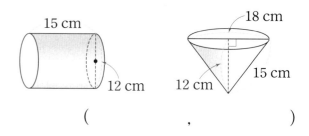

(　　　　　　,　　　　　　)

5 원기둥의 전개도에 대하여 바르게 말한 사람은 누구입니까?

> • 세라: 두 밑면은 모양과 크기가 다른 원 이야.
> • 은우: 옆면의 모양은 직사각형이야.
> • 소희: 밑면의 둘레는 옆면의 세로와 같아.

(　　　　　　　　　)

[서술형]

6 원기둥과 원뿔의 공통점과 차이점을 각각 써 보시오.

공통점 |
_____

_____

차이점 |
_____

_____

7 수가 많은 것부터 차례로 기호를 써 보시오.

> ㉠ 원기둥의 밑면의 수
> ㉡ 원뿔의 모선의 수
> ㉢ 구의 중심의 수

( )

교과서 pick

8 원기둥의 전개도를 그리고 밑면의 반지름과 옆면의 가로, 세로의 길이를 나타내어 보시오.

(원주율: 3)

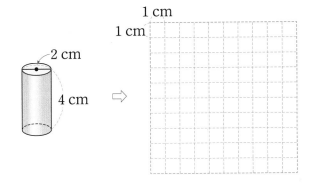

9 원기둥의 전개도에서 옆면의 넓이가 251.2 cm^2일 때, 원기둥의 한 밑면의 둘레는 몇 cm입니까?

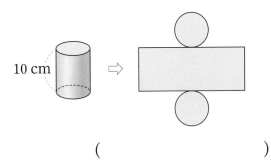

( )

10 원기둥의 전개도에서 옆면의 가로가 30 cm, 세로가 6 cm일 때, 원기둥의 밑면의 반지름은 몇 cm입니까? (원주율: 3)

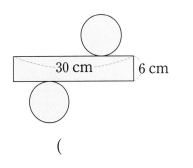

( )

11 한 변을 기준으로 직각삼각형 모양의 종이를 한 바퀴 돌렸을 때 만들어지는 입체도형의 밑면의 넓이는 몇 cm^2입니까? (원주율: 3.1)

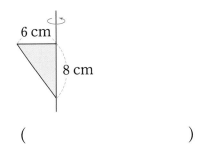

( )

교과 역량 문제 해결, 추론

12 반지름이 3 cm인 공 3개를 한 줄로 넣어 보관할 원기둥 모양의 통을 만들려고 합니다. 원기둥 모양의 통이 될 수 있는 전개도에 ◯표 하시오.

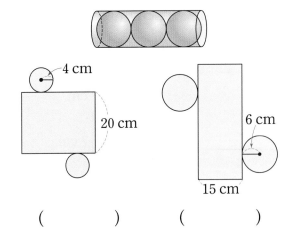

( ) ( )

STEP 2 응용문제

교과서 pick

예제 1
오른쪽 원기둥 모형을 관찰하며 나눈 대화를 보고 **높이**는 몇 cm 인지 구해 보시오.

- 윤아: 위에서 본 모양은 반지름이 4 cm인 원이야.
- 지호: 앞에서 본 모양은 정사각형이야.

( )

유제 1
오른쪽 원뿔 모형을 관찰하며 나눈 대화를 보고 모선의 길이 는 몇 cm인지 구해 보시오.

- 민준: 위에서 본 모양은 반지름이 6 cm인 원이야.
- 현우: 앞에서 본 모양은 정삼각형이야.

( )

예제 2
원기둥을 **앞에서 본 모양의 넓이**는 몇 cm² 입니까?

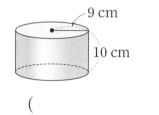
9 cm
10 cm

( )

유제 2
원뿔을 앞에서 본 모양의 넓이는 몇 cm²입니까?

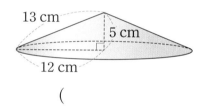
13 cm
5 cm
12 cm

( )

예제 3
한 변을 기준으로 어떤 평면도형을 한 바퀴 돌려 만든 입체도형입니다. **돌리기 전의 평면도형의 넓이**는 몇 cm²입니까?

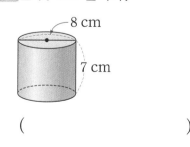
8 cm
7 cm

( )

유제 3
한 변을 기준으로 어떤 평면도형을 한 바퀴 돌려 만든 입체도형입니다. 돌리기 전의 평면도형의 넓이는 몇 cm²입니까?

(원주율: 3.14)

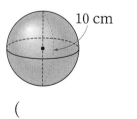
10 cm

( )

예제 4	원기둥의 전개도의 둘레는 몇 cm입니까? (원주율: 3)

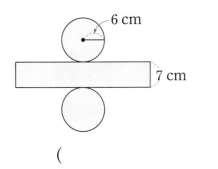

(   )

유제 4	원기둥의 전개도의 둘레는 몇 cm입니까? (원주율: 3.1)

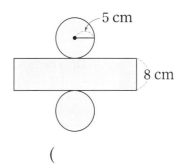

(   )

6
단원

예제 5	원기둥의 전개도의 둘레가 160 cm일 때, 옆면의 넓이는 몇 cm²입니까?

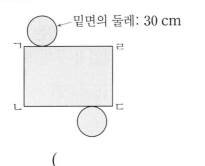

(   )

유제 5	원기둥의 전개도의 둘레가 210 cm일 때, 옆면의 넓이는 몇 cm²입니까?

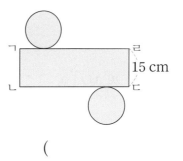

(   )

예제 6	〈조건〉을 모두 만족하는 원기둥의 높이는 몇 cm입니까? (원주율: 3)

┌─〈조건〉──────────────┐
• 원기둥의 전개도에서 옆면의 둘레는 48 cm입니다.
• 원기둥의 높이와 밑면의 지름은 같습니다.
└──────────────────┘

(   )

유제 6	〈조건〉을 모두 만족하는 원기둥의 높이는 몇 cm입니까? (원주율: 3)

┌─〈조건〉──────────────┐
• 원기둥의 전개도에서 옆면의 둘레는 112 cm입니다.
• 원기둥의 높이와 밑면의 지름은 같습니다.
└──────────────────┘

(   )

단원 평가

(1~3) 입체도형을 보고 물음에 답하시오.

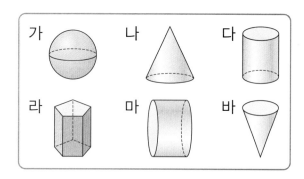

1 원기둥을 모두 찾아 써 보시오.

(   )

2 원뿔을 모두 찾아 써 보시오.

(   )

3 구를 찾아 써 보시오.

(   )

교과서에 **꼭** 나오는 문제

4 원기둥의 전개도가 <u>아닌</u> 것을 찾아 기호를 써 보시오.

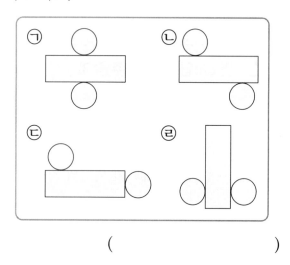

(   )

5 한 변을 기준으로 평면도형을 한 바퀴 돌렸을 때 만들어지는 입체도형을 선으로 이어 보시오.

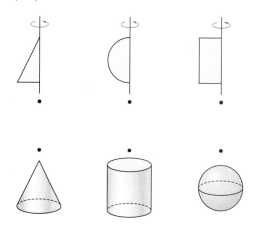

6 원뿔에서 모선의 길이는 몇 cm이고, 모선의 수는 몇 개인지 구해 보시오.

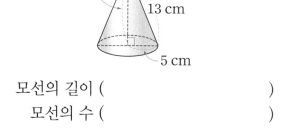

모선의 길이 (   )
모선의 수 (   )

7 원기둥과 원뿔의 높이의 차는 몇 cm입니까?

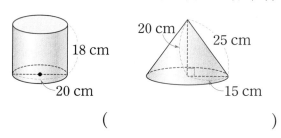

(   )

• 정답 35쪽

점수

확인

8 한 변을 기준으로 직사각형 모양의 종이를 한 바퀴 돌렸을 때 만들어지는 입체도형의 높이는 몇 cm입니까?

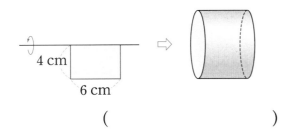

( )

교과서에 꼭 나오는 문제

9 원뿔을 위, 앞, 옆에서 본 모양을 각각 그려 보시오.

원뿔	위에서 본 모양	앞에서 본 모양	옆에서 본 모양
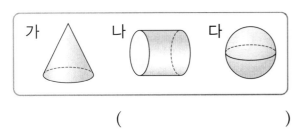			

10 어느 방향에서 보아도 모양이 같은 입체도형을 찾아 써 보시오.

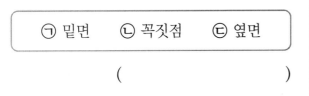

( )

11 원뿔에는 있지만 원기둥에는 없는 것을 찾아 기호를 써 보시오.

ㄱ 밑면   ㄴ 꼭짓점   ㄷ 옆면

( )

12 원기둥과 각기둥의 공통점을 잘못 설명한 것을 모두 고르시오. ( )

① 밑면이 2개입니다.
② 기둥 모양입니다.
③ 굽은 면이 있습니다.
④ 꼭짓점과 모서리가 없습니다.
⑤ 옆에서 본 모양이 직사각형입니다.

6
단원

13 원기둥을 펼쳐 전개도를 만들었을 때, 옆면의 가로와 세로의 길이의 차는 몇 cm입니까? (원주율: 3)

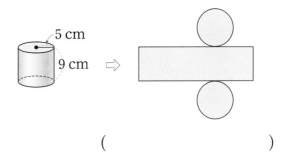

( )

잘 틀리는 문제

14 원기둥, 원뿔, 구에 대한 설명으로 틀린 것을 찾아 기호를 써 보시오.

ㄱ 원기둥의 두 밑면은 서로 합동이고 평행합니다.
ㄴ 원기둥의 전개도에서 옆면의 세로는 원기둥의 높이와 같습니다.
ㄷ 원뿔의 모선의 길이는 항상 높이보다 짧습니다.
ㄹ 구의 반지름은 모두 같고 무수히 많습니다.

( )

잘 틀리는 문제

15 원기둥의 전개도를 보고 밑면의 반지름은 몇 cm인지 구해 보시오. (원주율: 3.1)

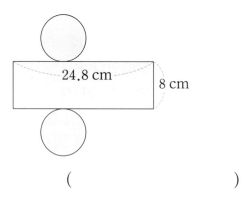

(   )

16 원기둥의 전개도의 둘레는 몇 cm입니까?
(원주율: 3.1)

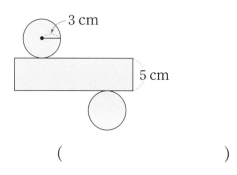

(   )

17 (조건)을 모두 만족하는 원기둥의 높이는 몇 cm입니까? (원주율: 3)

(조건)
• 원기둥의 전개도에서 옆면의 둘레는 32 cm입니다.
• 원기둥의 높이와 밑면의 지름은 같습니다.

(   )

〈 서술형 **문제**

18 오른쪽 입체도형이 원뿔이 아닌 이유를 써 보시오.

이유 | _____

_____

19 구를 앞에서 본 모양의 넓이는 몇 cm²인지 풀이 과정을 쓰고 답을 구해 보시오.

(원주율: 3.1)

풀이 | _____

_____

_____

답 | _____

20 한 변을 기준으로 어떤 평면도형을 한 바퀴 돌려 만든 입체도형입니다. 돌리기 전의 평면도형의 넓이는 몇 cm²인지 풀이 과정을 쓰고 답을 구해 보시오.

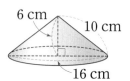

풀이 | _____

_____

_____

답 | _____

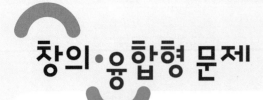

창의·융합형 문제

정답 35쪽

1) 경선과 위선 알아보기

지구본 위에 위치한 여러 나라들의 정확한 위치를 표시하기 위해 가상의 선을 그어 위치를 좌표로 나타낼 수 있습니다. 이때 세로로 그은 선을 경선, 가로로 그은 선을 위선이라고 합니다.
위도는 적도를 중심으로 북위(0°~90°)와 남위(0°~90°)로 구분하고, 경도는 본초 자오선을 중심으로 동경(E, 0°~180°)과 서경(W, 0°~180°)으로 구분합니다.

▲ 지구본

오른쪽 구 모양의 지구본 위에 그려진 위선 중에서 가장 큰 원의 둘레는 몇 cm입니까? (원주율: 3)

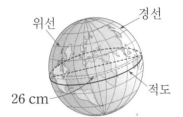

(   )

2) 음료수 캔의 비밀 알아보기

우리가 더울 때 마시는 음료수 캔뿐만 아니라 액체를 담는 용기는 대부분 원기둥 모양으로 되어 있습니다. 액체를 담는 용기를 원기둥 모양으로 만드는 가장 큰 이유는 적은 재료를 사용하여 많은 양의 액체를 담을 수 있기 때문입니다. 구 모양의 용기를 만들면 재료가 더 절약되지만 실용적이지 않습니다. 따라서 가장 경제적이고 실용적인 원기둥 모양을 사용하는 것입니다.

▲ 음료수 캔

오른쪽은 밑면의 지름이 6 cm이고, 높이가 12 cm인 원기둥 모양의 음료수 캔입니다. 음료수 캔의 옆면에 폭이 2 cm인 띠가 겹치지 않게 한 바퀴 둘러져 있을 때, 띠의 넓이는 몇 cm²입니까? (원주율: 3.14)

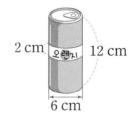

(   )

단어를 맞혀라!

↻ 네 개의 문장을 읽고 떠오르는 단어를 맞혀 보세요.

> ● 풀은 있지만 가위는 없습니다.
>
> ● 공기는 있지만 산소는 없습니다.
>
> ● 도둑은 있지만 경찰은 없습니다.
>
> ● 그릇은 있지만 병은 없습니다.

 힌트

✔ 한 글자입니다.

✔ '먹을 것'과 관련이 있습니다.

개념+유형

파워

정답과 풀이

초등 수학 ——

6·2

1. 분수의 나눗셈

❶ 분모가 같은 (분수)÷(분수)

예제 1 3 / 6, 2, 3

유제 2 (1) 3 (2) 2

예제 3 5, 2 / 5, 2, $2\frac{1}{2}\left(=\frac{5}{2}\right)$

유제 4 (1) $\frac{1}{4}$ (2) $2\frac{1}{3}\left(=\frac{7}{3}\right)$

❷ 분모가 다른 (분수)÷(분수)

예제 5 6, 6, 6

유제 6 (1) 10 (2) 3 (3) $2\frac{1}{3}\left(=\frac{7}{3}\right)$

(4) $1\frac{7}{8}\left(=\frac{15}{8}\right)$

유제 2 (1) $\frac{3}{8} \div \frac{1}{8} = 3 \div 1 = 3$

(2) $\frac{10}{11} \div \frac{5}{11} = 10 \div 5 = 2$

유제 4 (1) $\frac{1}{5} \div \frac{4}{5} = 1 \div 4 = \frac{1}{4}$

(2) $\frac{7}{10} \div \frac{3}{10} = 7 \div 3 = \frac{7}{3} = 2\frac{1}{3}$

유제 6 (1) $\frac{5}{6} \div \frac{1}{12} = \frac{10}{12} \div \frac{1}{12} = 10 \div 1 = 10$

(2) $\frac{4}{5} \div \frac{4}{15} = \frac{12}{15} \div \frac{4}{15} = 12 \div 4 = 3$

(3) $\frac{1}{3} \div \frac{1}{7} = \frac{7}{21} \div \frac{3}{21} = 7 \div 3 = \frac{7}{3} = 2\frac{1}{3}$

(4) $\frac{3}{8} \div \frac{1}{5} = \frac{15}{40} \div \frac{8}{40} = 15 \div 8$

$= \frac{15}{8} = 1\frac{7}{8}$

한번 더 확인

1 5

2 $1\frac{1}{2}\left(=\frac{3}{2}\right)$

3 $1\frac{1}{3}\left(=\frac{4}{3}\right)$

4 $1\frac{1}{8}\left(=\frac{9}{8}\right)$

5 $\frac{5}{9}$

6 2

7 2

8 $3\frac{1}{2}\left(=\frac{7}{2}\right)$

9 $1\frac{2}{5}\left(=\frac{7}{5}\right)$

10 2

11 3

12 $\frac{10}{11}$

13 $\frac{7}{10}$

14 4

실전문제

✎ 서술형 문제는 풀이를 꼭 확인하세요.

1 4

2

3 $1\frac{1}{14}$

4 ( ) (○) ( )

5 =

6 ㉢, ㉣

7 $1\frac{1}{3}$배

8 3일

9 $\frac{8}{9} \div \frac{2}{9} = 4 / 4$ ✎**10** $1\frac{3}{4}$배

11 $1\frac{2}{3}$ m

12 $\frac{4}{5}$

13 $9\frac{1}{3}$ cm

14 16000원

1 $\frac{12}{17} \div \frac{3}{17} = 12 \div 3 = 4$

2 • $\frac{3}{4} \div \frac{2}{4} = 3 \div 2 = \frac{3}{2} = 1\frac{1}{2}$

• $\frac{8}{9} \div \frac{5}{9} = 8 \div 5 = \frac{8}{5} = 1\frac{3}{5}$

• $\frac{5}{8} \div \frac{7}{8} = 5 \div 7 = \frac{5}{7}$

3 $\frac{5}{6} = \frac{15}{18}$, $\frac{7}{9} = \frac{14}{18}$이므로 $\frac{5}{6} > \frac{7}{9}$ 입니다.

⇨ $\frac{5}{6} \div \frac{7}{9} = \frac{15}{18} \div \frac{14}{18} = 15 \div 14 = \frac{15}{14} = 1\frac{1}{14}$

4 • $\frac{4}{7} \div \frac{2}{7} = 4 \div 2 = 2$

• $\frac{3}{10} \div \frac{1}{10} = 3 \div 1 = 3$

• $\frac{10}{11} \div \frac{5}{11} = 10 \div 5 = 2$

5 $\cdot \dfrac{7}{8} \div \dfrac{5}{8} = 7 \div 5 = \dfrac{7}{5} = 1\dfrac{2}{5}$

$\cdot \dfrac{7}{12} \div \dfrac{5}{12} = 7 \div 5 = \dfrac{7}{5} = 1\dfrac{2}{5}$ $\Rightarrow 1\dfrac{2}{5} = 1\dfrac{2}{5}$

6 ㉠ $\dfrac{6}{9} \div \dfrac{1}{3} = \dfrac{6}{9} \div \dfrac{3}{9} = 6 \div 3 = 2$

㉡ $\dfrac{15}{18} \div \dfrac{5}{6} = \dfrac{15}{18} \div \dfrac{15}{18} = 15 \div 15 = 1$

㉢ $\dfrac{4}{7} \div \dfrac{1}{14} = \dfrac{8}{14} \div \dfrac{1}{14} = 8 \div 1 = 8$

㉣ $\dfrac{3}{5} \div \dfrac{3}{20} = \dfrac{12}{20} \div \dfrac{3}{20} = 12 \div 3 = 4$

7 $\dfrac{4}{5} \div \dfrac{3}{5} = 4 \div 3 = \dfrac{4}{3} = 1\dfrac{1}{3}$ (배)

8 (포도주스를 마실 수 있는 날수)

$= \dfrac{2}{3} \div \dfrac{2}{9} = \dfrac{6}{9} \div \dfrac{2}{9} = 6 \div 2 = 3$(일)

9 $\dfrac{8}{9} \div \dfrac{2}{9} = 8 \div 2 = 4$

✎**10** 예 ㉠ $\dfrac{7}{10} \div \dfrac{1}{10} = 7 \div 1 = 7$ ❶

㉡ $\dfrac{8}{15} \div \dfrac{2}{15} = 8 \div 2 = 4$ ❷

따라서 ㉠은 ㉡의 $7 \div 4 = \dfrac{7}{4} = 1\dfrac{3}{4}$(배)입니다. ❸

채점 기준
❶ ㉠의 계산 결과 구하기
❷ ㉡의 계산 결과 구하기
❸ ㉠은 ㉡의 몇 배인지 구하기

11 (가로)=(직사각형의 넓이)÷(세로)

$= \dfrac{2}{3} \div \dfrac{2}{5} = \dfrac{10}{15} \div \dfrac{6}{15} = 10 \div 6$

$= \dfrac{10}{6} = \dfrac{5}{3} = 1\dfrac{2}{3}$(m)

12 $\dfrac{6}{13} \div \dfrac{10}{13} = 6 \div 10 = \dfrac{6}{10} = \dfrac{3}{5}$

$\Rightarrow \square \times \dfrac{3}{4} = \dfrac{3}{5}$,

$\square = \dfrac{3}{5} \div \dfrac{3}{4} = \dfrac{12}{20} \div \dfrac{15}{20} = 12 \div 15$

$= \dfrac{12}{15} = \dfrac{4}{5}$

13 $\dfrac{7}{9} \div \dfrac{1}{12} = \dfrac{28}{36} \div \dfrac{3}{36} = 28 \div 3 = \dfrac{28}{3} = 9\dfrac{1}{3}$(cm)

14 (땅콩을 나누어 담은 봉지 수)

$= \dfrac{24}{25} \div \dfrac{6}{25} = 24 \div 6 = 4$(봉지)

$\Rightarrow$ (땅콩을 모두 판 금액)$= 4000 \times 4 = 16000$(원)

개념책 11~13쪽

❸ (자연수)÷(분수)

예제 1 2, 3 / 3, 9 / 2, 3, 9

유제 2 (1) 10 (2) 14

(3) $2\dfrac{2}{3}\left(=\dfrac{8}{3}\right)$ (4) $5\dfrac{1}{2}\left(=\dfrac{11}{2}\right)$

❹ (분수)÷(분수)를 (분수)×(분수)로 나타내기

예제 3 3, $\dfrac{1}{3}$ / $\dfrac{1}{3}$, 4 / 3, 4, 3, 4, $\dfrac{4}{3}$, $\dfrac{8}{21}$

유제 4 (1) $\dfrac{2}{5} \div \dfrac{5}{6} = \dfrac{2}{5} \times \dfrac{6}{5} = \dfrac{12}{25}$

(2) $\dfrac{3}{4} \div \dfrac{7}{9} = \dfrac{3}{4} \times \dfrac{9}{7} = \dfrac{27}{28}$

(3) $\dfrac{4}{5} \div \dfrac{7}{8} = \dfrac{4}{5} \times \dfrac{8}{7} = \dfrac{32}{35}$

(4) $\dfrac{3}{10} \div \dfrac{4}{11} = \dfrac{3}{10} \times \dfrac{11}{4} = \dfrac{33}{40}$

❺ (분수)÷(분수)

예제 5 방법 1 5, 35, 12, 35, 12, $\dfrac{35}{12}$, $2\dfrac{11}{12}$

방법 2 5, 5, $\dfrac{7}{4}$, $\dfrac{35}{12}$, $2\dfrac{11}{12}$

유제 6 (1) $1\dfrac{13}{32}\left(=\dfrac{45}{32}\right)$ (2) $4\dfrac{4}{21}\left(=\dfrac{88}{21}\right)$

(3) $1\dfrac{7}{8}\left(=\dfrac{15}{8}\right)$ (4) $1\dfrac{11}{24}\left(=\dfrac{35}{24}\right)$

유제 2 (3) $2 \div \dfrac{3}{4} = 2 \div 3 \times 4 = \dfrac{2}{3} \times 4 = \dfrac{8}{3} = 2\dfrac{2}{3}$

(4) $5 \div \dfrac{10}{11} = 5 \div 10 \times 11 = \dfrac{\overset{1}{5}}{\underset{2}{10}} \times 11$

$= \dfrac{11}{2} = 5\dfrac{1}{2}$

유제 6 (1) $\dfrac{5}{4} \div \dfrac{8}{9} = \dfrac{5}{4} \times \dfrac{9}{8} = \dfrac{45}{32} = 1\dfrac{13}{32}$

(2) $1\dfrac{4}{7} \div \dfrac{3}{8} = \dfrac{11}{7} \div \dfrac{3}{8} = \dfrac{11}{7} \times \dfrac{8}{3} = \dfrac{88}{21}$

$= 4\dfrac{4}{21}$

(3) $2\dfrac{1}{2} \div \dfrac{4}{3} = \dfrac{5}{2} \div \dfrac{4}{3} = \dfrac{5}{2} \times \dfrac{3}{4} = \dfrac{15}{8} = 1\dfrac{7}{8}$

(4) $2\dfrac{1}{3} \div 1\dfrac{3}{5} = \dfrac{7}{3} \div \dfrac{8}{5} = \dfrac{7}{3} \times \dfrac{5}{8} = \dfrac{35}{24}$

$= 1\dfrac{11}{24}$

개념책

개념책 14쪽 한번더 확인

1 28

2 $1\dfrac{4}{11}\left(=\dfrac{15}{11}\right)$

3 $\dfrac{13}{30}$

4 $\dfrac{51}{80}$

5 $13\dfrac{1}{5}\left(=\dfrac{66}{5}\right)$

6 $8\dfrac{1}{3}\left(=\dfrac{25}{3}\right)$

7 2

8 $4\dfrac{1}{2}\left(=\dfrac{9}{2}\right)$

9 $\dfrac{5}{6}$

10 $1\dfrac{1}{7}\left(=\dfrac{8}{7}\right)$

11 $4\dfrac{4}{5}\left(=\dfrac{24}{5}\right)$

12 $\dfrac{1}{2}$

13 20

14 $\dfrac{45}{52}$

개념책 15~17쪽 실전문제

✎ 서술형 문제는 풀이를 꼭 확인하세요.

1 ✕ (선 연결)

2 27

3 $\dfrac{3}{5}$, $\dfrac{21}{25}$

4 진주

5 >

6 $\dfrac{25}{49}$

7 1, 3, 2

8 ㉣

9 $\dfrac{20}{21}$, $2\dfrac{2}{7}$ / '작습니다'에 ○표, '큽니다'에 ○표

10 8조각

11 $1\dfrac{17}{28}$ cm

✎**12** $\dfrac{10}{21}$ kg

13 9개

14 2개

15 $2\dfrac{2}{15}$ 배

16 72개

17 3개

18 22400원

19 $2\dfrac{1}{21}$ 배

1 • $\dfrac{2}{3} \div \dfrac{4}{7} = \dfrac{2}{3} \times \dfrac{7}{4}$

• $\dfrac{8}{9} \div \dfrac{3}{5} = \dfrac{8}{9} \times \dfrac{5}{3}$

• $\dfrac{7}{8} \div \dfrac{2}{9} = \dfrac{7}{8} \times \dfrac{9}{2}$

2 $12 \div \dfrac{4}{9} = 12 \div 4 \times 9 = 27$

3 • $\dfrac{1}{5} \div \dfrac{1}{3} = \dfrac{1}{5} \times 3 = \dfrac{3}{5}$

• $\dfrac{3}{5} \div \dfrac{5}{7} = \dfrac{3}{5} \times \dfrac{7}{5} = \dfrac{21}{25}$

4 • 진주: $\dfrac{9}{7} \div \dfrac{1}{8} = \dfrac{9}{7} \times 8 = \dfrac{72}{7} = 10\dfrac{2}{7}$

• 선재: $2\dfrac{3}{4} \div \dfrac{5}{6} = \dfrac{11}{4} \div \dfrac{5}{6} = \dfrac{11}{\overset{}{\underset{2}{4}}} \times \dfrac{\overset{3}{6}}{5}$

$= \dfrac{33}{10} = 3\dfrac{3}{10}$

5 • $12 \div \dfrac{3}{8} = 12 \div 3 \times 8 = 32$

• $10 \div \dfrac{2}{5} = 10 \div 2 \times 5 = 25$ $\Rightarrow 32 > 25$

6 ㉡ $\dfrac{1}{10}$이 7개인 수: $\dfrac{7}{10}$

$\Rightarrow$ ㉠$\div$㉡ $= \dfrac{5}{14} \div \dfrac{7}{10} = \dfrac{5}{\underset{7}{14}} \times \dfrac{\overset{5}{10}}{7} = \dfrac{25}{49}$

7 • $9 \div \dfrac{1}{4} = 9 \times 4 = 36$

• $8 \div \dfrac{6}{7} = 8 \div 6 \times 7 = \dfrac{\overset{4}{8}}{\underset{3}{6}} \times 7 = \dfrac{28}{3} = 9\dfrac{1}{3}$

• $6 \div \dfrac{2}{5} = 6 \div 2 \times 5 = 15$

$\Rightarrow 36 > 15 > 9\dfrac{1}{3}$

8 ㉠ $\dfrac{4}{7} \div \dfrac{5}{8} = \dfrac{4}{7} \times \dfrac{8}{5} = \dfrac{32}{35}$

㉡ $1\dfrac{1}{5} \div 1\dfrac{3}{10} = \dfrac{6}{5} \div \dfrac{13}{10} = \dfrac{6}{\underset{1}{5}} \times \dfrac{\overset{2}{10}}{13} = \dfrac{12}{13}$

㉢ $\dfrac{4}{3} \div \dfrac{7}{9} = \dfrac{4}{\underset{1}{3}} \times \dfrac{\overset{3}{9}}{7} = \dfrac{12}{7} = 1\dfrac{5}{7}$

㉣ $3\dfrac{3}{8} \div \dfrac{9}{16} = \dfrac{27}{8} \div \dfrac{9}{16} = \dfrac{\overset{3}{27}}{\underset{1}{8}} \times \dfrac{\overset{2}{16}}{\underset{1}{9}} = 6$

9 • $1\dfrac{5}{7} \div 1\dfrac{4}{5} = \dfrac{12}{7} \div \dfrac{9}{5} = \dfrac{\overset{4}{12}}{7} \times \dfrac{5}{\underset{3}{9}} = \dfrac{20}{21} < 1\dfrac{5}{7}$

• $1\dfrac{5}{7} \div \dfrac{3}{4} = \dfrac{12}{7} \div \dfrac{3}{4} = \dfrac{\overset{4}{12}}{7} \times \dfrac{4}{\underset{1}{3}} = \dfrac{16}{7}$

$= 2\dfrac{2}{7} > 1\dfrac{5}{7}$

10 $7 \div \dfrac{7}{8} = 7 \div 7 \times 8 = 8$(조각)

11 (높이)=(평행사변형의 넓이)÷(밑변의 길이)

$= 1\dfrac{2}{7} \div \dfrac{4}{5} = \dfrac{9}{7} \div \dfrac{4}{5}$

$= \dfrac{9}{7} \times \dfrac{5}{4} = \dfrac{45}{28} = 1\dfrac{17}{28}$(cm)

12 ✏ ⑩ 고무관의 무게를 고무관의 길이로 나누면 되므로 $\dfrac{3}{7} \div \dfrac{9}{10}$ 를 계산합니다.」❶

따라서 고무관 1 m의 무게는

$\dfrac{3}{7} \div \dfrac{9}{10} = \dfrac{\overset{1}{3}}{7} \times \dfrac{10}{\underset{3}{9}} = \dfrac{10}{21}$(kg)입니다.」❷

채점 기준
❶ 문제에 알맞은 식 만들기
❷ 고무관 1 m의 무게 구하기

13 (만들 수 있는 도넛의 수)

$= 2\dfrac{2}{5} \div \dfrac{4}{15} = \dfrac{12}{5} \div \dfrac{4}{15} = \dfrac{\overset{3}{12}}{\underset{1}{5}} \times \dfrac{\overset{3}{15}}{\underset{1}{4}} = 9$(개)

14 $1\dfrac{1}{6} \div \dfrac{4}{9} = \dfrac{7}{6} \div \dfrac{4}{9} = \dfrac{7}{\underset{2}{6}} \times \dfrac{\overset{3}{9}}{4} = \dfrac{21}{8} = 2\dfrac{5}{8}$

⇨ 선물을 2개까지 포장할 수 있습니다.

15 $\dfrac{8}{5} > \dfrac{11}{12} > \dfrac{3}{4}$ 이므로 윤하네 집에서 가장 먼 곳은 학교이고, 가장 가까운 곳은 도서관입니다.

⇨ $\dfrac{8}{5} \div \dfrac{3}{4} = \dfrac{8}{5} \times \dfrac{4}{3} = \dfrac{32}{15} = 2\dfrac{2}{15}$(배)

16 (8일 동안 장난감을 만드는 시간)=$6 \times 8 = 48$(시간)

⇨ (8일 동안 만들 수 있는 장난감의 수)

$= 48 \div \dfrac{2}{3} = 48 \div 2 \times 3 = 72$(개)

17 $5\dfrac{3}{5} \div 1\dfrac{3}{4} = \dfrac{28}{5} \div \dfrac{7}{4} = \dfrac{\overset{4}{28}}{5} \times \dfrac{4}{\underset{1}{7}} = \dfrac{16}{5} = 3\dfrac{1}{5}$

⇨ $\square < 3\dfrac{1}{5}$ 이므로 $\square$ 안에 들어갈 수 있는 자연수는 1, 2, 3으로 모두 3개입니다.

18 (밤 1 kg의 가격)

$= 7000 \div \dfrac{5}{8} = 7000 \div 5 \times 8 = 11200$(원)

⇨ (밤 2 kg의 가격)=$11200 \times 2 = 22400$(원)

19 (민준이가 책을 읽은 시간)

$= 5 - 2\dfrac{1}{3} - \dfrac{7}{8} = 1\dfrac{19}{24}$(시간)

⇨ 민준이가 책을 읽은 시간은 운동한 시간의

$1\dfrac{19}{24} \div \dfrac{7}{8} = \dfrac{43}{24} \div \dfrac{7}{8} = \dfrac{43}{\underset{3}{24}} \times \dfrac{\overset{1}{8}}{7} = \dfrac{43}{21}$

$= 2\dfrac{1}{21}$(배)입니다.

개념책 18~19쪽 **응용문제**

예제 1	4, 5	유제 1	5, 6, 7
예제 2	$\dfrac{4}{5}$	유제 2	$\dfrac{49}{60}$
예제 3	감자	유제 3	예지, 2조각
예제 4	$\dfrac{6}{7} \div \dfrac{5}{7}$, $\dfrac{6}{8} \div \dfrac{5}{8}$, $\dfrac{6}{9} \div \dfrac{5}{9}$		
유제 4	$\dfrac{8}{9} \div \dfrac{7}{9}$	예제 5	3, 6, 9
유제 5	1, 3, 9	예제 6	$6\dfrac{2}{9}$ m²
유제 6	$11\dfrac{9}{10}$ m²		

예제 1 $15 \div \dfrac{5}{\square} = 15 \div 5 \times \square = 3 \times \square$ 이므로

$10 < 3 \times \square < 17$ 입니다.

⇨ $\square$ 안에 들어갈 수 있는 자연수를 보기 에서 모두 찾으면 4, 5입니다.

유제 1 $28 \div \dfrac{7}{\square} = 28 \div 7 \times \square = 4 \times \square$ 이므로

$15 < 4 \times \square < 30$ 입니다.

⇨ $\square$ 안에 들어갈 수 있는 자연수를 보기 에서 모두 찾으면 5, 6, 7입니다.

예제 2 어떤 수를 $\square$ 라 하면 $\square \times \dfrac{5}{6} = \dfrac{5}{9}$ 입니다.

⇨ $\square = \dfrac{5}{9} \div \dfrac{5}{6} = \dfrac{\overset{1}{5}}{\underset{3}{9}} \times \dfrac{\overset{2}{6}}{\underset{1}{5}} = \dfrac{2}{3}$

따라서 바르게 계산하면

$\dfrac{2}{3} \div \dfrac{5}{6} = \dfrac{2}{\underset{1}{3}} \times \dfrac{\overset{2}{6}}{5} = \dfrac{4}{5}$ 입니다.

유제2 어떤 수를 $\square$라 하면 $\square \times \dfrac{6}{7} = \dfrac{3}{5}$입니다.

$$\Rightarrow \square = \dfrac{3}{5} \div \dfrac{6}{7} = \dfrac{\overset{1}{3}}{5} \times \dfrac{7}{\underset{2}{6}} = \dfrac{7}{10}$$

따라서 바르게 계산하면

$\dfrac{7}{10} \div \dfrac{6}{7} = \dfrac{7}{10} \times \dfrac{7}{6} = \dfrac{49}{60}$입니다.

예제3 • (감자를 나누어 담은 상자 수)

$\qquad = 12 \div \dfrac{1}{3} = 12 \times 3 = 36$(개)

• (옥수수를 나누어 담은 상자 수)

$\qquad = 15 \div \dfrac{3}{5} = 15 \div 3 \times 5 = 25$(개)

$\Rightarrow$ $36 > 25$이므로 나누어 담은 상자의 수가 더 많은 것은 감자입니다.

유제3 • (경수가 자른 조각의 수)

$$= 7\dfrac{1}{2} \div \dfrac{3}{4} = \dfrac{15}{2} \div \dfrac{3}{4} = \dfrac{\overset{5}{15}}{\underset{1}{2}} \times \dfrac{\overset{2}{4}}{\underset{1}{3}} = 10(조각)$$

• (예지가 자른 조각의 수)

$$= 7\dfrac{1}{2} \div \dfrac{5}{8} = \dfrac{15}{2} \div \dfrac{5}{8} = \dfrac{\overset{3}{15}}{\underset{1}{2}} \times \dfrac{\overset{4}{8}}{\underset{1}{5}} = 12(조각)$$

$\Rightarrow$ $10 < 12$이므로 자른 조각의 수가 더 많은 사람은 예지이고, $12 - 10 = 2$(조각) 더 많습니다.

예제4 • $6 \div 5$를 이용하여 계산할 수 있는 분모가 같은 분수의 나눗셈식은 $\dfrac{6}{\blacksquare} \div \dfrac{5}{\blacksquare}$입니다.

• 분모가 10보다 작은 진분수의 나눗셈이므로 분모가 될 수 있는 수는 7, 8, 9입니다.

$\Rightarrow$ $\dfrac{6}{7} \div \dfrac{5}{7}, \dfrac{6}{8} \div \dfrac{5}{8}, \dfrac{6}{9} \div \dfrac{5}{9}$

유제4 • $8 \div 7$을 이용하여 계산할 수 있는 분모가 같은 분수의 나눗셈식은 $\dfrac{8}{\blacksquare} \div \dfrac{7}{\blacksquare}$입니다.

• 분모가 9 이하인 진분수의 나눗셈이므로 분모는 9입니다.

$\Rightarrow$ $\dfrac{8}{9} \div \dfrac{7}{9}$

예제5 $\dfrac{1}{3} \div \dfrac{1}{\square} = \dfrac{1}{3} \times \square$이므로 계산 결과가 자연수가 되려면 $\square$ 안에는 3의 배수가 들어가야 합니다.

$\Rightarrow$ $\square$ 안에 들어갈 수 있는 수를 모두 찾으면 3, 6, 9입니다.

유제5 $\dfrac{1}{2} \div \dfrac{\square}{18} = \dfrac{9}{18} \div \dfrac{\square}{18} = 9 \div \square$이므로 계산 결과가 자연수가 되려면 $\square$ 안에는 9의 약수가 들어가야 합니다.

$\Rightarrow$ $\square$ 안에 들어갈 수 있는 수를 모두 찾으면 1, 3, 9입니다.

예제6 (벽의 넓이)

$$= 14 \times 1\dfrac{2}{3} = 14 \times \dfrac{5}{3} = \dfrac{70}{3} = 23\dfrac{1}{3}(\text{m}^2)$$

$\Rightarrow$ (1 L의 페인트로 칠한 벽의 넓이)

$$= 23\dfrac{1}{3} \div 3\dfrac{3}{4} = \dfrac{70}{3} \div \dfrac{15}{4} = \dfrac{\overset{14}{70}}{3} \times \dfrac{4}{\underset{3}{15}}$$

$$= \dfrac{56}{9} = 6\dfrac{2}{9}(\text{m}^2)$$

유제6 (벽의 넓이)

$$= 15 \times 1\dfrac{7}{10} = \overset{3}{15} \times \dfrac{17}{\underset{2}{10}} = \dfrac{51}{2} = 25\dfrac{1}{2}(\text{m}^2)$$

$\Rightarrow$ (1 L의 페인트로 칠한 벽의 넓이)

$$= 25\dfrac{1}{2} \div 2\dfrac{1}{7} = \dfrac{51}{2} \div \dfrac{15}{7} = \dfrac{\overset{17}{51}}{2} \times \dfrac{7}{\underset{5}{15}}$$

$$= \dfrac{119}{10} = 11\dfrac{9}{10}(\text{m}^2)$$

개념책 20~22쪽   단원 평가

🖉 서술형 문제는 풀이를 꼭 확인하세요.

1 3

2 3, 5, 10

3 $\dfrac{7}{10} \div \dfrac{5}{7} = \dfrac{49}{70} \div \dfrac{50}{70} = 49 \div 50 = \dfrac{49}{50}$

4 • •
  (선 연결)

5 >

6 $2\dfrac{2}{9}, 11\dfrac{1}{9}$

7 ㉢

8 $1\dfrac{1}{3}$

9 (   ) (◯) (   )

10 $14\dfrac{2}{5}$

11 12일

12 $1\dfrac{2}{3}$배

13 $1\dfrac{1}{5}$ m

14 60개

15 $5\dfrac{1}{7}$

16 4, 5, 6

17 1, 2, 4

🖉**18** 풀이 참조

🖉**19** $3\dfrac{19}{24}$ kg

🖉**20** 쌀

1 $\dfrac{9}{11} \div \dfrac{3}{11} = 9 \div 3 = 3$

3 〈보기〉는 통분하여 분자끼리 나누어 계산하는 방법입니다.

4 • $\dfrac{5}{6} \div \dfrac{3}{4} = \dfrac{5}{6} \times \dfrac{4}{3}$

• $\dfrac{2}{7} \div \dfrac{5}{8} = \dfrac{2}{7} \times \dfrac{8}{5}$

• $\dfrac{4}{9} \div \dfrac{3}{10} = \dfrac{4}{9} \times \dfrac{10}{3}$

5 • $\dfrac{1}{4} \div \dfrac{1}{12} = \dfrac{3}{12} \div \dfrac{1}{12} = 3 \div 1 = 3$

• $\dfrac{5}{9} \div \dfrac{5}{18} = \dfrac{10}{18} \div \dfrac{5}{18} = 10 \div 5 = 2$ ⟫ $\Rightarrow 3 > 2$

6 • $1\dfrac{2}{3} \div \dfrac{3}{4} = \dfrac{5}{3} \div \dfrac{3}{4} = \dfrac{5}{3} \times \dfrac{4}{3} = \dfrac{20}{9} = 2\dfrac{2}{9}$

• $2\dfrac{2}{9} \div \dfrac{1}{5} = \dfrac{20}{9} \div \dfrac{1}{5} = \dfrac{20}{9} \times 5 = \dfrac{100}{9} = 11\dfrac{1}{9}$

7 ㉠ $\dfrac{4}{5} \div \dfrac{1}{5} = 4 \div 1 = 4$

㉡ $\dfrac{12}{13} \div \dfrac{4}{13} = 12 \div 4 = 3$

㉢ $\dfrac{10}{17} \div \dfrac{2}{17} = 10 \div 2 = 5$

㉣ $\dfrac{14}{15} \div \dfrac{7}{15} = 14 \div 7 = 2$

8 가장 큰 수: $\dfrac{8}{9}$, 가장 작은 수: $\dfrac{2}{3}$

$\Rightarrow \dfrac{8}{9} \div \dfrac{2}{3} = \dfrac{\overset{4}{\cancel{8}}}{\cancel{9}} \times \dfrac{\overset{1}{\cancel{3}}}{\cancel{2}} = \dfrac{4}{3} = 1\dfrac{1}{3}$

9 • $\dfrac{6}{7} \div \dfrac{5}{12} = \dfrac{6}{7} \times \dfrac{12}{5} = \dfrac{72}{35} = 2\dfrac{2}{35}$

• $\dfrac{7}{8} \div 1\dfrac{1}{9} = \dfrac{7}{8} \div \dfrac{10}{9} = \dfrac{7}{8} \times \dfrac{9}{10} = \dfrac{63}{80}$

• $4\dfrac{2}{3} \div \dfrac{5}{6} = \dfrac{14}{3} \div \dfrac{5}{6} = \dfrac{14}{\cancel{3}} \times \dfrac{\overset{2}{\cancel{6}}}{5} = \dfrac{28}{5}$

$= 5\dfrac{3}{5}$

10 $\square = 12 \div \dfrac{5}{6} = 12 \div 5 \times 6 = \dfrac{12}{5} \times 6 = \dfrac{72}{5} = 14\dfrac{2}{5}$

11 (우유를 마실 수 있는 날수)
$= 8 \div \dfrac{2}{3} = 8 \div 2 \times 3 = 12$(일)

12 ㉠ $\dfrac{7}{8} \div \dfrac{1}{3} = \dfrac{7}{8} \times 3 = \dfrac{21}{8}$

㉡ $1\dfrac{1}{4} \div \dfrac{2}{7} = \dfrac{5}{4} \div \dfrac{2}{7} = \dfrac{5}{4} \times \dfrac{7}{2} = \dfrac{35}{8}$

$\Rightarrow$ ㉡ $\div$ ㉠ $= \dfrac{35}{8} \div \dfrac{21}{8} = 35 \div 21 = \dfrac{35}{21} = \dfrac{5}{3}$

$= 1\dfrac{2}{3}$(배)

13 (직사각형의 넓이)=(가로)×(세로)

$\Rightarrow$ (가로)=(직사각형의 넓이)÷(세로)

$= \dfrac{21}{25} \div \dfrac{7}{10} = \dfrac{\overset{3}{\cancel{21}}}{\underset{5}{\cancel{25}}} \times \dfrac{\overset{2}{\cancel{10}}}{\underset{1}{\cancel{7}}} = \dfrac{6}{5}$

$= 1\dfrac{1}{5}$(m)

14 (4일 동안 인형을 만드는 시간)=9×4=36(시간)

$\Rightarrow$ (4일 동안 만들 수 있는 인형의 수)

$= 36 \div \dfrac{3}{5} = 36 \div 3 \times 5 = 60$(개)

15 $1\dfrac{3}{5} \div \dfrac{4}{9} = \dfrac{8}{5} \div \dfrac{4}{9} = \dfrac{\overset{2}{\cancel{8}}}{5} \times \dfrac{9}{\underset{1}{\cancel{4}}} = \dfrac{18}{5}$ 이므로

$\dfrac{7}{10} \times \square = \dfrac{18}{5}$ 입니다.

$\Rightarrow \square = \dfrac{18}{5} \div \dfrac{7}{10} = \dfrac{18}{\cancel{5}} \times \dfrac{\overset{2}{\cancel{10}}}{7} = \dfrac{36}{7} = 5\dfrac{1}{7}$

16 $16 \div \dfrac{4}{\square} = 16 \div 4 \times \square = 4 \times \square$ 이므로

$12 < 4 \times \square < 25$ 입니다.

$\Rightarrow \square$ 안에 들어갈 수 있는 자연수를 〈보기〉에서 모두 찾으면 4, 5, 6입니다.

17 $\dfrac{1}{4} \div \dfrac{\square}{16} = \dfrac{4}{16} \div \dfrac{\square}{16} = 4 \div \square$ 이므로 계산 결과가 자연수가 되려면 $\square$ 안에는 4의 약수가 들어가야 합니다.

$\Rightarrow \square$ 안에 들어갈 수 있는 수를 모두 찾으면 1, 2, 4 입니다.

18 예 나누는 분수의 분모와 분자를 바꾸어 계산하지 않았습니다. ❶

$\dfrac{7}{9} \div \dfrac{5}{8} = \dfrac{7}{9} \times \dfrac{8}{5} = \dfrac{56}{45} = 1\dfrac{11}{45}$ ❷

채점 기준	
❶ 계산이 잘못된 이유 쓰기	3점
❷ 바르게 계산하기	2점

19 예 쇠막대의 무게를 쇠막대의 길이로 나누면 되므로 $3\frac{1}{4} \div \frac{6}{7}$ 을 계산합니다.」❶

따라서 쇠막대 1 m의 무게는

$$3\frac{1}{4} \div \frac{6}{7} = \frac{13}{4} \div \frac{6}{7} = \frac{13}{4} \times \frac{7}{6} = \frac{91}{24}$$

$$= 3\frac{19}{24} \text{(kg)입니다.」❷}$$

채점 기준	
❶ 문제에 알맞은 식 만들기	2점
❷ 쇠막대 1 m의 무게 구하기	3점

20 예 쌀을 나누어 담은 통의 수는

$$6 \div \frac{2}{5} = 6 \div 2 \times 5 = 15\text{(통)입니다.」❶}$$

보리를 나누어 담은 통의 수는

$$8 \div \frac{4}{7} = 8 \div 4 \times 7 = 14\text{(통)입니다.」❷}$$

따라서 15>14이므로 쌀과 보리 중 나누어 담은 통의 수가 더 많은 것은 쌀입니다.」❸

채점 기준	
❶ 쌀을 나누어 담은 통의 수 구하기	2점
❷ 보리를 나누어 담은 통의 수 구하기	2점
❸ 쌀과 보리 중 나누어 담은 통의 수가 더 많은 것 구하기	1점

개념책 23쪽 창의·융합형 문제

1 30 kg　　　　**2** 48분

1 지구에서 잰 물건의 무게를 □ kg이라 하면

$$\square \times \frac{9}{10} = 27\text{입니다.}$$

$$\Rightarrow \square = 27 \div \frac{9}{10} = 27 \div 9 \times 10 = 30$$

2 $\frac{2}{3} \div \frac{5}{6} = \frac{2}{3} \times \overset{2}{\underset{1}{\cancel{\frac{6}{}}}} \frac{6}{5} = \frac{4}{5}$ (시간)

$\Rightarrow \frac{4}{5}$ 시간$= \frac{48}{60}$ 시간$=48$분이므로 충전된 양이 0 %인 배터리를 완전히 충전하는 데 걸리는 시간은 48분입니다.

2. 소수의 나눗셈

개념책 26~28쪽

❶ 자연수의 나눗셈을 이용한 (소수)÷(소수)

예제1 (1) (위에서부터) 10, 54, 9, 6, 6
　　　　(2) (위에서부터) 100, 945, 35, 27, 27

유제2 (1) 16　(2) 18　(3) 11　(4) 21

❷ 자릿수가 같은 (소수)÷(소수)

예제3 **방법1** (위에서부터) 572, 572, 26, 22
　　　　방법2 (위에서부터) 22, 52, 52

유제4 (1) 46　(2) 14　(3) 9　(4) 36

❸ 자릿수가 다른 (소수)÷(소수)

예제5 **방법1** (위에서부터) 2.9, 240, 1080
　　　　방법2 (위에서부터) 2.9, 24, 108

유제6 (1) 3.4　(2) 15　(3) 4.1　(4) 16

예제1 나누어지는 수와 나누는 수를 똑같이 10배 또는 100배 하여 (자연수)÷(자연수)로 바꾸어 계산합니다.

유제2
(1) $11.2 \div 0.7$
　　↓10배　↓10배
　　$112 \div 7 = 16$
　　$\Rightarrow 11.2 \div 0.7 = 16$

(2) $25.2 \div 1.4$
　　↓10배　↓10배
　　$252 \div 14 = 18$
　　$\Rightarrow 25.2 \div 1.4 = 18$

(3) $3.63 \div 0.33$
　　↓100배　↓100배
　　$363 \div 33 = 11$
　　$\Rightarrow 3.63 \div 0.33 = 11$

(4) $9.66 \div 0.46$
　　↓100배　↓100배
　　$966 \div 46 = 21$
　　$\Rightarrow 9.66 \div 0.46 = 21$

유제4
(1)
$$\begin{array}{r} 4\,6 \\ 0.8\,)\overline{3\,6.8} \\ \underline{3\,2} \\ 4\,8 \\ \underline{4\,8} \\ 0 \end{array}$$

(2)
$$\begin{array}{r} 1\,4 \\ 0.3\,2\,)\overline{4.4\,8} \\ \underline{3\,2} \\ 1\,2\,8 \\ \underline{1\,2\,8} \\ 0 \end{array}$$

(3)
$$\begin{array}{r} 9 \\ 1.3\,)\overline{1\,1.7} \\ \underline{1\,1\,7} \\ 0 \end{array}$$

(4)
$$\begin{array}{r} 3\,6 \\ 0.2\,8\,)\overline{1\,0.0\,8} \\ \underline{8\,4} \\ 1\,6\,8 \\ \underline{1\,6\,8} \\ 0 \end{array}$$

유제 6

(1)
$$1.6 \overline{)5.4\,4} \\ \underline{4\,8} \\ 6\,4 \\ \underline{6\,4} \\ 0$$
몫: 3.4

(2)
$$1.3\,4 \overline{)2\,0.1\,0} \\ \underline{1\,3\,4} \\ 6\,7\,0 \\ \underline{6\,7\,0} \\ 0$$
몫: 1 5

(3)
$$2.3 \overline{)9.4\,3} \\ \underline{9\,2} \\ 2\,3 \\ \underline{2\,3} \\ 0$$
몫: 4.1

(4)
$$1.8\,5 \overline{)2\,9.6\,0} \\ \underline{1\,8\,5} \\ 1\,1\,1\,0 \\ \underline{1\,1\,1\,0} \\ 0$$
몫: 1 6

개념책 29쪽 한번더 확인

1 9   **2** 8
3 4.2   **4** 12
5 19   **6** 26
7 5.3   **8** 2.5
9 17.6   **10** 13.5
11 18   **12** 3.7
13 7.5

개념책 30~31쪽 실전문제

🖊 서술형 문제는 풀이를 꼭 확인하세요.

1 $6.48 \div 0.72 = \dfrac{648}{100} \div \dfrac{72}{100} = 648 \div 72 = 9$

2 (1) 19 (2) 15   **3** ㉡, ㉢

4 • • (선 연결)

5 5.7, 5

6 1.3   🖊**7** 풀이 참조

8 7.5   **9** ㉠

10 17개   **11** 7.5 cm

12 5개   **13** 2.5

14 3시간 30분   **15** 지수, 13도막

---

1 소수 두 자리 수를 분모가 100인 분수로 바꾸어 계산하는 방법입니다.

3 $5.94 \div 0.11 = \underset{㉡}{59.4 \div 1.1} = \underset{㉢}{594 \div 11} = 54$

4 • $7.6 \div 1.9 = 4$
• $0.72 \div 0.24 = 3$
• $0.84 \div 0.6 = 1.4$

5 • $4.56 \div 0.8 = 456 \div 80 = 5.7$
• $5.7 \div 1.14 = 570 \div 114 = 5$

6 $6.2 < 7.94 < 8.06$
⇨ $8.06 \div 6.2 = 1.3$

🖊**7** 예 소수점을 옮겨서 계산한 경우 몫의 소수점은 옮긴 위치에 찍어야 합니다.」❶

$$0.9 \overline{)4.2\,3} \\ \underline{3\,6} \\ 6\,3 \\ \underline{6\,3} \\ 0$$
몫: 4.7
또는
$$0.9\,0 \overline{)4.2\,3\,0} \\ \underline{3\,6\,0} \\ 6\,3\,0 \\ \underline{6\,3\,0} \\ 0$$
몫: 4.7 」❷

채점 기준

❶ 이유 쓰기
❷ 바르게 계산하기

8 ㉠ 18.6   ㉡ 2.48
⇨ $18.6 \div 2.48 = 7.5$

9 ㉠ $17.28 \div 6.4 = 2.7$
㉡ $9.4 \div 3.76 = 2.5$
㉢ $4.55 \div 1.75 = 2.6$
⇨ $\underset{㉠}{2.7} > \underset{㉢}{2.6} > \underset{㉡}{2.5}$

10 (필요한 물통의 수)$= 15.3 \div 0.9 = 17$(개)

11 (밑변의 길이)$=$(평행사변형의 넓이)$\div$(높이)
$= 25.5 \div 3.4 = 7.5$(cm)

12 $3.64 \div 0.7 = 364 \div 70 = 5.2$
⇨ $\square < 5.2$에서 $\square$ 안에 들어갈 수 있는 자연수는 1, 2, 3, 4, 5이므로 모두 5개입니다.

13 어떤 수를 $\square$라 하면 $\square \times 4.12 = 10.3$입니다.
따라서 $\square = 10.3 \div 4.12 = 2.5$입니다.

14 (등산을 하는 데 걸린 시간)$= 8.33 \div 2.38 = 3.5$(시간)
⇨ 3.5시간$= 3\dfrac{5}{10}$시간$= 3\dfrac{30}{60}$시간$= 3$시간 30분

15 (지수가 자른 도막의 수)$= 31.2 \div 0.8 = 39$(도막)
(정우가 자른 도막의 수)$= 31.2 \div 1.2 = 26$(도막)
따라서 지수가 자른 털실이 $39 - 26 = 13$(도막) 더 많습니다.

개념책 32~34쪽

④ (자연수)÷(소수)

예제 1 **방법 1** 3400, 3400, 136, 25
   방법 2 (위에서부터) 25, 272, 680, 680

유제 2 (1) 35 (2) 75 (3) 14 (4) 25

⑤ 몫을 반올림하여 나타내기

예제 3 (1) 1.166 (2) 1 / 1.2 / 1.17

유제 4 (1) 7.2 (2) 1.4

⑥ 나누어 주고 남는 양 알아보기

예제 5 (1) 3, 3, 3, 1.7 (2) 4명 (3) 1.7 L

예제 6 (1) (위에서부터) 6, 2.3
   (2) 6상자 (3) 2.3 kg

유제 2 (1)
$$\begin{array}{r} 3\ 5 \\ 1.8\overline{)6\ 3.0} \\ 5\ 4 \\ \hline 9\ 0 \\ 9\ 0 \\ \hline 0 \end{array}$$

(2)
$$\begin{array}{r} 7\ 5 \\ 0.4\ 8\overline{)3\ 6.0\ 0} \\ 3\ 3\ 6 \\ \hline 2\ 4\ 0 \\ 2\ 4\ 0 \\ \hline 0 \end{array}$$

(3)
$$\begin{array}{r} 1\ 4 \\ 3.5\overline{)4\ 9.0} \\ 3\ 5 \\ \hline 1\ 4\ 0 \\ 1\ 4\ 0 \\ \hline 0 \end{array}$$

(4)
$$\begin{array}{r} 2\ 5 \\ 0.3\ 6\overline{)9.0\ 0} \\ 7\ 2 \\ \hline 1\ 8\ 0 \\ 1\ 8\ 0 \\ \hline 0 \end{array}$$

예제 3 (2) • 소수 첫째 자리 숫자가 1이므로 반올림하여
     일의 자리까지 나타내면 1입니다.
   • 소수 둘째 자리 숫자가 6이므로 반올림하여
     소수 첫째 자리까지 나타내면 1.2입니다.
   • 소수 셋째 자리 숫자가 6이므로 반올림하여
     소수 둘째 자리까지 나타내면 1.17입니다.

개념책 35쪽 한번 더 확인

1 5
2 8
3 25
4 34
5 75
6 37.5
7 15
8 52
9 4
10 3.3
11 2.73

개념책 36~37쪽 실전문제

✎ 서술형 문제는 풀이를 꼭 확인하세요.

1 (1) 12 (2) 24
2 5.1
3 28, 25
4 <
5 (1) 9, 90, 900 (2) 25, 250, 2500
✎6 풀이 참조
7 1.3배
8 ㉠, ㉢, ㉡
9 8
10 14권
11 1.2 kg
12 12 km
13 고구마

2   $15.22÷3=5.07\cdots\cdots \Rightarrow 5.1$
   └• 소수 둘째 자리 숫자가 7이므로 올립니다.

3   $154÷5.5=28$, $44÷1.76=25$

4   $105÷3.5=30$, $72÷2.25=32$
   $\Rightarrow 30<32$

5   (1) 나누어지는 수가 같을 때 나누는 수가 $\dfrac{1}{10}$배,
     $\dfrac{1}{100}$배가 되면 몫은 10배, 100배가 됩니다.
   (2) 나누는 수가 같을 때 나누어지는 수가 10배,
     100배가 되면 몫도 10배, 100배가 됩니다.

✎6   **예** 사람 수는 소수가 아닌 자연수이므로 몫을 자연수
   까지만 구해야 합니다.」❶

$$\begin{array}{r} 8 \\ 5\overline{)4\ 2.5} \\ 4\ 0 \\ \hline 2.5 \end{array}$$ $\Rightarrow$ ┌ 사람 수: 8명
   └ 남는 양: 2.5 kg」❷

채점 기준

❶ 이유 쓰기
❷ 바르게 계산하기

7   (학교~도서관)÷(학교~우체국)
   $=11.2÷8.7=1.28\cdots\cdots \Rightarrow 1.3$
   └• 소수 둘째 자리 숫자가 8이므로 올립니다.
   따라서 학교에서 도서관까지의 거리는 학교에서 우체
   국까지의 거리의 1.3배입니다.

8   ㉠ $6÷3.38=1.7\cdots\cdots \to 2$
   ㉡ $10.58÷6.7=1.57\cdots\cdots \to 1.6$
   ㉢ $15.69÷9=1.743\cdots\cdots \to 1.74$
   $\Rightarrow \underset{㉠}{2}>\underset{㉢}{1.74}>\underset{㉡}{1.6}$

9 (가로)=(직사각형의 넓이)÷(세로)
$$=58÷7.25=8(cm)$$

10
$$\begin{array}{r} 1\,4 \\ 4.3\overline{)6\,2.7} \\ \underline{4\,3} \\ 1\,9\,7 \\ \underline{1\,7\,2} \\ 2.5 \end{array}$$
따라서 백과사전을 14권까지 꽂을 수 있습니다.

11 (음료 2.5 L의 무게)=4.25-1.25=3(kg)
⇨ (음료 1 L의 무게)=3÷2.5=1.2(kg)

12 3시간 24분=$3\frac{24}{60}$ 시간=$3\frac{4}{10}$ 시간=3.4시간

(1시간 동안 달린 거리)
$$=42.19÷3.4=12.4\cdots\cdots ⇨ 12$$
└• 소수 첫째 자리 숫자가 4이므로 버립니다.
따라서 장거리 달리기 선수가 1시간 동안 달린 거리를
반올림하여 일의 자리까지 나타내면 12 km입니다.

13 ·(감자 1 kg의 가격)=3500÷1.4=2500(원)
·(고구마 1 kg의 가격)=6000÷2.5=2400(원)
따라서 $\underset{감자}{2500}>\underset{고구마}{2400}$이므로 1 kg의 가격이 더 저렴한
채소는 고구마입니다.

개념책 38~39쪽 응용문제

예제 1	0.03	유제 1	0.02
예제 2	3.28	유제 2	16
예제 3	1.8 L	유제 3	2.25 L
예제 4	5	유제 4	6
예제 5	1, 3, 6, 5, 0.2	유제 5	8, 7, 0, 2, 5, 348
예제 6	0.3 kg	유제 6	0.69 kg

예제 1 ·27.5÷7.1=3.87……→ 3.9
└• 소수 둘째 자리 숫자가 7이므로 올립니다.
·27.5÷7.1=3.873……→ 3.87
└• 소수 셋째 자리 숫자가 3이므로
버립니다.
⇨ 3.9-3.87=0.03

유제 1 ·51.2÷9.8=5.22……→ 5.2
└• 소수 둘째 자리 숫자가 2이므로 버립니다.
·51.2÷9.8=5.224……→ 5.22
└• 소수 셋째 자리 숫자가 4이므로
버립니다.
⇨ 5.22-5.2=0.02

예제 2 어떤 수를 □라 하면 □×6.5=138.58에서
□=138.58÷6.5=21.32입니다.
따라서 바르게 계산하면 21.32÷6.5=3.28입
니다.

유제 2 어떤 수를 □라 하면 □×3.35=179.56에서
□=179.56÷3.35=53.6입니다.
따라서 바르게 계산하면 53.6÷3.35=16입니다.

예제 3 (전체 물의 양)=1.8×9=16.2(L)
$$\begin{array}{r} 5 \\ 3\overline{)1\,6.2} \\ \underline{1\,5} \\ 1.2 \end{array}$$ ⇨ [나누어 줄 수 있는 사람 수: 5명
[남는 물의 양: 1.2 L
따라서 남김없이 모두 나누어 주려면 물이 적어도
3-1.2=1.8(L) 더 필요합니다.

유제 3 (전체 우유의 양)=1.25×11=13.75(L)
$$\begin{array}{r} 3 \\ 4\overline{)1\,3.7\,5} \\ \underline{1\,2} \\ 1.7\,5 \end{array}$$ ⇨ [나누어 줄 수 있는 사람 수: 3명
[남는 우유의 양: 1.75 L
따라서 남김없이 모두 나누어 주려면 우유가 적
어도 4-1.75=2.25(L) 더 필요합니다.

예제 4 17÷33=0.515151……
몫의 소수 첫째 자리부터 숫자 5, 1이 차례로
반복됩니다.
따라서 몫의 소수 7째 자리 숫자는 5입니다.

유제 4 3.7÷1.1=3.363636……
몫의 소수 첫째 자리부터 숫자 3, 6이 차례로
반복됩니다.
따라서 몫의 소수 10째 자리 숫자는 6입니다.

예제 5 비법 **몫이 가장 작은 나눗셈식**

(가장 작은 수)÷(가장 큰 수)

1<3<5<6이므로 몫이 가장 작은 나눗셈식은
1.3÷6.5=0.2입니다.

유제 5 비법 **몫이 가장 큰 나눗셈식**

(가장 큰 수)÷(가장 작은 수)

0<2<5<7<8이므로 몫이 가장 큰 나눗셈식
은 87÷0.25=348입니다.

예제 6 (음료수 24개의 무게)=16.95−9.74=7.21(kg)

7.21÷24=0.30⋯⋯ ⇨ 0.3
              └● 소수 둘째 자리 숫자가 0이므로 버립니다.

따라서 음료수 한 개의 무게는 0.3 kg입니다.

유제 6 (사과 36개의 무게)=52.8−28.08=24.72(kg)

24.72÷36=0.686⋯⋯ ⇨ 0.69
                └● 소수 셋째 자리 숫자가 6이므로 올립니다.

따라서 사과 한 개의 무게는 0.69 kg입니다.

개념책 40~42쪽 단원 평가

🖊 서술형 문제는 풀이를 꼭 확인하세요.

1 2754, 18

2 26

3 5.6

4 7.3, 7.27

5 ㉣, ㉢, ㉡, ㉠

6
```
        1 5
6.4) 9 6.0
     6 4
     3 2 0
     3 2 0
         0
```

7 6.4

8 >

9 19개

10 6, 7, 8, 9

11 3.3 kg

12 36개, 2.2 m

13 1시간 18분

14 6.7 cm

15 0.05

16 4

17 1.3 kg

🖊**18** 2배

🖊**19** 40 L

🖊**20** 6

1 나누어지는 수와 나누는 수를 똑같이 100배 하여 (자연수)÷(자연수)로 바꾸어 계산합니다.

2
```
            2 6
2.3 5) 6 1.1 0
       4 7 0
       1 4 1 0
       1 4 1 0
             0
```

3 3.36÷0.6=336÷60=5.6

4 •6.54÷0.9=7.26⋯⋯ ⇨ 7.3
               └● 소수 둘째 자리 숫자가 6이므로 올립니다.

   •6.54÷0.9=7.266⋯⋯ ⇨ 7.27
                  └● 소수 셋째 자리 숫자가 6이므로 올립니다.

5 ㉠ 0.408÷0.08=408÷80=5.1

   ㉡ 4.08÷0.08=408÷8=51

   ㉢ 40.8÷0.08=4080÷8=510

   ㉣ 408÷0.08=40800÷8=5100

   ⇨ 5100 > 510 > 51 > 5.1
      ㉣   ㉢   ㉡   ㉠

6 소수점을 옮겨서 계산하는 경우 몫의 소수점은 옮긴 위치에 찍어야 합니다.

7 1.25<3.6<7.2<8 ⇨ 8÷1.25=6.4

8 85.8÷7=12.25⋯⋯ → 12.3
               └● 소수 둘째 자리 숫자가 5이므로 올립니다.

   ⇨ 12.3 > 12.25⋯⋯

9 (필요한 병의 수)=23.75÷1.25
                    =2375÷125=19(개)

10 4.7÷0.91=5.164⋯⋯

따라서 5.164⋯⋯<□에서 □ 안에 들어갈 수 있는 수는 6, 7, 8, 9입니다.

11 72.8÷22=3.30⋯⋯ ⇨ 3.3
               └● 소수 둘째 자리 숫자가 0이므로 버립니다.

따라서 나무토막 1 m의 무게는 3.3 kg입니다.

12
```
          3 6
3) 1 1 0.2
   9
   2 0
   1 8
     2.2
```
⇨ 만들 수 있는 리본 수: 36개
     남는 색 테이프의 길이: 2.2 m

13 (4.81 km를 가는 데 걸리는 시간)
   =4.81÷3.7=481÷370=1.3(시간)

   ⇨ 1.3시간=1$\frac{3}{10}$시간=1$\frac{18}{60}$시간=1시간 18분

14 삼각형의 높이를 □ cm라 하면
8.4×□÷2=28.14, 8.4×□=56.28,
□=56.28÷8.4=6.7입니다.

따라서 이 삼각형의 높이는 6.7 cm입니다.

15 •6÷3.24=1.85⋯⋯ → 1.9
                └● 소수 둘째 자리 숫자가 5이므로 올립니다.

   •6÷3.24=1.851⋯⋯ → 1.85
                  └● 소수 셋째 자리 숫자가 1이므로 버립니다.

   ⇨ 1.9−1.85=0.05

16 어떤 수를 □라 하면 □×2.4=23.04에서
□=23.04÷2.4=9.6입니다.

따라서 바르게 계산하면 9.6÷2.4=4입니다.

17

$$
\begin{array}{r}
6 \\
4\,)\overline{2\,6.7} \\
\underline{2\,4} \\
2.7
\end{array}
$$
⇨ ┌ 판매할 수 있는 상자 수: 6상자
└ 남는 딸기의 양: 2.7 kg

따라서 남김없이 모두 판매하려면 딸기가 적어도
$4-2.7=1.3$(kg) 더 필요합니다.

18 예 아버지의 몸무게를 준호의 몸무게로 나누면 되므로 $77.2\div38.6$을 계산합니다.」❶
따라서 아버지의 몸무게는 준호의 몸무게의
$77.2\div38.6=2$(배)입니다.」❷

채점 기준	
❶ 문제에 알맞은 식 만들기	2점
❷ 아버지의 몸무게는 준호의 몸무게의 몇 배인지 구하기	3점

19 예 휘발유 1 L로 갈 수 있는 거리는
$14.7\div1.4=10.5$(km)입니다.」❶
따라서 420 km를 가는 데 필요한 휘발유의 양은
$420\div10.5=40$(L)입니다.」❷

채점 기준	
❶ 휘발유 1 L로 갈 수 있는 거리 구하기	2점
❷ 자동차가 420 km를 가는 데 필요한 휘발유의 양 구하기	3점

20 예 $40\div11=3.636363\cdots\cdots$입니다.」❶
몫의 소수 첫째 자리부터 숫자 6, 3이 차례대로 반복됩니다.
따라서 몫의 소수 15째 자리 숫자는 6입니다.」❷

채점 기준	
❶ 나눗셈 계산하기	2점
❷ 몫의 소수 15째 자리 숫자 구하기	3점

개념책 43쪽 창의·융합형 문제

1 다정   **2** 과체중

1 1시간 45분$=1\dfrac{45}{60}$시간$=1\dfrac{3}{4}$시간$=1.75$시간
⇨ (정주가 1시간 동안 걸은 거리)$=8.75\div1.75$
$\qquad\qquad\qquad\qquad\qquad\quad =5$(km)
따라서 $5<5.3$이므로 다정이가 더 빨리 걸었습니다.
　　　정주　　다정

2 (민수의 삼촌의 체질량지수)$=77.76\div(1.8\times1.8)$
$\qquad\qquad\qquad\qquad\qquad =77.76\div3.24=24$
따라서 민수의 삼촌의 체질량지수는 24이므로 민수의 삼촌의 비만 정도는 과체중입니다.

3. 공간과 입체

개념책 46~48쪽

❶ 어느 방향에서 본 모양인지 알아보기

예제 1 (1) 라 (2) 다 (3) 나 (4) 가
유제 2 (1) 가 (2) 다

❷ 쌓은 모양과 위에서 본 모양을 보고 쌓은 모양과 쌓기나무의 개수 알아보기

예제 3 (×) (○)
예제 4 없습니다 / 5, 3, 1, 9

❸ 위, 앞, 옆에서 본 모양을 보고 쌓은 모양과 쌓기나무의 개수 알아보기

예제 5
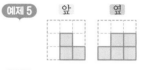

예제 6 나

예제 1 (1) 돌하르방의 얼굴이 왼쪽을 보고 있으므로 라에서 찍은 사진입니다.
(2) 돌하르방의 앞쪽이 보이므로 다에서 찍은 사진입니다.
(3) 돌하르방의 얼굴이 오른쪽을 보고 있으므로 나에서 찍은 사진입니다.
(4) 돌하르방의 뒤쪽이 보이므로 가에서 찍은 사진입니다.

유제 2 (1) 지붕의 윗부분이 보이므로 가에서 찍은 사진입니다.
(2) 계단이 앞쪽, 미끄럼틀이 왼쪽에 보이므로 다에서 찍은 사진입니다.

예제 3 • 왼쪽은 쌓은 모양에서 보이는 위의 면과 위에서 본 모양이 같으므로 숨겨진 쌓기나무가 없습니다.
• 오른쪽은 쌓은 모양에서 보이는 위의 면과 위에서 본 모양이 다르므로 숨겨진 쌓기나무가 1개 또는 2개 있습니다.

예제 5 쌓은 모양과 위에서 본 모양을 보면 숨겨진 쌓기나무가 없습니다.
앞에서 본 모양은 왼쪽에서부터 2층, 1층으로 그리고, 옆에서 본 모양은 왼쪽에서부터 1층, 2층, 2층으로 그립니다.

 예제 6
• 위에서 본 모양과 같이 쌓을 수 있는 모양:
  가, 나, 다
• 앞에서 본 모양과 같이 쌓을 수 있는 모양:
  나, 다
• 옆에서 본 모양과 같이 쌓을 수 있는 모양: 나
따라서 쌓은 모양은 나입니다.

8 위 앞과 옆에서 본 모양을 보면 쌓기나무가 ○ 부분은 1개씩, △ 부분은 3개, ☆ 부분은 2개 입니다.

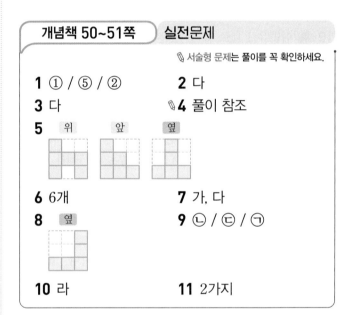

⇨ (쌓기나무의 개수)＝4＋2＋1＝7(개)
　　　　　　　　　　1층 2층 3층

개념책 49쪽 한번더 확인

1 5개　　　　　　**2** 6개
3 8개　　　　　　**4** 7개
5 앞 옆　　　　　**6** 앞 옆

7 6개　　　　　　**8** 7개

1 (쌓기나무의 개수)＝4＋1＝5(개)
　　　　　　　　　　1층 2층

2 (쌓기나무의 개수)＝3＋2＋1＝6(개)
　　　　　　　　　　1층 2층 3층

3 (쌓기나무의 개수)＝5＋2＋1＝8(개)
　　　　　　　　　　1층 2층 3층

4 (쌓기나무의 개수)＝4＋2＋1＝7(개)
　　　　　　　　　　1층 2층 3층

5 쌓은 모양과 위에서 본 모양을 보면 숨겨진 쌓기나무가 없습니다. 앞에서 본 모양은 왼쪽에서부터 2층, 2층으로 그리고, 옆에서 본 모양은 왼쪽에서부터 2층, 2층으로 그립니다.

6 쌓은 모양과 위에서 본 모양을 보면 숨겨진 쌓기나무가 없습니다. 앞에서 본 모양은 왼쪽에서부터 3층, 1층으로 그리고, 옆에서 본 모양은 왼쪽에서부터 1층, 3층으로 그립니다.

7 위 앞과 옆에서 본 모양을 보면 쌓기나무가 ○ 부분은 1개씩, △ 부분은 3개입니다.

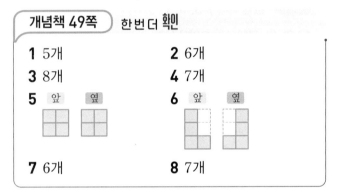

⇨ (쌓기나무의 개수)＝4＋1＋1＝6(개)
　　　　　　　　　　1층 2층 3층

개념책 50~51쪽 실전문제

✎ 서술형 문제는 풀이를 꼭 확인하세요.

1 ① / ⑤ / ②　　　　**2** 다
3 다　　　　　　✎**4** 풀이 참조
5 위 앞 옆

6 6개　　　　　　**7** 가, 다
8 옆　　　　　　**9** ㉡ / ㉢ / ㉠

10 라　　　　　　**11** 2가지

1 • 첫 번째 사진은 왼쪽에서부터 나무, 보라색 지붕, 주황색 지붕이 보이고, 보라색 지붕이 나무 뒤에 있으므로 ①에서 찍은 사진입니다.
• 두 번째 사진은 왼쪽에서부터 주황색 지붕, 보라색 지붕, 나무가 보이고, 나무가 보라색 지붕 뒤에 있으므로 ⑤에서 찍은 사진입니다.
• 세 번째 사진은 왼쪽에서부터 나무, 보라색 지붕, 주황색 지붕이 보이고, 보라색 지붕이 주황색 지붕 뒤에 있으므로 ②에서 찍은 사진입니다.

2 • 가는 앞쪽에서 찍은 사진입니다.
• 나는 왼쪽에서 찍은 사진입니다.
• 라는 뒤쪽에서 찍은 사진입니다.
• 마는 오른쪽에서 찍은 사진입니다.

3 다 ○표 한 쌓기나무가 보이므로 위에서 본 모양이 될 수 없습니다.

✎**4** **예** 보이지 않는 부분에 쌓기나무가 1개인지 2개인지 알 수 없기 때문에 쌓기나무의 개수가 여러 가지 나올 수 있습니다.」❶

> **채점 기준**
> ❶ 쌓기나무의 개수가 여러 가지 나올 수 있는 이유 쓰기

5 쌓기나무 9개로 쌓은 모양이므로 쌓은 모양 뒤에 숨겨진 쌓기나무 1개가 1층에 있습니다.

6 쌓은 모양에서 보이는 위의 면과 위에서 본 모양이 다르므로 숨겨진 쌓기나무 1개가 있습니다.
(필요한 쌓기나무의 개수)=6+2+1=9(개)
⇨ (남은 쌓기나무의 개수)=15-9=6(개)

7 • 위와 앞에서 본 모양과 같이 쌓을 수 있는 모양:
가, 나, 다
• 옆에서 본 모양과 같이 쌓을 수 있는 모양: 가, 다
따라서 쌓을 수 있는 모양은 가, 다입니다.

8 앞에서 본 모양을 보면 쌓기나무가 ○ 부분은 1개씩, ◇ 부분은 3개, △ 부분은 2개입니다.
따라서 옆에서 본 모양은 왼쪽에서부터 1층, 1층, 3층으로 그립니다.

9 ㉡은 앞과 옆에서 본 모양이 될 수 없으므로 위에서 본 모양입니다.
㉡이 위에서 본 모양이면 앞에서 본 모양은 ㉢, 옆에서 본 모양은 ㉠이 됩니다.

10 • 가:
옆에서 본 모양으로 넣을 수 있습니다.

• 나:
앞에서 본 모양으로 넣을 수 있습니다.

• 다:
위에서 본 모양으로 넣을 수 있습니다.

따라서 상자에 넣을 수 없는 모양은 라입니다.

11 앞에서 본 모양을 보면 쌓기나무가 ○ 부분은 1개씩, △ 부분은 2개입니다.
옆에서 본 모양을 보면 쌓기나무가 □ 부분은 2개, ☆ 부분은 1개 또는 2개입니다.
따라서 만들 수 있는 쌓기나무 모양은 모두 2가지입니다.

> **개념책 52~54쪽**

❹ 위에서 본 모양에 수를 써서 쌓은 모양과 쌓기나무의 개수 알아보기

예제 1 / 7개

예제 2 다

❺ 층별로 나타낸 모양을 보고 쌓은 모양과 쌓기나무의 개수 알아보기

예제 3

예제 4 나

❻ 여러 가지 모양 만들기

예제 5 나

예제 6 (○) ( )

예제 1 위에서 본 모양의 각 자리에 쌓인 쌓기나무의 수를 씁니다.
⇨ (쌓기나무의 개수)=3+2+1+1=7(개)

예제 2 앞에서 본 모양은 왼쪽에서부터 3층, 1층이고, 옆에서 본 모양은 왼쪽에서부터 3층, 2층, 3층입니다.
따라서 쌓은 모양을 찾으면 다입니다.

예제 3 쌓은 모양과 1층의 모양을 보면 숨겨진 쌓기나무가 없습니다.
2층에는 쌓기나무 2개, 3층에는 쌓기나무 1개가 있습니다.
참고 2층과 3층 모양을 그릴 때 같은 위치에 쌓은 쌓기나무는 같은 위치의 칸에 그립니다.

예제 4 1층 모양대로 쌓은 모양은 가와 나이고, 이 두 모양 중 2층, 3층 모양대로 쌓은 모양은 나입니다.

예제 5 나

예제 6 하나의 모양이 들어갈 수 있는 곳을 찾고, 나머지 모양이 들어갈 수 있는지 찾습니다.

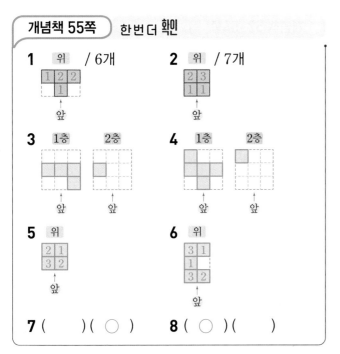

개념책 55쪽 | 한번 더 확인

1 위 / 6개
앞

2 위 / 7개
앞

3 1층 2층
앞 앞

4 1층 2층
앞 앞

5 위
앞

6 위
앞

7 ( ) (○)   **8** (○) ( )

3 1층에는 쌓기나무 4개가 쌓여 있고, 쌓은 모양을 보고 2층에 쌓기나무 1개를 위치에 맞게 그립니다.

4 1층에는 쌓기나무 5개가 쌓여 있고, 쌓은 모양을 보고 2층에 쌓기나무 1개를 위치에 맞게 그립니다.

5 1층 △ ○ 앞
위에서 본 모양은 1층의 모양과 같게 그립니다. 쌓기나무가 ○ 부분은 3층까지, △ 부분은 2층까지, 나머지 부분은 1층만 있습니다.

6 1층 ○ ○ △ 앞
위에서 본 모양은 1층의 모양과 같게 그립니다. 쌓기나무가 ○ 부분은 3층까지, △ 부분은 2층까지, 나머지 부분은 1층만 있습니다.

7

8

개념책 56~57쪽 | 실전문제

✎ 서술형 문제는 풀이를 꼭 확인하세요.

1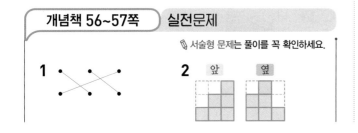

2 앞 옆

✎ 3 풀이 참조

4 1층 2층 3층
앞 앞 앞

5 9개

6 위 / 옆
앞

7 가, 다

8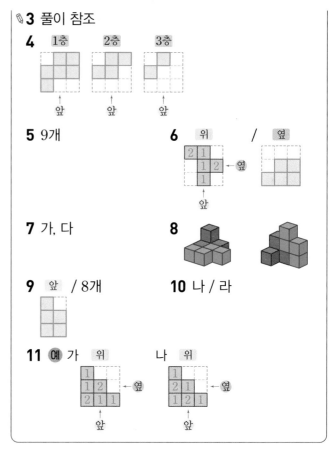

9 앞 / 8개

10 나 / 라

11 예 가 위 ←옆 앞   나 위 ←옆 앞

1 주어진 모양을 뒤집거나 돌려서 같은 모양이 되는 것을 찾습니다.

2 앞에서 본 모양은 왼쪽에서부터 1층, 2층, 3층으로 그리고, 옆에서 본 모양은 왼쪽에서부터 2층, 3층, 1층으로 그립니다.

✎ **3** 2층 ❶
예 2층 모양은 1층 위에 쌓을 수 있어야 하는데 1층에 쌓기나무가 없는 칸( )에는 쌓기나무를 쌓을 수 없습니다. ❷

채점 기준
❶ 모양이 잘못된 층을 찾기
❷ 이유 쓰기

4 • 1층 모양은 위에서 본 모양과 같습니다.
• 2층 모양은 2와 3이 쓰여 있는 칸의 모양과 같습니다.
• 3층 모양은 3이 쓰여 있는 칸의 모양과 같습니다.

5 위 2 3 2 1 1
앞과 옆에서 본 모양을 보고 위에서 본 모양의 각 자리에 쌓인 쌓기나무의 수를 쓰면 그림과 같습니다.
⇨ (쌓기나무의 개수)=2+3+2+1+1=9(개)

6 앞에서 본 모양을 보고 위에서 본 모양의 각 자리에 쌓인 쌓기나무의 수를 쓰면 그림과 같습니다.

따라서 옆에서 본 모양은 왼쪽에서부터 1층, 2층, 2층 으로 그립니다.

7

9 (쌓기나무의 개수)$=4+3+1=8$(개)
　　　　　　　　　　1층　2층　3층

위 위에서 본 모양에 3층의 자리에는 3을, 2층의 자리에는 2를 써넣고, 나머지 자리에는 1을 써 넣습니다.

따라서 앞에서 본 모양은 왼쪽에서부터 3층, 2층으로 그립니다.

10 2층에 쌓을 수 있는 모양은 1층에 쌓기나무가 있는 모양이므로 나, 다, 라입니다.

2층에 나를 쌓으면 3층에 라를 쌓을 수 있고, 2층에 다, 라를 쌓으면 3층에 쌓을 수 있는 모양이 없습니다.

따라서 2층에는 나, 3층에는 라를 쌓아야 합니다.

11 쌓기나무 8개를 사용해야 하는 조건과 위에서 본 모양에 의해 2층 이상에 쌓인 쌓기나무는 2개입니다.

1층에 6개의 쌓기나무를 위에서 본 모양과 같이 놓고 나머지 2개의 위치를 이동하면서 위, 앞, 옆에서 본 모양이 각각 서로 같은 두 모양을 만들어 봅니다.

개념책 58~59쪽　응용문제

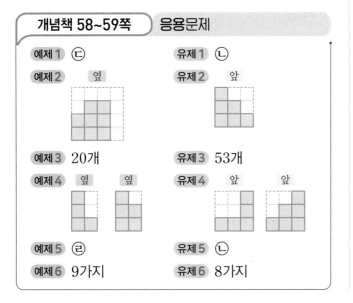

예제 1　ⓒ　　　　　유제 1　ⓛ
예제 2　옆　　　　　유제 2　앞
예제 3　20개　　　유제 3　53개
예제 4　옆　옆　　유제 4　앞　앞
예제 5　ⓔ　　　　　유제 5　ⓛ
예제 6　9가지　　유제 6　8가지

예제 1　각 방향에서 본 모양은 다음과 같습니다.

 ⓐ　 ⓑ　 ⓒ　 ⓓ

유제 1　각 방향에서 본 모양은 다음과 같습니다.

 ⓐ　 ⓑ　 ⓒ　 ⓓ

예제 2　파란색 쌓기나무 2개를 빼내고 옆에서 보면 왼쪽에서부터 2층, 3층, 3층으로 보입니다.

유제 2　분홍색 쌓기나무 3개를 빼내고 앞에서 보면 왼쪽에서부터 3층, 2층, 1층으로 보입니다.

예제 3　가로, 세로, 높이에서 가장 많이 쌓인 쌓기나무가 3개이므로 한 모서리에 쌓기나무를 3개씩 쌓아 정육면체를 만듭니다.

• (가장 작은 정육면체를 만드는 데 필요한 쌓기나무의 개수)
$=3\times3\times3=27$(개)

• (쌓여 있는 쌓기나무의 개수)
$=1+1+3+1+1=7$(개)

⇨ (더 필요한 쌓기나무의 개수)
$=27-7=20$(개)

유제 3　가로, 세로, 높이에서 가장 많이 쌓인 쌓기나무가 4개이므로 한 모서리에 쌓기나무를 4개씩 쌓아 정육면체를 만듭니다.

• (가장 작은 정육면체를 만드는 데 필요한 쌓기나무의 개수)
$=4\times4\times4=64$(개)

• (쌓여 있는 쌓기나무의 개수)
$=2+3+2+2+1+1=11$(개)

⇨ (더 필요한 쌓기나무의 개수)
$=64-11=53$(개)

예제 4　위 보이지 않는 ⓐ에 쌓을 수 있는 쌓기나무는 1개 또는 2개입니다.

유제 4　 보이지 않는 ⓐ에 쌓을 수 있는 쌓기나무는 1개 또는 2개입니다.

예제 5 　비법

앞과 옆에서 본 모양이 변하지 않으려면 가장 높은 층의 쌓기나무와 각 줄에서 1개인 쌓기나무는 빼내지 않습니다.

앞에서 본 모양이 변하지 않으려면 ㉠, ㉡, ㉢을 빼내면 안 됩니다.
옆에서 본 모양이 변하지 않으려면 ㉠, ㉢을 빼내면 안 됩니다.
따라서 앞과 옆에서 본 모양이 변하지 않으려면 ㉣을 빼내야 합니다.

유제 5 　앞에서 본 모양이 변하지 않으려면 ㉠을 빼내면 안 됩니다.
옆에서 본 모양이 변하지 않으려면 ㉠, ㉢, ㉣을 빼내면 안 됩니다.
따라서 앞과 옆에서 본 모양이 변하지 않으려면 ㉡을 빼내야 합니다.

예제 6 　비법

뒤집거나 돌렸을 때 같은 모양이 없는지 규칙을 가지고 자리를 옮겨 가며 붙여 봅니다.

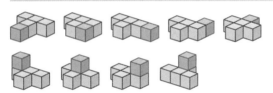

⇨ 9가지

유제 6 　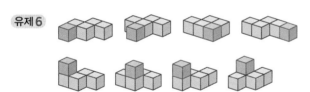

⇨ 8가지

개념책 60~62쪽 　단원 평가

✎ 서술형 문제는 풀이를 꼭 확인하세요.

1 주혁
2 (　　)(○)
3 8개
4 나
5
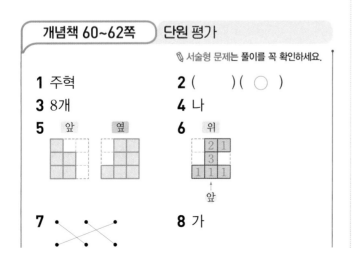
7 ✕ (선 연결)
8 가

---

9 11개
10 앞　옆
11 앞
12 9개
13 가, 다
14 다
15 옆
16 예 가 위　　나 위
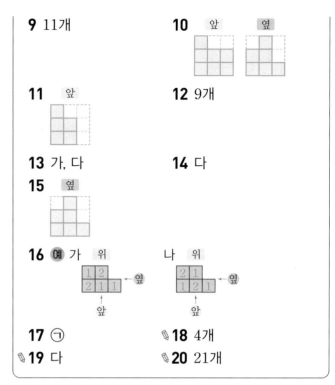
17 ㉠
✎**18** 4개
✎**19** 다
✎**20** 21개

---

1 용머리 부분이 앞에 보이므로 주혁이가 찍은 사진입니다.

2 용머리 부분이 오른쪽에 보이는 사진을 찾습니다.

3 쌓은 모양에서 보이는 위의 면과 위에서 본 모양이 같으므로 숨겨진 쌓기나무가 없습니다.
⇨ (쌓기나무의 개수)=5+3=8(개)

4 주어진 모양을 뒤집거나 돌렸을 때 같은 모양을 찾습니다.

5 쌓은 모양과 위에서 본 모양을 보면 숨겨진 쌓기나무가 없습니다.
앞에서 본 모양은 왼쪽에서부터 3층, 2층으로 그리고, 옆에서 본 모양은 왼쪽에서부터 1층, 3층, 3층으로 그립니다.

6 위에서 본 모양의 각 자리에 쌓인 쌓기나무의 수를 씁니다.

7 2층을 쌓으려면 1층에 쌓기나무가 있어야 하고, 3층을 쌓으려면 1층과 2층에 쌓기나무가 있어야 합니다.

8 가

9 (쌓기나무의 개수)=6+3+2=11(개)

10 앞에서 본 모양은 왼쪽에서부터 3층, 2층, 2층으로 그리고, 옆에서 본 모양은 왼쪽에서부터 2층, 3층, 1층으로 그립니다.

11 위에서 본 모양에 3층의 자리에는 3을, 2층의 자리에는 2를 써넣고, 나머지 자리에는 1을 써넣습니다.

따라서 앞에서 본 모양은 왼쪽에서부터 3층, 2층으로 그립니다.

12 앞과 옆에서 본 모양을 보고 위에서 본 모양의 각 자리에 쌓인 쌓기나무의 수를 쓰면 그림과 같습니다.

⇨ (쌓기나무의 개수)=2+2+1+3+1=9(개)

13 가   다

14 다 ○표 한 쌓기나무가 보이므로 위에서 본 모양이 될 수 없습니다.

15 ㉠과 ㉡에 쌓인 쌓기나무 수의 합은 10-(1+1+1+3)=4(개)이고, 앞에서 본 모양을 보면 2층이므로 ㉠과 ㉡에 쌓인 쌓기나무는 각각 2개입니다.

따라서 옆에서 본 모양은 왼쪽에서부터 2층, 3층, 1층으로 그립니다.

16 쌓기나무 7개를 사용해야 하는 조건과 위에서 본 모양에 의해 2층 이상에 쌓인 쌓기나무는 2개입니다.
1층에 5개의 쌓기나무를 위에서 본 모양과 같이 놓고 나머지 2개의 위치를 이동하면서 위, 앞, 옆에서 본 모양이 서로 같은 두 모양을 만들어 봅니다.

17 앞에서 본 모양이 변하지 않으려면 ㉡, ㉣을 빼내면 안 됩니다.
옆에서 본 모양이 변하지 않으려면 ㉡, ㉢을 빼내면 안 됩니다.
따라서 앞과 옆에서 본 모양이 변하지 않으려면 ㉠을 빼내야 합니다.

📝**18** 예 2 이상인 수가 쓰인 칸은 2와 3이 쓰인 칸으로 모두 4칸입니다. ❶
따라서 2층에 쌓은 쌓기나무는 4개입니다. ❷

채점 기준	
❶ 2 이상인 수가 쓰인 칸 수 세기	3점
❷ 2층에 쌓은 쌓기나무의 개수 구하기	2점

📝**19** 예 옆에서 보면 가는 왼쪽에서부터 3층, 2층으로 보이고 나는 왼쪽에서부터 3층, 2층으로 보이며, 다는 왼쪽에서부터 2층, 3층으로 보입니다.」❶
따라서 옆에서 본 모양이 다른 하나는 다입니다.」❷

채점 기준	
❶ 가, 나, 다를 각각 옆에서 본 모양 설명하기	4점
❷ 옆에서 본 모양이 다른 하나 찾기	1점

📝**20** 예 가로, 세로, 높이에서 가장 많이 쌓인 쌓기나무가 3개이므로 가장 작은 정육면체를 만드는 데 필요한 쌓기나무는 3×3×3=27(개)입니다.」❶
쌓여 있는 쌓기나무는 1층에 4개, 2층에 1개, 3층에 1개이므로 4+1+1=6(개)입니다.」❷
따라서 더 필요한 쌓기나무는 27-6=21(개)입니다.」❸

채점 기준	
❶ 가장 작은 정육면체를 만드는 데 필요한 쌓기나무의 개수 구하기	2점
❷ 쌓여 있는 쌓기나무의 개수 구하기	2점
❸ 더 필요한 쌓기나무의 개수 구하기	1점

개념책 63쪽 창의•융합형 문제

1   **2** 나

앞←

1

2 가, 나, 다 모두 쌓기나무 12개로 쌓은 모양이므로 숨겨진 쌓기나무가 없습니다.
그림자의 모양은 옆에서 본 모양과 같으므로 다음과 같습니다.

가   나   다

따라서 그림자의 모양이 다른 하나는 나입니다.

4. 비례식과 비례배분

개념책 66~68쪽

❶ 비의 성질

예제 1 (왼쪽에서부터) (1) 4, 32 (2) 7, 4

유제 2

(교차 연결선 그림)

❷ 간단한 자연수의 비로 나타내기

예제 3 (왼쪽에서부터) (1) 100, 3 (2) 8, 7
(3) 14, 7 (4) 10, 9

유제 4 (1) 예 5 : 8 (2) 예 6 : 13 (3) 예 12 : 5
(4) 예 28 : 15

❸ 비례식

예제 5 $\dfrac{4}{9}$ / 18, $\dfrac{4}{9}$ / 4, 9, 8, 18 (또는 8, 18, 4, 9)

유제 6 (1) 10, 12 / 5, 12 / 6, 10
(2) 8, 3 / 56, 3 / 21, 8

예제 1 (1) 전항에 4를 곱하였으므로 후항에도 4를 곱합니다.
(2) 전항을 7로 나누었으므로 후항도 7로 나눕니다.

유제 2 • 8 : 7은 전항과 후항에 20을 곱한 160 : 140과 비율이 같습니다.
• 12 : 24는 전항과 후항을 4로 나눈 3 : 6과 비율이 같습니다.
• 4 : 9는 전항과 후항에 3을 곱한 12 : 27과 비율이 같습니다.

예제 3 (1) 300 : 500 ⇨ (300÷100) : (500÷100)
⇨ 3 : 5
(2) 80 : 56 ⇨ (80÷8) : (56÷8) ⇨ 10 : 7
(3) $\dfrac{1}{2} : \dfrac{1}{7}$ ⇨ $\left(\dfrac{1}{2} \times 14\right) : \left(\dfrac{1}{7} \times 14\right)$ ⇨ 7 : 2
(4) 0.4 : 0.9 ⇨ (0.4×10) : (0.9×10) ⇨ 4 : 9

유제 4 (1) 45 : 72 ⇨ (45÷9) : (72÷9) ⇨ 5 : 8
(2) 0.6 : 1.3 ⇨ (0.6×10) : (1.3×10)
⇨ 6 : 13
(3) $\dfrac{2}{5} : \dfrac{1}{6}$ ⇨ $\left(\dfrac{2}{5} \times 30\right) : \left(\dfrac{1}{6} \times 30\right)$ ⇨ 12 : 5

(4) 0.7 : $\dfrac{3}{8}$ ⇨ $\dfrac{7}{10} : \dfrac{3}{8}$
⇨ $\left(\dfrac{7}{10} \times 40\right) : \left(\dfrac{3}{8} \times 40\right)$
⇨ 28 : 15

예제 5 4 : 9와 8 : 18의 비율은 같습니다.

유제 6 (1) 5 : 6은 전항과 후항에 2를 곱한 10 : 12와 그 비율이 같습니다.
(2) 56 : 21은 전항과 후항을 7로 나눈 8 : 3과 그 비율이 같습니다.

개념책 69쪽 한번 더 확인

1 20   **2** 7
3 예 3 : 10   **4** 예 17 : 90
5 예 7 : 6   **6** 예 8 : 15
7 3, 16 / 8, 6   **8** 12, 9 / 54, 2
9 15, 18   **10** 66, 12
11 4, 7

1 전항에 4를 곱하였으므로 후항에도 4를 곱합니다.

2 후항을 9로 나누었으므로 전항도 9로 나눕니다.

3 36 : 120 ⇨ (36÷12) : (120÷12)
⇨ 3 : 10

4 0.17 : 0.9 ⇨ (0.17×100) : (0.9×100)
⇨ 17 : 90

5 $\dfrac{1}{2} : \dfrac{3}{7}$ ⇨ $\left(\dfrac{1}{2} \times 14\right) : \left(\dfrac{3}{7} \times 14\right)$ ⇨ 7 : 6

6 $\dfrac{4}{5} : 1.5$ ⇨ 0.8 : 1.5
⇨ (0.8×10) : (1.5×10)
⇨ 8 : 15

9 • 5 : 6의 비율 ⇨ $\dfrac{5}{6}$
• 10 : 24의 비율 ⇨ $\dfrac{10}{24}\left(=\dfrac{5}{12}\right)$
• 15 : 18의 비율 ⇨ $\dfrac{15}{18}\left(=\dfrac{5}{6}\right)$
• 30 : 42의 비율 ⇨ $\dfrac{30}{42}\left(=\dfrac{5}{7}\right)$

10 · 11 : 2의 비율 $\Rightarrow$ $\dfrac{11}{2}$

· 4 : 22의 비율 $\Rightarrow$ $\dfrac{4}{22}\left(=\dfrac{2}{11}\right)$

· 33 : 8의 비율 $\Rightarrow$ $\dfrac{33}{8}$

· 66 : 12의 비율 $\Rightarrow$ $\dfrac{66}{12}\left(=\dfrac{11}{2}\right)$

11 · 20 : 35의 비율 $\Rightarrow$ $\dfrac{20}{35}\left(=\dfrac{4}{7}\right)$

· 6 : 5의 비율 $\Rightarrow$ $\dfrac{6}{5}$

· 4 : 7의 비율 $\Rightarrow$ $\dfrac{4}{7}$

· 5 : 8의 비율 $\Rightarrow$ $\dfrac{5}{8}$

개념책 70~71쪽 | 실전문제

✎ 서술형 문제는 풀이를 꼭 확인하세요.

1 5 : 4, 60 : 48   **2** 52

3 승우

4 5, 8, 30, 48 (또는 30, 48, 5, 8)

5 3   **6** 나, 다

7 12 : 14, 18 : 21, 24 : 28

✎**8** 예 10 : 9   **9** 3

10 25   **11** 예 8 : 3＝40 : 15

12 예 6 : 5   **13** 15, 4, 5

---

1 30 : 24는 전항과 후항을 3으로 나눈 10 : 8, 6으로 나눈 5 : 4, 2로 나눈 15 : 12와 비율이 같고, 전항과 후항에 2를 곱한 60 : 48과 비율이 같습니다.

2 두 비의 비율이 같고 13 : 18의 후항에 4를 곱하면 72가 되므로 전항에 4를 곱하면 ㉠이 됩니다.
$\Rightarrow$ ㉠＝13×4＝52

3 효우: 비의 전항과 후항에 0이 아닌 같은 수를 곱하거나 전항과 후항을 0이 아닌 같은 수로 나누면 비례식을 세울 수 있습니다.

4 5 : 8의 비율은 $\dfrac{5}{8}$, $\dfrac{1}{9}$: $\dfrac{1}{8}$을 간단한 자연수의 비로 나타내면 8 : 9이므로 비율은 $\dfrac{8}{9}$, 18 : 24의 비율은 $\dfrac{18}{24}\left(=\dfrac{3}{4}\right)$, 30 : 48의 비율은 $\dfrac{30}{48}\left(=\dfrac{5}{8}\right)$입니다.
따라서 비율이 같은 두 비는 5 : 8과 30 : 48입니다.

---

5 3.6 : 2.7 $\Rightarrow$ (3.6×10) : (2.7×10) $\Rightarrow$ 36 : 27
$\Rightarrow$ (36÷9) : (27÷9) $\Rightarrow$ 4 : 3
따라서 전항이 4일 때 후항은 3입니다.

6 · 가의 가로와 세로의 비 18 : 10의 전항과 후항을 2로 나누면 9 : 5입니다.
· 나의 가로와 세로의 비 14 : 8의 전항과 후항을 2로 나누면 7 : 4입니다.
· 다의 가로와 세로의 비 21 : 12의 전항과 후항을 3으로 나누면 7 : 4입니다.
· 라의 가로와 세로의 비 16 : 28의 전항과 후항을 4로 나누면 4 : 7입니다.
따라서 가로와 세로의 비가 7 : 4와 비율이 같은 액자는 나, 다입니다.

7 6 : 7과 비율이 같은 비는 12 : 14, 18 : 21, 24 : 28, 30 : 35……입니다.
이 중에서 후항이 35보다 작은 비는 12 : 14, 18 : 21, 24 : 28입니다.

✎**8** 예 민서와 지후가 각각 1시간 동안 읽은 책의 양의 비는 $\dfrac{2}{3}$: $\dfrac{3}{5}$입니다.」❶
따라서 간단한 자연수의 비로 나타내면
$\dfrac{2}{3}$: $\dfrac{3}{5}$ $\Rightarrow$ $\left(\dfrac{2}{3}×15\right)$: $\left(\dfrac{3}{5}×15\right)$ $\Rightarrow$ 10 : 9
입니다.」❷

채점 기준
❶ 민서와 지후가 각각 1시간 동안 읽은 책의 양을 비로 나타내기
❷ 민서와 지후가 각각 1시간 동안 읽은 책의 양의 비를 간단한 자연수의 비로 나타내기

9 $\dfrac{1}{5}$: $\dfrac{\square}{8}$ $\Rightarrow$ $\left(\dfrac{1}{5}×40\right)$: $\left(\dfrac{\square}{8}×40\right)$ $\Rightarrow$ 8 : ($\square$×5)
따라서 $\square$×5＝15이므로 $\square$＝3입니다.

10 전항을 $\square$라 하면 $\square$: 30이고 비율은 $\dfrac{\square}{30}$입니다.
따라서 $\dfrac{\square}{30}$＝$\dfrac{5}{6}$＝$\dfrac{5×5}{6×5}$＝$\dfrac{25}{30}$이므로 전항은 25입니다.

11 8 : ㉠＝㉡ : 15 또는 15 : ㉢＝㉣ : 8로 놓고 내항에 3과 40을 넣어 비례식을 세웁니다.
따라서 비례식을 세우면 8 : 3＝40 : 15,
8 : 40＝3 : 15, 15 : 3＝40 : 8, 15 : 40＝3 : 8입니다.

12 평행사변형의 높이를 ☐ cm라 하면
$24 \times ☐ = 480$, ☐ $= 20$입니다.
밑변의 길이와 높이의 비는 $24 : 20$이고 간단한 자연수의 비로 나타내면 $24 : 20 \Rightarrow (24 \div 4) : (20 \div 4)$
$\Rightarrow 6 : 5$입니다.

13 $12 : ㉠ = ㉡ : ㉢$이라 하면 외항의 곱이 60이므로
$12 \times ㉢ = 60$, $㉢ = 5$입니다.
$12 : ㉠$의 비율이 $\dfrac{4}{5}$이므로 $\dfrac{12}{㉠} = \dfrac{4}{5}$에서 $㉠ = 15$
입니다.
$㉡ : 5$의 비율이 $\dfrac{4}{5}$이므로 $\dfrac{㉡}{5} = \dfrac{4}{5}$에서 $㉡ = 4$입니다.

개념책 72~74쪽

④ 비례식의 성질

예제 1 21, 84 / 12, 84 / 같습니다

유제 2 9, 90, 2

유제 3 ( ) (○)

⑤ 비례식의 활용

예제 4 (1) 840 (2) 840, 2520, 360 (3) 360 g

유제 5 예 $4 : 5 = $ ▦ $: 60$ / 48초

⑥ 비례배분

예제 6 (1) 5, 2, $\dfrac{5}{7}$, 25 (2) 2, 2, $\dfrac{2}{7}$, 10

유제 7 (1) 15, 45 (2) 24, 30

유제 3 외항의 곱과 내항의 곱이 같은 것을 찾습니다.
• (외항의 곱) $= 8 \times 6 = 48$,
(내항의 곱) $= 1 \times 32 = 32$
• (외항의 곱) $= 20 \times 5 = \boxed{100}$,
(내항의 곱) $= 25 \times 4 = \boxed{100}$

유제 5 $4 : 5 = $ ▦ $: 60$
$\Rightarrow 4 \times 60 = 5 \times$ ▦, $5 \times$ ▦ $= 240$, ▦ $= 48$

유제 7 (1) • $60 \times \dfrac{1}{1+3} = 60 \times \dfrac{1}{4} = 15$
• $60 \times \dfrac{3}{1+3} = 60 \times \dfrac{3}{4} = 45$
(2) • $54 \times \dfrac{4}{4+5} = 54 \times \dfrac{4}{9} = 24$
• $54 \times \dfrac{5}{4+5} = 54 \times \dfrac{5}{9} = 30$

개념책 75쪽 한번 더 확인

1 ×	**2** ○
3 18	**4** 15
5 7	**6** 4
7 30, 6	**8** 15, 35
9 45, 20	**10** 77, 21
11 91, 119	

1 외항의 곱과 내항의 곱이 같으면 옳은 비례식입니다.
(외항의 곱) $= 2 \times 24 = 48$,
(내항의 곱) $= 3 \times 14 = 42$

2 외항의 곱과 내항의 곱이 같으면 옳은 비례식입니다.
(외항의 곱) $= \dfrac{1}{6} \times 72 = 12$,
(내항의 곱) $= \dfrac{2}{5} \times 30 = 12$

3 $5 \times ☐ = 9 \times 10$, $5 \times ☐ = 90$, ☐ $= 18$

4 $3 \times 80 = 16 \times ☐$, $16 \times ☐ = 240$, ☐ $= 15$

5 $20 \times 42 = ☐ \times 120$, ☐ $\times 120 = 840$, ☐ $= 7$

6 ☐ $\times 8 = 5 \times 6.4$, ☐ $\times 8 = 32$, ☐ $= 4$

7 • $36 \times \dfrac{5}{5+1} = 36 \times \dfrac{5}{6} = 30$
• $36 \times \dfrac{1}{5+1} = 36 \times \dfrac{1}{6} = 6$

8 • $50 \times \dfrac{3}{3+7} = 50 \times \dfrac{3}{10} = 15$
• $50 \times \dfrac{7}{3+7} = 50 \times \dfrac{7}{10} = 35$

개념책 76~77쪽 실전문제

✎ 서술형 문제는 풀이를 꼭 확인하세요.

1 ㉢	**2** 315
3 ㉡	**4** 7
5 42 g	**6** 18000원
7 4200원 / 1800원	**8** 103
9 14시간 / 10시간	**10** 4개
✎**11** 105권	**12** 30개
13 150 cm²	**14** 72 cm / 48 cm
15 예 $2 : 3 = 4 : 6$	

1 외항의 곱과 내항의 곱이 같은 것을 찾습니다.
ㄱ (외항의 곱)$=5\times20=100$,
　(내항의 곱)$=3\times12=36$ ($\times$)
ㄴ (외항의 곱)$=\dfrac{1}{5}\times15=3$,
　(내항의 곱)$=\dfrac{1}{4}\times8=2$ ($\times$)
ㄷ (외항의 곱)$=1.2\times20=24$,
　(내항의 곱)$=4\times6=24$ ($\bigcirc$)

2 비례식에서 외항의 곱과 내항의 곱은 같습니다.
$\Rightarrow$ (외항의 곱)$=$(내항의 곱)$=7\times45=315$

3 ㄱ $3:\square=6:10$
　　$\Rightarrow 3\times10=\square\times6$, $\square\times6=30$, $\square=5$
ㄴ $1\dfrac{3}{4}:7=\square:28$
　　$\Rightarrow 1\dfrac{3}{4}\times28=7\times\square$, $7\times\square=49$, $\square=7$
ㄷ $\square:4.4=9:6$
　　$\Rightarrow \square\times6=4.4\times9$, $\square\times6=39.6$, $\square=6.6$
$\Rightarrow \underset{ㄴ}{7}>\underset{ㄷ}{6.6}>\underset{ㄱ}{5}$

4 비례식에서 외항의 곱과 내항의 곱은 같으므로
다른 외항을 $\square$라 하면 $8\times\square=56$, $\square=7$입니다.

5 소금의 양을 $\square$ g이라 하고 비례식을 세우면
$6:13=\square:91$입니다.
$\Rightarrow 6\times91=13\times\square$, $13\times\square=546$, $\square=42$

6 주스 8통을 사는 데 필요한 돈을 $\square$원이라 하고 비례
식을 세우면 $2:4500=8:\square$입니다.
$\Rightarrow 2\times\square=4500\times8$, $2\times\square=36000$,
　$\square=18000$

7 • 나: $6000\times\dfrac{7}{7+3}=6000\times\dfrac{7}{10}=4200$(원)
• 동생: $6000\times\dfrac{3}{7+3}=6000\times\dfrac{3}{10}=1800$(원)

8 • $\dfrac{9}{20}\times\blacklozenge=45$, $\blacklozenge=100$
• $\bullet\times15=45$, $\bullet=3$
$\Rightarrow \bullet+\blacklozenge=3+100=103$

9 하루는 24시간입니다.
• 낮: $24\times\dfrac{7}{7+5}=24\times\dfrac{7}{12}=14$(시간)
• 밤: $24\times\dfrac{5}{7+5}=24\times\dfrac{5}{12}=10$(시간)

10 • 유라: $76\times\dfrac{10}{10+9}=76\times\dfrac{10}{19}=40$(개)
• 인서: $76\times\dfrac{9}{10+9}=76\times\dfrac{9}{19}=36$(개)
따라서 유라는 인서보다 만두를 $40-36=4$(개) 더
많이 빚었습니다.

11 예 1반과 2반의 학생 수의 비는
$21:24 \Rightarrow (21\div3):(24\div3) \Rightarrow 7:8$입니다. ❶
따라서 1반에 주어야 하는 공책은
$225\times\dfrac{7}{7+8}=225\times\dfrac{7}{15}=105$(권)입니다. ❷

채점 기준
❶ 1반과 2반의 학생 수의 비 구하기
❷ 1반에 주어야 하는 공책 수 구하기

12 편의점에 있는 우유의 수를 $\square$개라 하고 비례식을 세
우면 $100:\square=30:9$입니다.
$\Rightarrow 100\times9=\square\times30$, $\square\times30=900$, $\square=30$

13 삼각형의 밑변의 길이를 $\square$ cm라 하고 비례식을 세
우면 $4:3=\square:15$입니다.
$\Rightarrow 4\times15=3\times\square$, $3\times\square=60$, $\square=20$
따라서 삼각형의 넓이는 $20\times15\div2=150(\text{cm}^2)$입
니다.

14 (은영) : (지운)$=1.2:0.8=12:8=3:2$
• 은영: $120\times\dfrac{3}{3+2}=120\times\dfrac{3}{5}=72$(cm)
• 지운: $120\times\dfrac{2}{3+2}=120\times\dfrac{2}{5}=48$(cm)

15 두 수의 곱이 같은 카드를 찾아서 외항과 내항에 놓아
비례식을 세울 수 있습니다.
$2\times6=12$, $3\times4=12$로 곱이 같습니다.
$\Rightarrow 2:3=4:6$, $2:4=3:6$, $3:2=6:4$,
　$3:6=2:4$ 등이 있습니다.

개념책 78~79쪽 **응용문제**

예제1	39개	유제1	98장
예제2	예 4 : 3	유제2	예 8 : 5
예제3	15800원	유제3	14500원
예제4	예 5 : 16	유제4	예 27 : 14
예제5	14	유제5	27
예제6	32번	유제6	70번

예제1 처음에 있던 풍선의 수를 ☐개라 하면
☐$\times \dfrac{6}{6+7}=18$, ☐$\times \dfrac{6}{13}=18$, ☐$=39$입니다.

유제1 처음에 있던 색종이의 수를 ☐장이라 하면
☐$\times \dfrac{5}{9+5}=35$, ☐$\times \dfrac{5}{14}=35$, ☐$=98$입니다.

예제2 예성이가 가진 구슬의 수를 ☐개라 하면
도윤이가 가진 구슬의 수는 (☐$+8$)개입니다.
(☐$+8$)$+$☐$=56$, ☐$+$☐$=48$, ☐$=24$
(도윤) : (예성)$=(24+8):24=32:24$
따라서 간단한 자연수의 비로 나타내면
$32:24 \Rightarrow (32\div8):(24\div8) \Rightarrow 4:3$입니다.

유제2 작은 상자에 담은 밤의 수를 ☐개라 하면
큰 상자에 담은 밤의 수는 (☐$+45$)개입니다.
(☐$+45$)$+$☐$=195$, ☐$+$☐$=150$,
☐$=75$
(큰 상자) : (작은 상자)$=(75+45):75$
$=120:75$
따라서 간단한 자연수의 비로 나타내면
$120:75 \Rightarrow (120\div15):(75\div15) \Rightarrow 8:5$입니다.

예제3 • 치킨값: $25000\times \dfrac{3}{3+2}=25000\times \dfrac{3}{5}$
$=15000$(원)
• 배달료: $2000\times \dfrac{2}{2+3}=2000\times \dfrac{2}{5}$
$=800$(원)
따라서 형은 치킨값과 배달료를 합하여
$15000+800=15800$(원)을 내야 합니다.

유제3 • 피자값: $32000\times \dfrac{3}{5+3}=32000\times \dfrac{3}{8}$
$=12000$(원)

• 배달료: $4000\times \dfrac{5}{3+5}=4000\times \dfrac{5}{8}$
$=2500$(원)
따라서 동생은 피자값과 배달료를 합하여
$12000+2500=14500$(원)을 내야 합니다.

예제4 (㉮의 넓이)$\times \dfrac{2}{5}=$(㉯의 넓이)$\times \dfrac{1}{8}$이고 비례식에서 외항의 곱과 내항의 곱이 같으므로
(㉮의 넓이) : (㉯의 넓이)$=\dfrac{1}{8}:\dfrac{2}{5}$입니다.
따라서 간단한 자연수의 비로 나타내면
$\dfrac{1}{8}:\dfrac{2}{5} \Rightarrow \left(\dfrac{1}{8}\times40\right):\left(\dfrac{2}{5}\times40\right) \Rightarrow 5:16$입니다.

유제4 (㉮의 넓이)$\times \dfrac{2}{9}=$(㉯의 넓이)$\times \dfrac{3}{7}$이고 비례식에서 외항의 곱과 내항의 곱이 같으므로
(㉮의 넓이) : (㉯의 넓이)$=\dfrac{3}{7}:\dfrac{2}{9}$입니다.
따라서 간단한 자연수의 비로 나타내면
$\dfrac{3}{7}:\dfrac{2}{9} \Rightarrow \left(\dfrac{3}{7}\times63\right):\left(\dfrac{2}{9}\times63\right) \Rightarrow 27:14$입니다.

예제5 ㉮$:5=$☐$:$㉯에서 ㉮$\times$㉯$=5\times$☐이므로 ㉮$\times$㉯는 5의 배수입니다. 또, ㉮$\times$㉯가 100보다 작은 7의 배수이므로 ㉮$\times$㉯가 될 수 있는 수는 100보다 작은 5와 7의 공배수이고 이 중에서 가장 큰 수는 70입니다. ☐ 안에 들어갈 수 있는 수가 가장 큰 경우는 ㉮$\times$㉯가 가장 큰 수일 때이므로 ㉮$\times$㉯$=70$일 때입니다.
$\Rightarrow$ ㉮$\times$㉯$=5\times$☐, $70=5\times$☐, ☐$=14$

유제5 ㉮$:7=$☐$:$㉯에서 ㉮$\times$㉯$=7\times$☐이므로 ㉮$\times$㉯는 7의 배수입니다. 또, ㉮$\times$㉯가 200보다 작은 3의 배수이므로 ㉮$\times$㉯가 될 수 있는 수는 200보다 작은 3과 7의 공배수이고 이 중에서 가장 큰 수는 189입니다. ☐ 안에 들어갈 수가 가장 큰 경우는 ㉮$\times$㉯가 가장 큰 수일 때이므로 ㉮$\times$㉯$=189$일 때입니다.
$\Rightarrow$ ㉮$\times$㉯$=7\times$☐, $189=7\times$☐, ☐$=27$

예제6 맞물려 돌아가는 두 톱니바퀴 ㉮와 ㉯에서
(㉮의 톱니 수)$\times$(㉮의 회전수)
$=$(㉯의 톱니 수)$\times$(㉯의 회전수)이므로

$10 \times$ (㉮의 회전수)$=5 \times$ (㉯의 회전수)에서
(㉮의 회전수) : (㉯의 회전수) ⇨ $5 : 10$
⇨ $(5 \div 5) : (10 \div 5)$ ⇨ $1 : 2$입니다.
톱니바퀴 ㉮가 16번 돌 때 톱니바퀴 ㉯가 도는
횟수를 $\square$번이라 하고 비례식을 세우면
$1 : 2 = 16 : \square$입니다.
⇨ $1 \times \square = 2 \times 16$, $\square = 32$

유제 6 맞물려 돌아가는 두 톱니바퀴 ㉮와 ㉯에서
(㉮의 톱니 수) $\times$ (㉮의 회전수)
$=$ (㉯의 톱니 수) $\times$ (㉯의 회전수)이므로
$56 \times$ (㉮의 회전수)$=24 \times$ (㉯의 회전수)에서
(㉮의 회전수) : (㉯의 회전수) ⇨ $24 : 56$
⇨ $(24 \div 8) : (56 \div 8)$ ⇨ $3 : 7$입니다.
톱니바퀴 ㉮가 30번 돌 때 톱니바퀴 ㉯가 도는
횟수를 $\square$번이라 하고 비례식을 세우면
$3 : 7 = 30 : \square$입니다.
⇨ $3 \times \square = 7 \times 30$, $3 \times \square = 210$, $\square = 70$

개념책 80~82쪽 | 단원 평가

✏️ 서술형 문제는 풀이를 꼭 확인하세요.

1 6, 32 / 8, 24 **2** 6
3 12 : 21 **4** ㉡
5 (교차선 연결) **6** 4
7 117, 52
8 14, 10, 35, 25 (또는 35, 25, 14, 10)
9 ㉡ **10** 나, 라
11 예 7 : 12 **12** 21분
13 24 kg / 30 kg **14** 1000 cm²
15 16명 / 12명 **16** 예 5 : 9
17 30 **18** 260 g ✏️
19 9개 ✏️ **20** 예 8 : 5 ✏️

2 $2 : 9 \Rightarrow 6 : 27$
(×3, ×3 표시)

3 $36 : 63$의 전항과 후항을 3으로 나누면 $12 : 21$, 9로
나누면 $4 : 7$입니다.

4 ㉡ 후항은 8, 40입니다.

5 • $28 : 36 \Rightarrow (28 \div 4) : (36 \div 4) \Rightarrow 7 : 9$
• $0.9 : 1.5 \Rightarrow (0.9 \times 10) : (1.5 \times 10) \Rightarrow 9 : 15$
⇨ $(9 \div 3) : (15 \div 3) \Rightarrow 3 : 5$

• $\dfrac{2}{3} : \dfrac{4}{5} \Rightarrow \left(\dfrac{2}{3} \times 15\right) : \left(\dfrac{4}{5} \times 15\right) \Rightarrow 10 : 12$
⇨ $(10 \div 2) : (12 \div 2) \Rightarrow 5 : 6$

6 $6 : 27 = \square : 18$
⇨ $6 \times 18 = 27 \times \square$, $27 \times \square = 108$, $\square = 4$

7 • $169 \times \dfrac{9}{9+4} = 169 \times \dfrac{9}{13} = 117$
• $169 \times \dfrac{4}{9+4} = 169 \times \dfrac{4}{13} = 52$

8 $14 : 10$의 비율은 $\dfrac{14}{10}\left(=\dfrac{7}{5}\right)$, $9 : 11$의 비율은 $\dfrac{9}{11}$,
$\dfrac{1}{15} : \dfrac{1}{14}$을 간단한 자연수의 비로 나타내면 $14 : 15$
이므로 비율은 $\dfrac{14}{15}$, $35 : 25$의 비율은 $\dfrac{35}{25}\left(=\dfrac{7}{5}\right)$입
니다. 따라서 비율이 같은 두 비는 $14 : 10$과 $35 : 25$
입니다.

9 ㉠ $3 : \square = 4 : 2.4$
⇨ $3 \times 2.4 = \square \times 4$, $\square \times 4 = 7.2$, $\square = 1.8$
㉡ $5\dfrac{1}{4} : 6 = \square : 16$
⇨ $5\dfrac{1}{4} \times 16 = 6 \times \square$, $6 \times \square = 84$, $\square = 14$
⇨ $\underset{㉠}{1.8} < \underset{㉡}{14}$

10 • 가의 가로와 세로의 비 $8 : 4$의 전항과 후항을 4로
나누면 $2 : 1$입니다.
• 나의 가로와 세로의 비 $8 : 6$의 전항과 후항을 2로
나누면 $4 : 3$입니다.
• 다의 가로와 세로의 비 $6 : 4$의 전항과 후항을 2로
나누면 $3 : 2$입니다.
• 라의 가로와 세로의 비 $12 : 9$의 전항과 후항을 3으
로 나누면 $4 : 3$입니다.
따라서 가로와 세로의 비가 $4 : 3$과 비율이 같은 직사
각형은 나, 라입니다.

11 1시간은 60분입니다.
전체 타자 수를 1이라 하면 선영이가 1분 동안 친 타자
수는 $\dfrac{1}{60}$, 용준이가 친 타자 수는 $\dfrac{1}{35}$입니다.
따라서 선영이와 용준이가 1분 동안 친 타자 수의 비는
$\dfrac{1}{60} : \dfrac{1}{35}$이고 간단한 자연수의 비로 나타내면
$\dfrac{1}{60} : \dfrac{1}{35} \Rightarrow \left(\dfrac{1}{60} \times 420\right) : \left(\dfrac{1}{35} \times 420\right) \Rightarrow 7 : 12$
입니다.

12 기차가 112 km를 달리는 데 걸리는 시간을 ☐분이라 하고 비례식을 세우면 $3:16=☐:112$입니다.
➡ $3×112=16×☐$, $16×☐=336$, $☐=21$

13 (민유네 가족 수) : (주희네 가족 수)$=4:5$

• 민유네 가족: $54×\dfrac{4}{4+5}=54×\dfrac{4}{9}=24(kg)$

• 주희네 가족: $54×\dfrac{5}{4+5}=54×\dfrac{5}{9}=30(kg)$

14 직사각형의 세로를 ☐ cm라 하고 비례식을 세우면 $8:5=40:☐$입니다.
➡ $8×☐=5×40$, $8×☐=200$, $☐=25$
따라서 직사각형의 넓이는 $40×25=1000(cm^2)$입니다.

15 (남학생 수) : (여학생 수) ➡ $2:1.5$
➡ $(2×10):(1.5×10)$ ➡ $20:15$
➡ $(20÷5):(15÷5)$ ➡ $4:3$

• 남학생: $28×\dfrac{4}{4+3}=28×\dfrac{4}{7}=16(명)$

• 여학생: $28×\dfrac{3}{4+3}=28×\dfrac{3}{7}=12(명)$

16 (㉮의 넓이)$×\dfrac{3}{10}=$(㉯의 넓이)$×\dfrac{1}{6}$이고
비례식에서 외항의 곱과 내항의 곱이 같으므로
(㉮의 넓이) : (㉯의 넓이)$=\dfrac{1}{6}:\dfrac{3}{10}$입니다.
따라서 간단한 자연수의 비로 나타내면
$\dfrac{1}{6}:\dfrac{3}{10}$ ➡ $\left(\dfrac{1}{6}×30\right):\left(\dfrac{3}{10}×30\right)$ ➡ $5:9$입니다.

17 $3:㉮=㉯:☐$에서 $㉮×㉯=3×☐$이므로
$㉮×㉯$는 3의 배수입니다. 또, $㉮×㉯$가 100보다 작은 5의 배수이므로 $㉮×㉯$가 될 수 있는 수는 100보다 작은 3과 5의 공배수이고 이 중에서 가장 큰 수는 90입니다. ☐ 안에 들어갈 수 있는 수가 가장 큰 경우는 $㉮×㉯$가 가장 큰 수일 때이므로 $㉮×㉯=90$일 때입니다.
➡ $㉮×㉯=3×☐$, $90=3×☐$, $☐=30$

18 **예** 필요한 물의 양을 ☐ g이라 하고 비례식을 세우면
$5:2=650:☐$입니다.」❶
따라서 $5×☐=2×650$, $5×☐=1300$,
$☐=260$이므로 필요한 물은 260 g입니다.」❷

채점 기준	
❶ 문제에 알맞은 비례식 세우기	2점
❷ 필요한 물의 양 구하기	3점

19 **예** 시연이가 가진 붙임딱지는
$99×\dfrac{6}{6+5}=99×\dfrac{6}{11}=54(개)$입니다.」❶
태하가 가진 붙임딱지는
$99×\dfrac{5}{6+5}=99×\dfrac{5}{11}=45(개)$입니다.」❷
따라서 시연이는 태하보다 붙임딱지를
$54-45=9(개)$ 더 많이 가졌습니다.」❸

채점 기준	
❶ 시연이가 가진 붙임딱지 수 구하기	2점
❷ 태하가 가진 붙임딱지 수 구하기	2점
❸ 시연이는 태하보다 붙임딱지를 몇 개 더 많이 가졌는지 구하기	1점

20 **예** 현서가 가진 클립 수를 ☐개라 하면 수애가 가진 클립 수는 $(☐+18)$개입니다.
$(☐+18)+☐=78$, $☐+☐=60$, $☐=30$이므로 수애가 가진 클립은 $30+18=48(개)$이고, 현서가 가진 클립은 30개입니다.」❶
따라서 수애와 현서가 가진 클립 수의 비는 $48:30$이고 간단한 자연수의 비로 나타내면
$48:30$ ➡ $(48÷6):(30÷6)$ ➡ $8:5$입니다.」❷

채점 기준	
❶ 수애와 현서가 가진 클립 수 각각 구하기	3점
❷ 수애와 현서가 가진 클립 수의 비를 간단한 자연수의 비로 나타내기	2점

개념책 83쪽 창의·융합형 문제

1 25000 cm   **2** 주황색, 18 g

1 학교에서부터 터미널까지의 실제 거리를 ☐ cm라 하고 비례식을 세우면 $1:25000=2:☐$입니다.
➡ $1×☐=25000×2$, $☐=50000$
학교에서부터 기차역까지의 실제 거리를 △ cm라 하고 비례식을 세우면 $1:25000=3:△$입니다.
➡ $1×△=25000×3$, $△=75000$
따라서 $75000-50000=25000(cm)$ 더 깁니다.

2 • 주황색을 만들 때 사용한 노란색 물감:
$84×\dfrac{4}{3+4}=84×\dfrac{4}{7}=48(g)$
• 초록색을 만들 때 사용한 노란색 물감:
$55×\dfrac{6}{6+5}=55×\dfrac{6}{11}=30(g)$
➡ 주황색을 만드는 데 사용한 노란색 물감이
$48-30=18(g)$ 더 많습니다.

5. 원의 둘레와 넓이

개념책 86~88쪽

❶ 원주

예제 1

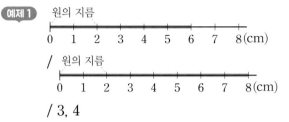

원의 지름

0 1 2 3 4 5 6 7 8(cm)

/ 원의 지름

0 1 2 3 4 5 6 7 8(cm)

/ 3, 4

❷ 원주율

예제 2 (1) 3.14, 3.14, 3.14 (2) 일정합니다

유제 3 (위에서부터) 3, 3.1, 3.14 / 3, 3.1, 3.14

❸ 원주와 지름 구하기

예제 4 (1) 15.5 cm (2) 24.8 cm

예제 5 (1) 4 cm   (2) 7 cm

예제 1 • (정육각형의 둘레)$=1\times6=6$(cm)

• (정사각형의 둘레)$=2\times4=8$(cm)

⇨ 원주는 원의 지름의 3배보다 길고, 원의 지름의 4배보다 짧습니다.

예제 2 • $9.42\div3=3.14$

• $18.84\div6=3.14$

• $56.52\div18=3.14$

⇨ 원의 크기와 상관없이 (원주)÷(지름)의 값은 일정합니다.

유제 3 • $22\div7=3.142\cdots\cdots$이므로 반올림하여

일의 자리까지 나타내면 3.1 ⇨ 3,

소수 첫째 자리까지 나타내면 3.14 ⇨ 3.1,

소수 둘째 자리까지 나타내면 3.142 ⇨ 3.14

입니다.

• $37.7\div12=3.141\cdots\cdots$이므로 반올림하여

일의 자리까지 나타내면 3.1 ⇨ 3,

소수 첫째 자리까지 나타내면 3.14 ⇨ 3.1,

소수 둘째 자리까지 나타내면 3.141 ⇨ 3.14

입니다.

예제 4 (1) (원주)$=5\times3.1=15.5$(cm)

(2) (원주)$=8\times3.1=24.8$(cm)

예제 5 (1) (지름)$=12.4\div3.1=4$(cm)

(2) (지름)$=21.7\div3.1=7$(cm)

개념책 89쪽 한번 더 확인

1 31.4 cm	**2** 43.96 cm
3 37.68 cm	**4** 34.54 cm
5 9	**6** 11
7 3	**8** 5

1 (원주)$=10\times3.14=31.4$(cm)

2 (원주)$=14\times3.14=43.96$(cm)

3 (원주)$=6\times2\times3.14=37.68$(cm)

4 (원주)$=5.5\times2\times3.14=34.54$(cm)

5 (지름)$=27\div3=9$(cm)

6 (지름)$=33\div3=11$(cm)

7 (반지름)$=18\div3\div2=3$(cm)

8 (반지름)$=30\div3\div2=5$(cm)

개념책 90~91쪽 실전문제

✎ 서술형 문제는 풀이를 꼭 확인하세요.

1 다현   **2** ㉢

3 (위에서부터) 14, 43.4 / 19, 58.9

4 22 cm   **5** 28.26 cm

✎**6** 풀이 참조   **7** 25 cm

8 ㉡   **9** 2 cm

10 은우   **11** 30 cm

12 4바퀴

1 다현: 원의 크기와 상관없이 원주율은 일정합니다.

2 지름이 2 cm인 원의 원주는 지름의 3배인 6 cm보다 길고, 지름의 4배인 8 cm보다 짧으므로 원주와 가장 비슷한 길이는 ㉢입니다.

3 • (지름)$=7\times2=14$(cm)

(원주)$=14\times3.1=43.4$(cm)

• (지름)$=9.5\times2=19$(cm)

(원주)$=19\times3.1=58.9$(cm)

4 만들어진 원의 원주는 종이띠의 길이와 같으므로
66 cm입니다.
⇨ (만들어진 원의 지름)=66÷3=22(cm)

5 컴퍼스를 벌린 길이는 그린 원의 반지름과 같습니다.
(그린 원의 지름)=4.5×2=9(cm)
⇨ (그린 원의 원주)
$=$(지름)×(원주율)
$=9×3.14=28.26$(cm)

6 예 ㉮ 62.8÷20=3.14,
㉯ 47.1÷15=3.14,
㉰ 94.2÷30=3.14입니다.」❶
㉮, ㉯, ㉰ 세 접시의 원주율은 모두 3.14로 같으므로 원의 크기가 달라도 원주율은 같다는 것을 알 수 있습니다.」❷

채점 기준
❶ 세 접시의 (원주)÷(지름) 계산하기
❷ 원주율에 대해 알 수 있는 것 쓰기

7 피자를 상자에 담으려면 상자 밑면의 한 변의 길이는 피자의 지름보다 길거나 같아야 합니다.
따라서 피자의 지름은 78.5÷3.14=25(cm)이므로 상자 밑면의 한 변의 길이는 최소 25 cm이어야 합니다.

8 (둘레가 68.2 cm인 원 모양의 냄비의 지름)
=68.2÷3.1=22(cm)

9 •(큰 원의 지름)=15÷3=5(cm)
•(작은 원의 지름)=9÷3=3(cm)
⇨ (두 원의 지름의 차)=5−3=2(cm)

10 (은우의 동전 지갑의 둘레)
=8×3.1=24.8(cm)
⇨ 24.8 cm > 18.6 cm
  은우   시후

11 (큰 바퀴의 원주)=47.1×2=94.2(cm)
⇨ (큰 바퀴의 지름)=94.2÷3.14=30(cm)

12 (훌라후프가 한 바퀴 굴러간 거리)
=(훌라후프의 원주)
=70×3=210(cm)
⇨ (훌라후프를 굴린 횟수)
=840÷210=4(바퀴)

개념책 92~94쪽

④ 원의 넓이 어림하기

예제 1 (1) 72 (2) 144 (3) 72, 144
예제 2 (1) 60 (2) 88 (3) 60, 88

⑤ 원의 넓이 구하기

예제 3 (1) 9.42, 3 (2) 28.26 cm²
예제 4 (1) 48 cm² (2) 108 cm²

⑥ 여러 가지 원의 둘레와 넓이 구하기

예제 5 10, 10 / 71.4
예제 6 6, 6, 3, 3 / 83.7

예제 1 (1) (원 안의 마름모의 넓이)
=12×12÷2=72(cm²)
(2) (원 밖의 정사각형의 넓이)
=12×12=144(cm²)

예제 2 • 원 안의 노란색 모눈은 60칸이므로 넓이는 60 cm²입니다.
• 원 밖의 빨간색 선 안쪽 모눈은 88칸이므로 넓이는 88 cm²입니다.

예제 3 (1) • (직사각형의 가로)
$=$(원주)$×\dfrac{1}{2}=3×2×3.14×\dfrac{1}{2}$
$=9.42$(cm)
• (직사각형의 세로)=(원의 반지름)=3 cm
(2) (원의 넓이)=(직사각형의 넓이)
=9.42×3=28.26(cm²)

예제 4 (1) (원의 넓이)=4×4×3=48(cm²)
(2) (원의 넓이)=6×6×3=108(cm²)

개념책 95쪽 한번 더 확인

1 78.5 cm²	**2** 113.04 cm²
3 200.96 cm²	**4** 254.34 cm²
5 28 cm	**6** 84 cm
7 147 cm²	**8** 144 cm²

1 (원의 넓이)=5×5×3.14=78.5(cm²)

2 (원의 넓이)=6×6×3.14=113.04(cm²)

3 (반지름)$=16 \div 2 = 8$(cm)
$\Rightarrow$ (원의 넓이)$=8 \times 8 \times 3.14 = 200.96$(cm^2)

4 (반지름)$=18 \div 2 = 9$(cm)
$\Rightarrow$ (원의 넓이)$=9 \times 9 \times 3.14 = 254.34$(cm^2)

5 (색칠한 부분의 둘레)
　$=$(정사각형의 한 변의 길이)$\times 2$
　　$+$(반지름이 8 cm인 원의 원주)$\div 4$
　$=8 \times 2 + 8 \times 2 \times 3 \div 4 = 16 + 12 = 28$(cm)

6 (색칠한 부분의 둘레)
　$=$(지름이 12 cm인 원의 원주)
　　$+$(한 변의 길이가 12 cm인 정사각형의 둘레)
　$=12 \times 3 + 12 \times 4 = 36 + 48 = 84$(cm)

7 (색칠한 부분의 넓이)
　$=$(지름이 14 cm인 원의 넓이)
　$=7 \times 7 \times 3 = 147$(cm^2)

8 (색칠한 부분의 넓이)
　$=$(반지름이 8 cm인 반원의 넓이)
　　$+$(지름이 8 cm인 원의 넓이)
　$=8 \times 8 \times 3 \div 2 + 4 \times 4 \times 3$
　$=96 + 48 = 144$(cm^2)

개념책 96~97쪽 ｜ 실전문제

🖊 서술형 문제는 풀이를 꼭 확인하세요.

1 98 / 196 / 예 147　　**2** 251.1 cm^2
3 12.56 cm^2　　**4** 144 cm^2
5 예 210 cm^2　　**6** 5
7 ㉢　　🖊**8** 452.16 cm^2
9 157 cm^2　　**10** 49.12 cm
11 1035.1 m^2　　**12** 49.6 cm

1 ・(원 안의 정사각형의 넓이)
　　$=14 \times 14 \div 2 = 98$(cm^2)
　・(원 밖의 정사각형의 넓이)
　　$=14 \times 14 = 196$(cm^2)
따라서 원의 넓이는 98 cm^{2}보다 넓고, 196 cm^{2}보다 좁으므로 147 cm^{2}라고 어림할 수 있습니다.

2 원의 반지름은 9 cm입니다.
　$\Rightarrow$ (원의 넓이)$=9 \times 9 \times 3.1$
　　　　　　　$=251.1$(cm^2)

3 컴퍼스의 침과 연필심 사이의 거리는 원의 반지름과 같습니다.
　$\Rightarrow$ (원의 넓이)$=2 \times 2 \times 3.14$
　　　　　　　$=12.56$(cm^2)

4 원 ㉮의 반지름은 8 cm, 원 ㉯의 반지름은 4 cm입니다.
　・(원 ㉮의 넓이)$=8 \times 8 \times 3 = 192$(cm^2)
　・(원 ㉯의 넓이)$=4 \times 4 \times 3 = 48$(cm^2)
　$\Rightarrow$ (원 ㉮와 ㉯의 넓이의 차)
　　　$=192 - 48 = 144$(cm^2)

5 ・(원 안의 정육각형의 넓이)
　　$=30 \times 6 = 180$(cm^2)
　・(원 밖의 정육각형의 넓이)
　　$=40 \times 6 = 240$(cm^2)
　$\Rightarrow$ 원의 넓이는 180 cm^{2}보다 넓고, 240 cm^{2}보다 좁으므로 210 cm^{2}라고 어림할 수 있습니다.

6 $\square \times \square \times 3.14 = 78.5$,
　$\square \times \square = 78.5 \div 3.14 = 25$,
　$\square = 5$

7 원의 넓이를 비교합니다.
　㉠ (원의 넓이)$=6 \times 6 \times 3 = 108$(cm^2)
　㉡ (반지름)$=42 \div 3 \div 2 = 7$(cm)
　　$\rightarrow$ (원의 넓이)$=7 \times 7 \times 3 = 147$(cm^2)
　㉢ 243 cm^2
　$\Rightarrow$ $\underset{㉢}{243 \text{ cm}^2} > \underset{㉡}{147 \text{ cm}^2} > \underset{㉠}{108 \text{ cm}^2}$

🖊8 예 만들 수 있는 가장 큰 원의 지름은 24 cm입니다. ❶
따라서 만들 수 있는 가장 큰 원의 반지름은
$24 \div 2 = 12$(cm)이므로 넓이는
$12 \times 12 \times 3.14 = 452.16$(cm^2)입니다. ❷

채점 기준

❶ 만들 수 있는 가장 큰 원의 지름 구하기
❷ 만들 수 있는 가장 큰 원의 넓이 구하기

9 오른쪽 그림과 같이 반원 부분을 옮기면 색칠한 부분의 넓이는 반지름이 10 cm인 반원의 넓이와 같습니다.

⇨ (색칠한 부분의 넓이)
= (반지름이 10 cm인 반원의 넓이)
= $10 \times 10 \times 3.14 \div 2 = 157(cm^2)$

10 (색칠한 부분의 둘레)
= (지름이 8 cm인 원의 원주) + (직사각형의 둘레)
= $8 \times 3.14 + (8 + 4) \times 2$
= $25.12 + 24 = 49.12(cm)$

11 (모래밭의 넓이)
= (지름이 22 m인 원의 넓이) + (직사각형의 넓이)
= $11 \times 11 \times 3.1 + 30 \times 22$
= $375.1 + 660 = 1035.1(m^2)$

12 원의 반지름을 ☐ cm라 하면 ☐ × ☐ × 3.1 = 198.4, ☐ × ☐ = 198.4 ÷ 3.1 = 64, ☐ = 8입니다.
⇨ (원주) = $8 \times 2 \times 3.1 = 49.6(cm)$

개념책 98~99쪽	응용문제
예제1 6 L	유제1 9 L
예제2 74.4 cm	유제2 93 cm
예제3 28.26 cm	유제3 75.36 cm
예제4 10.26 cm²	유제4 36.48 cm²
예제5 81 cm²	유제5 40 cm²
예제6 217 cm²	유제6 49.6 cm²

예제1 (페인트를 칠한 부분의 넓이)
= $2 \times 2 \times 3 \times 3 = 36(m^2)$
⇨ (사용한 페인트의 양) = $36 \div 6 = 6(L)$

유제1 (페인트를 칠한 부분의 넓이)
= $3 \times 3 \times 3 \times 3 = 81(m^2)$
⇨ (사용한 페인트의 양) = $81 \div 9 = 9(L)$

예제2 • (작은 원의 지름) = $37.2 \div 3.1 = 12(cm)$
• (큰 원의 지름) = $12 \times 2 = 24(cm)$
⇨ (큰 원의 원주) = $24 \times 3.1 = 74.4(cm)$

유제2 • (작은 원의 지름) = $31 \div 3.1 = 10(cm)$
• (큰 원의 지름) = $10 \times 3 = 30(cm)$
⇨ (큰 원의 원주) = $30 \times 3.1 = 93(cm)$

예제3

(색칠한 부분의 둘레)
= (반지름이 9 cm인 원의 원주) ÷ 4 × 2
= $9 \times 2 \times 3.14 \div 4 \times 2$
= $28.26(cm)$

유제3

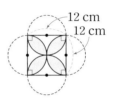

(색칠한 부분의 둘레)
= (지름이 12 cm인 원의 원주) ÷ 2 × 4
= $12 \times 3.14 \div 2 \times 4$
= $75.36(cm)$

예제4

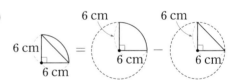

(색칠한 부분의 넓이)
= (반지름이 6 cm인 원의 넓이) ÷ 4
  − (직각삼각형의 넓이)
= $6 \times 6 \times 3.14 \div 4 - 6 \times 6 \div 2$
= $28.26 - 18 = 10.26(cm^2)$

유제4

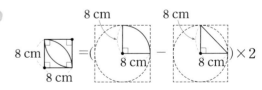

(색칠한 부분의 넓이)
= ((반지름이 8 cm인 원의 넓이) ÷ 4
  − (직각삼각형의 넓이)) × 2
= $(8 \times 8 \times 3.14 \div 4 - 8 \times 8 \div 2) \times 2$
= $(50.24 - 32) \times 2$
= $18.24 \times 2 = 36.48(cm^2)$

예제 5

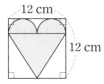

색칠한 부분은 반원 2개와 삼각형으로 나누어집니다.

(반원의 지름)$=12÷2=6$(cm),
(반원의 반지름)$=6÷2=3$(cm)이고
삼각형의 밑변의 길이는 12 cm,
높이는 $12-3=9$(cm)입니다.
⇨ (색칠한 부분의 넓이)
$=$(반원의 넓이)$×2$
$\quad+$(삼각형의 넓이)
$=3×3×3÷2×2+12×9÷2$
$=27+54=81$(cm^2)

유제 5

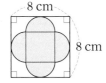

색칠한 부분은 반원 4개와 정사각형으로 나누어집니다.

(반원의 반지름)$=8÷2÷2=2$(cm)이고
정사각형의 한 변의 길이는 4 cm입니다.
⇨ (색칠한 부분의 넓이)
$=$(반원의 넓이)$×4$
$\quad+$(정사각형의 넓이)
$=2×2×3÷2×4+4×4$
$=24+16=40$(cm^2)

예제 6

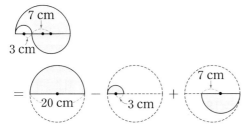

(색칠한 부분의 넓이)
$=$(지름이 20 cm인 반원의 넓이)
$\quad-$(반지름이 3 cm인 반원의 넓이)
$\quad+$(반지름이 7 cm인 반원의 넓이)
$=10×10×3.1÷2-3×3×3.1÷2$
$\quad+7×7×3.1÷2$
$=155-13.95+75.95=217$(cm^2)

유제 6

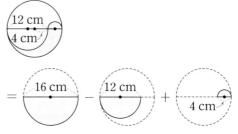

(색칠한 부분의 넓이)
$=$(지름이 16 cm인 반원의 넓이)
$\quad-$(지름이 12 cm인 반원의 넓이)
$\quad+$(지름이 4 cm인 반원의 넓이)
$=8×8×3.1÷2-6×6×3.1÷2$
$\quad+2×2×3.1÷2$
$=99.2-55.8+6.2=49.6$(cm^2)

개념책 100~102쪽 | 단원 평가

🖊 서술형 문제는 풀이를 꼭 확인하세요.

1 3.14	**2** 21.98 cm
3 4 cm	**4** ㉢
5 88, 132	**6** 310 cm^2
7 6	**8** 46.5 cm
9 15.7 cm	**10** 108 cm^2
11 8 cm	**12** ㉠
13 6바퀴	**14** 97.2 cm
15 22.5 m^2	**16** 135.02 cm
17 294 cm^2	🖊**18** 111.6 cm^2
🖊**19** ㉠	🖊**20** 54 cm

1 (원주율)$=25.12÷8=3.14$

2 (원주)$=7×3.14=21.98$(cm)

3 (지름)$=12÷3=4$(cm)

4 ㉢ 원이 작아져도 원주율은 변하지 않습니다.

5 노란색 모눈의 수: 88칸 ⇨ 넓이: 88 cm^2
초록색 선 안쪽 모눈의 수: 132칸 ⇨ 넓이: 132 cm^2

6 (원의 넓이)$=10×10×3.1=310$(cm^2)

7 □$×2×3=36$, □$×6=36$, □$=6$

8 (원주)=$7.5 \times 2 \times 3.1 = 46.5$(cm)

9 • (큰 원의 원주)=$5 \times 2 \times 3.14 = 31.4$(cm)
   • (작은 원의 원주)=$5 \times 3.14 = 15.7$(cm)
   ⇨ (두 원의 원주의 차)=$31.4 - 15.7 = 15.7$(cm)

10 직사각형 모양의 종이를 잘라서 만들 수 있는 가장 큰 원의 지름은 12 cm입니다.
   ⇨ (만들 수 있는 가장 큰 원의 넓이)
     =$6 \times 6 \times 3 = 108$(cm²)

11 원의 반지름을 ☐ cm라 하면
   ☐×☐×$3 = 192$, ☐×☐$= 64$, ☐$= 8$입니다.

12 원의 넓이를 비교합니다.
   ㉠ $4 \times 4 \times 3.14 = 50.24$(cm²)
   ㉡ $2 \times 2 \times 3.14 = 12.56$(cm²)
   ㉢ 28.26 cm²
   ⇨ $\underset{㉠}{\underline{50.24 \text{ cm}^2}} > \underset{㉢}{\underline{28.26 \text{ cm}^2}} > \underset{㉡}{\underline{12.56 \text{ cm}^2}}$

13 (굴렁쇠가 한 바퀴 굴러간 거리)
   =$50 \times 3.1 = 155$(cm)
   ⇨ (굴렁쇠를 굴린 횟수)=$930 \div 155 = 6$(바퀴)

14 (도형의 둘레)
   =(지름이 12 cm인 원의 원주)
     +(직선 부분의 길이)
   =$12 \times 3.1 + 30 \times 2 = 37.2 + 60 = 97.2$(cm)

15 (꽃밭의 넓이)
   =(정사각형의 넓이)−(반지름이 5 m인 원의 넓이)
   =$10 \times 10 - 5 \times 5 \times 3.1$
   =$100 - 77.5 = 22.5$(m²)

16 (색칠한 부분의 둘레)
   =(큰 원의 원주)+(작은 원의 원주)
   =$13 \times 2 \times 3.14 + (13 + 4) \times 3.14$
   =$81.64 + 53.38 = 135.02$(cm)

17
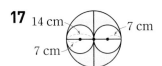
14 cm — 7 cm
7 cm

   (색칠한 부분의 넓이)
   =(반지름이 14 cm인 원의 넓이)
     −(반지름이 7 cm인 원의 넓이)×2
   =$14 \times 14 \times 3 - 7 \times 7 \times 3 \times 2$
   =$588 - 294 = 294$(cm²)

18 예 그린 원의 반지름은 6 cm입니다.」 ❶
   따라서 그린 원의 넓이는 $6 \times 6 \times 3.1 = 111.6$(cm²)
   입니다.」 ❷

채점 기준	
❶ 그린 원의 반지름 알아보기	2점
❷ 그린 원의 넓이 구하기	3점

19 예 ㉡ 지름이 11 cm인 원의 원주는
   $11 \times 3.14 = 34.54$(cm)입니다.」 ❶
   따라서 40.82 cm>34.54 cm이므로 원주가 더 긴 원은 ㉠입니다.」 ❷

채점 기준	
❶ 지름이 11 cm인 원의 원주 구하기	3점
❷ 원주가 더 긴 원의 기호 쓰기	2점

20 예 작은 원의 지름은 $27 \div 3 = 9$(cm)입니다.」 ❶
   큰 원의 지름은 $9 \times 2 = 18$(cm)입니다.」 ❷
   따라서 큰 원의 원주는 $18 \times 3 = 54$(cm)입니다.」 ❸

채점 기준	
❶ 작은 원의 지름 구하기	2점
❷ 큰 원의 지름 구하기	1점
❸ 큰 원의 원주 구하기	2점

개념책 103쪽 창의·융합형 문제

1 279 cm   **2** 10488 cm²

1 (수레바퀴의 원주)=$6 \times 3.1 = 18.6$(cm)
   ⇨ (현관문에서부터 방문까지의 최소 거리)
     =$18.6 \times 5 \times 3 = 279$(cm)

2 빨간색 부분까지의 원의 반지름은 $15 + 46 = 61$(cm)입니다.
   (빨간색 부분의 넓이)
   =(반지름이 61 cm인 원의 넓이)
     −(반지름이 15 cm인 원의 넓이)
   =$61 \times 61 \times 3 - 15 \times 15 \times 3$
   =$11163 - 675 = 10488$(cm²)

유제 6 (밑면의 지름)=(높이)=□ cm라 하면 옆면의 가로는 (□×3) cm입니다.
⇨ (□×3)×2+□×2=112,
□×8=112, □=14
따라서 원기둥의 높이는 14 cm입니다.

개념책 116~118쪽 **단원 평가**

✎ 서술형 문제는 풀이를 꼭 확인하세요.

1 다, 마 **2** 나, 바

3 가 **4** ㉢

5

6 13 cm / 무수히 많습니다.

7 2 cm **8** 6 cm

9 ○, △, △ **10** 다

11 ㉡ **12** ③, ④

13 21 cm **14** ㉢

15 4 cm **16** 84.4 cm

17 4 cm ✎**18** 풀이 참조

✎**19** 49.6 cm² ✎**20** 24 cm²

---

4 ㉢ 두 밑면이 옆면의 위와 아래에 1개씩 있지 않습니다.

7 원기둥의 높이는 18 cm, 원뿔의 높이는 20 cm입니다.
⇨ 20−18=2(cm)

8 돌렸을 때 만들어지는 원기둥의 높이는 직사각형의 가로와 같으므로 6 cm입니다.

10 다: 구는 어느 방향에서 보아도 모양이 원으로 같습니다.

12 ③ 각기둥에는 굽은 면이 없습니다.
④ 각기둥에는 꼭짓점과 모서리가 있습니다.

13 • (옆면의 가로)=(밑면의 둘레)
=5×2×3=30(cm)
• (옆면의 세로)=(원기둥의 높이)=9 cm
⇨ 30−9=21(cm)

14 ㉢ 원뿔의 모선의 길이는 항상 높이보다 깁니다.

15 원기둥의 밑면의 반지름을 □ cm라 하면 밑면의 둘레는 옆면의 가로와 같으므로 □×2×3.1=24.8입니다.

⇨ □×2×3.1=24.8, □×6.2=24.8,
□=24.8÷6.2=4

16 (옆면의 가로)=(밑면의 둘레)
=3×2×3.1=18.6(cm)
⇨ (전개도의 둘레)=18.6×4+5×2=84.4(cm)

17 (밑면의 지름)=(높이)=□ cm라 하면 가로는 (□×3) cm입니다.
⇨ (□×3)×2+□×2=32, □×8=32, □=4
따라서 원기둥의 높이는 4 cm입니다.

✎**18 예** 뿔 모양이지만 밑면이 원이 아니고 옆면이 굽은 면이 아니므로 원뿔이 아닙니다. 」❶

채점 기준	
❶ 원뿔이 아닌 이유 쓰기	5점

✎**19 예** 구를 앞에서 본 모양은 반지름이 4 cm인 원입니다. 」❶
⇨ (앞에서 본 모양의 넓이)
=4×4×3.1=49.6(cm²) 」❷

채점 기준	
❶ 구를 앞에서 본 모양 알기	2점
❷ 구를 앞에서 본 모양의 넓이 구하기	3점

✎**20 예** 돌리기 전의 평면도형은 밑변의 길이가 16÷2=8(cm), 높이가 6 cm인 직각삼각형입니다. 」❶
따라서 돌리기 전의 평면도형의 넓이는 8×6÷2=24(cm²)입니다. 」❷

채점 기준	
❶ 돌리기 전의 평면도형의 모양 알기	2점
❷ 돌리기 전의 평면도형의 넓이 구하기	3점

개념책 119쪽 **창의·융합형 문제**

1 78 cm **2** 37.68 cm²

1 가장 큰 원은 적도를 지나는 위선이므로 지름이 26 cm인 원입니다.
⇨ (가장 큰 원의 둘레)=26×3=78(cm)

2 띠의 가로는 원기둥의 옆면의 가로와 같으므로 6×3.14=18.84(cm)입니다.
⇨ (띠의 넓이)=(직사각형의 넓이)
=18.84×2=37.68(cm²)

1. 분수의 나눗셈

유형책 4~11쪽 실전유형 강화

✎ 서술형 문제는 풀이를 꼭 확인하세요.

1 2, 4
2 <
3 ( ) ( ) (○)
✎**4** $1\frac{4}{7}$배
5 ㉡
6 23
7 $1\frac{2}{3}$배
8 13개
9 $\frac{7}{9} \div \frac{5}{9}$ / $1\frac{2}{5}$
10 3배
11 (○) ( )
12 ㉡
13 4, 5, 6
14 $1\frac{1}{6}$
✎**15** 정구각형
16 8도막
17 $8\frac{8}{11}$ km
18 $\frac{3}{8}$
19 (위에서부터) 40, 10
20 $\frac{3}{5}$
21 ㉢, ㉠, ㉡
22 24개
23 96000원
24 48대
25 2개
26 41
27 $\frac{9}{16}$, $\frac{45}{64}$
28 $3\frac{1}{2}$배
29 (위에서부터) $1\frac{11}{24}$, $1\frac{27}{28}$
✎**30** ㉮ 자동차
31 7개
32 $3\frac{3}{20}$
33 $3\frac{27}{35}$
34 $9\frac{1}{3}$ m²
35 $3\frac{1}{5}$ km
36 5개
37 $5\frac{1}{16}$
38 $2\frac{8}{21}$
39 $\frac{27}{160}$
40 $6\frac{2}{3}$ cm
41 $2\frac{2}{3}$ cm
42 $8\frac{2}{5}$ / $10\frac{1}{2}$
43 7, 3 / $\frac{3}{7}$
44 $4\frac{1}{2}$
45 1, 2, 3, 6
46 4개
47 1, 3

1
· $\frac{4}{5} \div \frac{2}{5} = 4 \div 2 = 2$

· $\frac{16}{27} \div \frac{4}{27} = 16 \div 4 = 4$

2
· $\frac{3}{10} \div \frac{7}{10} = 3 \div 7 = \frac{3}{7}$

· $\frac{7}{13} \div \frac{4}{13} = 7 \div 4 = \frac{7}{4} = 1\frac{3}{4}$ ⎫
⎬ ⇒ $\frac{3}{7} < 1\frac{3}{4}$
⎭

3
· $\frac{5}{7} \div \frac{4}{7} = 5 \div 4 = \frac{5}{4} = 1\frac{1}{4} > 1$

· $\frac{8}{9} \div \frac{3}{9} = 8 \div 3 = \frac{8}{3} = 2\frac{2}{3} > 1$

· $\frac{2}{11} \div \frac{9}{11} = 2 \div 9 = \frac{2}{9} < 1$

✎**4** 예 집에서 공원까지의 거리를 집에서 도서관까지의 거리로 나누면 되므로 $\frac{11}{20} \div \frac{7}{20}$을 계산합니다.」❶
따라서 집에서 공원까지의 거리는 집에서 도서관까지의 거리의 $\frac{11}{20} \div \frac{7}{20} = 11 \div 7 = \frac{11}{7} = 1\frac{4}{7}$(배)입니다.」❷

채점 기준
❶ 문제에 알맞은 식 만들기
❷ 집에서 공원까지의 거리는 집에서 도서관까지의 거리의 몇 배인지 구하기

5 ㉠ $\frac{□}{6} \div \frac{1}{6} = □ \div 1 = 5 → □ = 5$

㉡ $\frac{□}{11} \div \frac{2}{11} = □ \div 2 = 4 → □ = 8$

㉢ $\frac{4}{5} \div \frac{□}{5} = 4 \div □ = 2 → □ = 2$

㉣ $\frac{12}{13} \div \frac{□}{13} = 12 \div □ = 3 → □ = 4$

⇒ □ 안에 알맞은 수가 가장 큰 것은 ㉡입니다.

6 $\frac{12}{25} \div \frac{□}{25} = 12 \div □ = \frac{12}{□}$, $\frac{12}{□} = \frac{12}{23}$

⇒ □ = 23

7 (배 한 개의 무게) = $1\frac{7}{13} \div 2 = \frac{20}{13} \div 2 = \frac{10}{13}$ (kg)

⇒ $\frac{10}{13} \div \frac{6}{13} = 10 \div 6 = \frac{10}{6} = \frac{5}{3} = 1\frac{2}{3}$ (배)

8 · (은재가 나누어 담는 컵의 수)
= $\frac{9}{14} \div \frac{1}{14} = 9 \div 1 = 9$(개)

- (현수가 나누어 담는 컵의 수)

$$=\frac{12}{17}\div\frac{3}{17}=12\div3=4(\text{개})$$

⇨ (필요한 전체 컵의 수)=9+4=13(개)

9 • 7÷5를 이용하여 계산할 수 있는 분모가 같은 분수

의 나눗셈식은 $\dfrac{7}{\blacksquare}\div\dfrac{5}{\blacksquare}$입니다.

• 분모가 8보다 크고 11보다 작고, 진분수이면서 기약

분수이므로 분모가 될 수 있는 수는 9입니다.

⇨ $\dfrac{7}{9}\div\dfrac{5}{9}=7\div5=\dfrac{7}{5}=1\dfrac{2}{5}$

10 $\dfrac{4}{10}\div\dfrac{2}{15}=\dfrac{12}{30}\div\dfrac{4}{30}=12\div4=3(\text{배})$

11 • $\dfrac{3}{5}\div\dfrac{2}{10}=\dfrac{6}{10}\div\dfrac{2}{10}=6\div2=3$

• $\dfrac{2}{7}\div\dfrac{1}{5}=\dfrac{10}{35}\div\dfrac{7}{35}=10\div7=\dfrac{10}{7}=1\dfrac{3}{7}$

12 ㉠ $\dfrac{1}{3}\div\dfrac{1}{12}=\dfrac{4}{12}\div\dfrac{1}{12}=4\div1=4$

㉡ $\dfrac{2}{5}\div\dfrac{1}{15}=\dfrac{6}{15}\div\dfrac{1}{15}=6\div1=6$

㉢ $\dfrac{10}{14}\div\dfrac{1}{7}=\dfrac{10}{14}\div\dfrac{2}{14}=10\div2=5$

㉣ $\dfrac{3}{4}\div\dfrac{3}{8}=\dfrac{6}{8}\div\dfrac{3}{8}=6\div3=2$

⇨ $\underset{㉡}{6}>\underset{㉢}{5}>\underset{㉠}{4}>\underset{㉣}{2}$

13 • $\dfrac{9}{10}\div\dfrac{4}{15}=\dfrac{27}{30}\div\dfrac{8}{30}=27\div8=\dfrac{27}{8}=3\dfrac{3}{8}$

• $\dfrac{5}{7}\div\dfrac{4}{35}=\dfrac{25}{35}\div\dfrac{4}{35}=25\div4=\dfrac{25}{4}=6\dfrac{1}{4}$

⇨ $3\dfrac{3}{8}<\square<6\dfrac{1}{4}$

따라서 $\square$ 안에 들어갈 수 있는 자연수는 4, 5, 6입

니다.

14 색칠한 부분은 전체를 똑같이 9로 나눈 것 중의 7이

므로 $\dfrac{7}{9}$입니다.

⇨ $\dfrac{7}{9}\div\dfrac{2}{3}=\dfrac{7}{9}\div\dfrac{6}{9}=\dfrac{7}{6}=1\dfrac{1}{6}$

✐15 예 사용한 철사의 길이를 한 변의 길이로 나누면

$\dfrac{6}{7}\div\dfrac{2}{21}=\dfrac{18}{21}\div\dfrac{2}{21}=18\div2=9$이므로 만든 정

다각형의 변의 수는 9개입니다.」❶

따라서 만든 정다각형의 이름은 정구각형입니다.」❷

16 (이어 붙인 색 테이프의 길이)

$$=\frac{7}{13}+\frac{5}{13}=\frac{12}{13}(\text{m})$$

⇨ (자른 색 테이프의 도막 수)

$$=\frac{12}{13}\div\frac{3}{26}=\frac{24}{26}\div\frac{3}{26}=24\div3=8(\text{도막})$$

17 (현성이가 1시간 동안 갈 수 있는 거리)

$$=\frac{8}{11}\div\frac{1}{4}=\frac{32}{44}\div\frac{11}{44}=32\div11$$

$$=\frac{32}{11}=2\frac{10}{11}(\text{km})$$

⇨ (현성이가 3시간 동안 갈 수 있는 거리)

$$=2\frac{10}{11}\times3=\frac{32}{11}\times3=\frac{96}{11}=8\frac{8}{11}(\text{km})$$

18 $\blacksquare=\dfrac{2}{3}\div\dfrac{7}{10}=\dfrac{20}{30}\div\dfrac{21}{30}=20\div21=\dfrac{20}{21}$

⇨ $\blacksquare\times\blacktriangle=\dfrac{20}{21}\times\blacktriangle=\dfrac{5}{14}$,

$\blacktriangle=\dfrac{5}{14}\div\dfrac{20}{21}=\dfrac{15}{42}\div\dfrac{40}{42}=15\div40$

$=\dfrac{15}{40}=\dfrac{3}{8}$

19 • $4\div\dfrac{2}{5}=4\div2\times5=10$

• $16\div\dfrac{2}{5}=16\div2\times5=40$

20 $9\div\dfrac{3}{5}=9\div3\times5$

21 ㉠ $8\div\dfrac{4}{9}=8\div4\times9=18$

㉡ $10\div\dfrac{5}{14}=10\div5\times14=28$

㉢ $15\div\dfrac{7}{8}=15\div7\times8=\dfrac{15}{7}\times8=\dfrac{120}{7}=17\dfrac{1}{7}$

⇨ $\underset{㉢}{17\dfrac{1}{7}}<\underset{㉠}{18}<\underset{㉡}{28}$

22 (사탕 한 봉지에 들어 있던 사탕의 수)

$$=6\div\frac{1}{4}=6\times4=24(\text{개})$$

23 (감자를 나누어 담은 상자 수)

$$=12\div\frac{3}{8}=12\div3\times8=32(\text{개})$$

⇨ (감자를 판 금액)=3000×32=96000(원)

24 (5일 동안 자전거를 만드는 시간)$=8 \times 5 = 40$(시간)

$\Rightarrow$ (5일 동안 만들 수 있는 자전거의 수)

$$=40 \div \frac{5}{6} = 40 \div 5 \times 6 = 48(\text{대})$$

25 $24 \div \frac{6}{\square} = 24 \div 6 \times \square = 4 \times \square$이므로

$30 < 4 \times \square < 40$입니다.

따라서 $\square$ 안에 들어갈 수 있는 자연수는 8, 9로 모두 2개입니다.

26 $\frac{3}{5} \div \frac{8}{9} = \frac{3}{5} \times \frac{9}{8} = \frac{27}{40}$

$\Rightarrow \bigcirc + \bigcirc + \bigcirc = 5 + 9 + 27 = 41$

27 $\cdot \frac{3}{8} \div \frac{2}{3} = \frac{3}{8} \times \frac{3}{2} = \frac{9}{16}$

$\cdot \frac{9}{16} \div \frac{4}{5} = \frac{9}{16} \times \frac{5}{4} = \frac{45}{64}$

28 (남은 수수깡의 길이)

$$=1\frac{1}{8} - \frac{7}{8} = \frac{9}{8} - \frac{7}{8} = \frac{2}{8} = \frac{1}{4}(\text{m})$$

$\Rightarrow$ 사용한 수수깡의 길이는 남은 수수깡의 길이의

$$\frac{7}{8} \div \frac{1}{4} = \frac{7}{\overset{}{8}} \times \overset{1}{\cancel{4}} = \frac{7}{2} = 3\frac{1}{2}(\text{배})입니다.$$

29 $\cdot \frac{5}{6} \div \frac{4}{7} = \frac{5}{6} \times \frac{7}{4} = \frac{35}{24} = 1\frac{11}{24}$

$\cdot \frac{11}{14} \div \square = \frac{2}{5}$

$\Rightarrow \square = \frac{11}{14} \div \frac{2}{5} = \frac{11}{14} \times \frac{5}{2} = \frac{55}{28} = 1\frac{27}{28}$

30 예 ㉮ 자동차가 연료 1 L로 갈 수 있는 거리는

$$\frac{3}{4} \div \frac{1}{6} = \frac{3}{\overset{}{4}} \times \overset{3}{\cancel{6}} = \frac{9}{2} = 4\frac{1}{2}(\text{km})입니다. ❶$$

㉯ 자동차가 연료 1 L로 갈 수 있는 거리는

$$\frac{6}{7} \div \frac{2}{5} = \frac{\overset{3}{\cancel{6}}}{7} \times \frac{5}{\cancel{2}} = \frac{15}{7} = 2\frac{1}{7}(\text{km})입니다. ❷$$

따라서 $4\frac{1}{2} > 2\frac{1}{7}$이므로 연료 1 L로 더 멀리 갈 수 있는 자동차는 ㉮ 자동차입니다. ❸

채점 기준	
❶ ㉮ 자동차가 연료 1 L로 갈 수 있는 거리 구하기	
❷ ㉯ 자동차가 연료 1 L로 갈 수 있는 거리 구하기	
❸ ㉮와 ㉯ 자동차 중 연료 1 L로 더 멀리 갈 수 있는 자동차 구하기	

31 $\frac{11}{12} \div \frac{2}{15} = \frac{11}{\underset{4}{\cancel{12}}} \times \frac{\overset{5}{\cancel{15}}}{2} = \frac{55}{8} = 6\frac{7}{8}$

$\Rightarrow$ 작은 컵은 적어도 7개 있어야 합니다.

32 가분수: $\frac{9}{4}$, 진분수: $\frac{5}{7}$

$\Rightarrow \frac{9}{4} \div \frac{5}{7} = \frac{9}{4} \times \frac{7}{5} = \frac{63}{20} = 3\frac{3}{20}$

33 $\frac{11}{8} \div \frac{5}{12} = \frac{11}{\underset{2}{\cancel{8}}} \times \frac{\overset{3}{\cancel{12}}}{5} = \frac{33}{10} = 3\frac{3}{10}$

이므로 $\square \times \frac{7}{8} = 3\frac{3}{10}$ 입니다.

$\Rightarrow \square = 3\frac{3}{10} \div \frac{7}{8} = \frac{33}{\underset{5}{\cancel{10}}} \times \frac{\overset{4}{\cancel{8}}}{7} = \frac{132}{35} = 3\frac{27}{35}$

34 (벽의 넓이)

$$=12 \times 4\frac{4}{9} = \overset{4}{\cancel{12}} \times \frac{40}{\underset{3}{\cancel{9}}} = \frac{160}{3} = 53\frac{1}{3}(\text{m}^2)$$

$\Rightarrow$ (1 L의 페인트로 칠한 벽의 넓이)

$$=53\frac{1}{3} \div 5\frac{5}{7} = \frac{160}{3} \div \frac{40}{7} = \frac{\overset{4}{\cancel{160}}}{3} \times \frac{7}{\underset{1}{\cancel{40}}}$$

$$=\frac{28}{3} = 9\frac{1}{3}(\text{m}^2)$$

35 1시간 30분$=1\frac{30}{60}$시간$=1\frac{1}{2}$시간

$\Rightarrow$ (정아가 한 시간 동안 간 거리)

$$=\frac{24}{5} \div 1\frac{1}{2} = \frac{24}{5} \div \frac{3}{2} = \frac{\overset{8}{\cancel{24}}}{5} \times \frac{2}{\underset{1}{\cancel{3}}}$$

$$=\frac{16}{5} = 3\frac{1}{5}(\text{km})$$

36 (정삼각형 모양 한 개를 만드는 데 필요한 철사의 길이)

$$=\frac{13}{\underset{20}{\cancel{60}}} \times \overset{1}{\cancel{3}} = \frac{13}{20}(\text{m})$$

$\Rightarrow$ (만들 수 있는 정삼각형 모양의 수)

$$=3\frac{1}{4} \div \frac{13}{20} = \frac{13}{4} \div \frac{13}{20} = \frac{65}{20} \div \frac{13}{20}$$

$$=65 \div 13 = 5(\text{개})$$

37 어떤 수를 $\square$라 하면 $\square \times \frac{8}{9} = 4$입니다.

$$\square = 4 \div \frac{8}{9} = \overset{1}{\cancel{4}} \times \frac{9}{\underset{2}{\cancel{8}}} = \frac{9}{2}$$

따라서 바르게 계산하면

$\dfrac{9}{2} \div \dfrac{8}{9} = \dfrac{9}{2} \times \dfrac{9}{8} = \dfrac{81}{16} = 5\dfrac{1}{16}$ 입니다.

38 어떤 수를 □라 하면 □$\times\dfrac{3}{5} = \dfrac{6}{7}$입니다.

⇨ □$= \dfrac{6}{7} \div \dfrac{3}{5} = \dfrac{\overset{2}{6}}{7} \times \dfrac{5}{\underset{1}{3}} = \dfrac{10}{7} = 1\dfrac{3}{7}$

따라서 바르게 계산하면

$1\dfrac{3}{7} \div \dfrac{3}{5} = \dfrac{10}{7} \div \dfrac{3}{5} = \dfrac{10}{7} \times \dfrac{5}{3} = \dfrac{50}{21} = 2\dfrac{8}{21}$
입니다.

39 어떤 수를 □라 하면 □$\times\dfrac{2}{3} \div \dfrac{3}{10} = \dfrac{5}{6}$입니다.

⇨ □$= \dfrac{5}{6} \times \dfrac{3}{10} \div \dfrac{2}{3} = \dfrac{5}{\underset{2}{6}} \times \dfrac{\overset{1}{3}}{\underset{2}{10}} \times \dfrac{3}{2} = \dfrac{3}{8}$

따라서 바르게 계산하면

$\dfrac{3}{8} \div \dfrac{2}{3} \times \dfrac{3}{10} = \dfrac{3}{8} \times \dfrac{3}{2} \times \dfrac{3}{10} = \dfrac{27}{160}$ 입니다.

40 (마름모의 넓이)
= (한 대각선의 길이)×(다른 대각선의 길이)÷2
다른 대각선의 길이를 □ cm라 하면
$2\dfrac{1}{2} \times$□$\div 2 = 8\dfrac{1}{3}$, $2\dfrac{1}{2} \times$□$= 8\dfrac{1}{3} \times 2$,
$2\dfrac{1}{2} \times$□$= 16\dfrac{2}{3}$입니다.

⇨ □$= 16\dfrac{2}{3} \div 2\dfrac{1}{2} = \dfrac{50}{3} \div \dfrac{5}{2} = \dfrac{\overset{10}{50}}{3} \times \dfrac{2}{\underset{1}{5}}$
  $= \dfrac{20}{3} = 6\dfrac{2}{3}$

41 (사다리꼴의 넓이)
= (윗변의 길이＋아랫변의 길이)×(높이)÷2
높이를 □ cm라 하면
$\left(2\dfrac{1}{4} + 3\dfrac{1}{2}\right) \times$□$\div 2 = 7\dfrac{2}{3}$,
$5\dfrac{3}{4} \times$□$= 7\dfrac{2}{3} \times 2$, $5\dfrac{3}{4} \times$□$= 15\dfrac{1}{3}$입니다.

⇨ □$= 15\dfrac{1}{3} \div 5\dfrac{3}{4} = \dfrac{46}{3} \div \dfrac{23}{4} = \dfrac{\overset{2}{46}}{3} \times \dfrac{4}{\underset{1}{23}}$
  $= \dfrac{8}{3} = 2\dfrac{2}{3}$

42 8＞5＞2이므로 만들 수 있는 가장 큰 대분수는 $8\dfrac{2}{5}$
입니다.

⇨ $8\dfrac{2}{5} \div \dfrac{4}{5} = \dfrac{42}{5} \div \dfrac{4}{5} = \dfrac{42}{4} = \dfrac{21}{2} = 10\dfrac{1}{2}$

43 7＞6＞3이고 분자가 같은 분수는 분모가 클수록 더 작으므로 만들 수 있는 몫이 가장 작은 나눗셈식은
$\dfrac{11}{7} \div \dfrac{11}{3}$입니다.

⇨ $\dfrac{11}{7} \div \dfrac{11}{3} = \dfrac{\overset{1}{11}}{7} \times \dfrac{3}{\underset{1}{11}} = \dfrac{3}{7}$

44 • 나누어지는 수가 가장 큰 경우:
$\dfrac{9}{8} \div \dfrac{1}{4} = \dfrac{9}{\underset{2}{8}} \times \overset{1}{4} = \dfrac{9}{2} = 4\dfrac{1}{2}$

• 나누는 수가 가장 작은 경우:
$\dfrac{4}{8} \div \dfrac{1}{9} = \dfrac{\overset{1}{4}}{\underset{2}{8}} \times 9 = \dfrac{9}{2} = 4\dfrac{1}{2}$

⇨ 몫이 가장 큰 나눗셈식을 만들었을 때의 몫은 $4\dfrac{1}{2}$
입니다.

45 $\dfrac{1}{3} \div \dfrac{□}{18} = \dfrac{6}{18} \div \dfrac{□}{18} = 6 \div$□이므로 $6 \div$□의 몫
이 자연수입니다.
따라서 □ 안에 들어갈 수 있는 자연수는 6의 약수인
1, 2, 3, 6입니다.

46 $\dfrac{9}{□} \div \dfrac{3}{7} = \dfrac{\overset{3}{9}}{□} \times \dfrac{7}{\underset{1}{3}} = \dfrac{21}{□}$

⇨ □ 안에 들어갈 수 있는 자연수는 21의 약수인
1, 3, 7, 21로 모두 4개입니다.

47 • $2\dfrac{3}{4} \div \dfrac{□}{12} = \dfrac{11}{\underset{1}{4}} \times \dfrac{\overset{3}{12}}{□} = \dfrac{33}{□}$

⇨ □ 안에 들어갈 수 있는 자연수는 33의 약수인
1, 3, 11, 33입니다.

• $\dfrac{20}{□} \div \dfrac{10}{9} = \dfrac{\overset{2}{20}}{□} \times \dfrac{9}{\underset{1}{10}} = \dfrac{18}{□}$

⇨ □ 안에 들어갈 수 있는 자연수는 18의 약수인
1, 2, 3, 6, 9, 18입니다.
따라서 두 나눗셈에서 □ 안에 공통으로 들어갈 수
있는 자연수는 1, 3입니다.

48 ❶ 8군데 ❷ 9그루

49 23개   **50** 14개

51 ❶ $\dfrac{7}{8}$, $\dfrac{3}{4}$, $\dfrac{7}{8}$ ❷ $1\dfrac{6}{7}$

52 $1\dfrac{5}{6}$ **53** $\dfrac{79}{85}$

54 ❶ 20명 ❷ 12명

55 12개   **56** 2400원

57 ❶ $\dfrac{3}{4}$ / $\dfrac{3}{4}$, $\dfrac{3}{4}$ ❷ 64 cm

58 40 cm   **59** $3\dfrac{15}{16}$ m

60 ❶ $8\dfrac{3}{4}$ cm ❷ $11\dfrac{1}{4}$ cm ❸ $\dfrac{4}{5}$시간

61 $\dfrac{5}{6}$시간   **62** $\dfrac{12}{13}$시간

63 ❶ $\dfrac{1}{2}$ ❷ $\dfrac{1}{8}$ ❸ 96쪽

64 9000원   **65** 3 kg

---

48 ❶ (나무 사이의 간격 수)

$$=\frac{4}{5}\div\frac{1}{10}=\frac{8}{10}\div\frac{1}{10}=8\div1=8(군데)$$

❷ (필요한 나무 수)$=8+1=9$(그루)

49 (가로등 사이의 간격 수)

$$=32\div\frac{16}{11}=32\div16\times11=22(군데)$$

⇨ (필요한 가로등 수)$=22+1=23$(개)

50 (표지판 사이의 간격 수)

$$=3\frac{6}{7}\div\frac{9}{14}=\frac{27}{7}\div\frac{9}{14}=\frac{54}{14}\div\frac{9}{14}$$
$$=54\div9=6(군데)$$

⇨ (도로의 한쪽에 세우는 표지판 수)$=6+1=7$(개)

따라서 도로의 양쪽에 세우는 표지판 수는

$7\times2=14$(개)입니다.

51 ❷ $\dfrac{7}{8}$ ▲ $\dfrac{3}{4}$ $=\left(\dfrac{7}{8}+\dfrac{3}{4}\right)\div\dfrac{7}{8}=\left(\dfrac{7}{8}+\dfrac{6}{8}\right)\div\dfrac{7}{8}$

$$=\frac{13}{8}\div\frac{7}{8}=13\div7=\frac{13}{7}=1\frac{6}{7}$$

52 $\dfrac{17}{13}$ ♥ $\dfrac{6}{13}$ $=\left(\dfrac{17}{13}-\dfrac{6}{13}\right)\div\dfrac{6}{13}$

$$=\frac{11}{13}\div\frac{6}{13}=11\div6=\frac{11}{6}=1\frac{5}{6}$$

53 $\dfrac{5}{2}$ ★ $1\dfrac{8}{9}$ $=\left(\dfrac{5}{2}+1\dfrac{8}{9}\right)\div\left(\dfrac{5}{2}\times1\dfrac{8}{9}\right)$

$$=\frac{79}{18}\div\frac{85}{18}=79\div85=\frac{79}{85}$$

54 ❶ 동진이네 반 전체 학생 수를 ▢명이라 하면

$$▢\times\frac{2}{5}=8입니다.$$

⇨ $▢=8\div\dfrac{2}{5}=8\div2\times5=20$

❷ (동진이네 반 남학생 수)$=20-8=12$(명)

55 진규가 처음에 가지고 있던 사탕의 수를 ▢개라 하면

$$▢\times\frac{4}{7}=16입니다.$$

⇨ $▢=16\div\dfrac{4}{7}=16\div4\times7=28$

따라서 진규에게 남은 사탕은

$28-16=12$(개)입니다.

56 세현이가 처음에 가지고 있던 돈을 ▢원이라 하면

$$▢\times\frac{7}{10}=5600입니다.$$

⇨ $▢=5600\div\dfrac{7}{10}=5600\div7\times10=8000$

따라서 저금하고 남은 돈은

$8000-5600=2400$(원)입니다.

57 ❷ 위 ❶에서 공이 두 번째로 튀어 오른 높이는

$$■\times\frac{3}{4}\times\frac{3}{4}=36(cm)입니다.$$

⇨ $■\times\dfrac{9}{16}=36$,

$■=36\div\dfrac{9}{16}=36\div9\times16=64$(cm)

58 처음 공을 떨어뜨린 높이를 ■cm라 하면

첫 번째로 튀어 오른 높이는 $\left(■\times\dfrac{4}{5}\right)$cm이고,

두 번째로 튀어 오른 높이는 $\left(■\times\dfrac{4}{5}\times\dfrac{4}{5}\right)$cm입니다.

⇨ $■\times\dfrac{4}{5}\times\dfrac{4}{5}=25\dfrac{3}{5}$이므로 $■\times\dfrac{16}{25}=25\dfrac{3}{5}$,

$■=25\dfrac{3}{5}\div\dfrac{16}{25}=\dfrac{128}{5}\div\dfrac{16}{25}$

$$=\frac{640}{25}\div\frac{16}{25}=640\div16=40(cm)입니다.$$

59 처음 공을 떨어뜨린 높이를 ▧ m라 하면

첫 번째로 튀어 오른 높이는 $\left(\text{▧}\times\dfrac{2}{3}\right)$ m,

두 번째로 튀어 오른 높이는 $\left(\text{▧}\times\dfrac{2}{3}\times\dfrac{2}{3}\right)$ m,

세 번째로 튀어 오른 높이는 $\left(\text{▧}\times\dfrac{2}{3}\times\dfrac{2}{3}\times\dfrac{2}{3}\right)$ m
입니다.

➡ $\text{▧}\times\dfrac{2}{3}\times\dfrac{2}{3}\times\dfrac{2}{3}=1\dfrac{1}{6}$ 이므로

$\text{▧}\times\dfrac{8}{27}=1\dfrac{1}{6}$,

$\text{▧}=1\dfrac{1}{6}\div\dfrac{8}{27}=\dfrac{7}{6}\div\dfrac{8}{27}$

$=\dfrac{7}{\overset{}{6}}\times\dfrac{\overset{9}{27}}{8}=\dfrac{63}{16}=3\dfrac{15}{16}$ (m)입니다.

60 ❶ ($\dfrac{7}{9}$ 시간 동안 탄 양초의 길이)

$=17\dfrac{3}{4}-9=8\dfrac{3}{4}$ (cm)

❷ (한 시간 동안 타는 양초의 길이)

$=8\dfrac{3}{4}\div\dfrac{7}{9}=\dfrac{35}{4}\div\dfrac{7}{9}$

$=\dfrac{\overset{5}{35}}{4}\times\dfrac{9}{\underset{1}{7}}=\dfrac{45}{4}=11\dfrac{1}{4}$ (cm)

❸ (남은 양초가 모두 타는 데 걸리는 시간)

$=9\div11\dfrac{1}{4}=9\div\dfrac{45}{4}$

$=9\div45\times4=\dfrac{\overset{1}{9}}{\underset{5}{45}}\times4=\dfrac{4}{5}$ (시간)

61 • ($\dfrac{6}{7}$ 시간 동안 탄 양초의 길이)

$=14\dfrac{1}{5}-7=7\dfrac{1}{5}$ (cm)

• (한 시간 동안 타는 양초의 길이)

$=7\dfrac{1}{5}\div\dfrac{6}{7}=\dfrac{36}{5}\div\dfrac{6}{7}$

$=\dfrac{\overset{6}{36}}{5}\times\dfrac{7}{\underset{1}{6}}=\dfrac{42}{5}=8\dfrac{2}{5}$ (cm)

➡ (남은 양초가 모두 타는 데 걸리는 시간)

$=7\div8\dfrac{2}{5}=7\div\dfrac{42}{5}$

$=7\div42\times5=\dfrac{\overset{1}{7}}{\underset{6}{42}}\times5=\dfrac{5}{6}$ (시간)

62 • ($1\dfrac{1}{5}$ 시간 동안 탄 양초의 길이)

$=15\dfrac{1}{3}-6\dfrac{2}{3}=8\dfrac{2}{3}$ (cm)

• (한 시간 동안 타는 양초의 길이)

$=8\dfrac{2}{3}\div1\dfrac{1}{5}=\dfrac{26}{3}\div\dfrac{6}{5}$

$=\dfrac{\overset{13}{26}}{3}\times\dfrac{5}{\underset{3}{6}}=\dfrac{65}{9}=7\dfrac{2}{9}$ (cm)

➡ (남은 양초가 모두 타는 데 걸리는 시간)

$=6\dfrac{2}{3}\div7\dfrac{2}{9}=\dfrac{20}{3}\div\dfrac{65}{9}$

$=\dfrac{\overset{4}{20}}{\underset{1}{3}}\times\dfrac{\overset{3}{9}}{\underset{13}{65}}=\dfrac{12}{13}$ (시간)

63 ❶ 전체 쪽수를 1이라 할 때, 오늘 읽은 쪽수는 전체의

$\left(1-\dfrac{3}{8}\right)\times\dfrac{4}{5}=\dfrac{\overset{1}{5}}{\underset{2}{8}}\times\dfrac{\overset{1}{4}}{\underset{1}{5}}=\dfrac{1}{2}$ 입니다.

❷ 오늘까지 읽고 남은 쪽수는 전체의

$1-\dfrac{3}{8}-\dfrac{1}{2}=\dfrac{5}{8}-\dfrac{1}{2}=\dfrac{5}{8}-\dfrac{4}{8}=\dfrac{1}{8}$ 입니다.

❸ 전체 쪽수를 ☐ 쪽이라 하면 $\text{☐}\times\dfrac{1}{8}=12$ 입니다.

➡ $\text{☐}=12\div\dfrac{1}{8}=12\times8=96$

64 아버지께 받은 용돈을 1이라 할 때, 학용품을 산 돈은

전체의 $\left(1-\dfrac{1}{3}\right)\times\dfrac{3}{4}=\dfrac{\overset{1}{2}}{\underset{1}{3}}\times\dfrac{\overset{1}{3}}{\underset{2}{4}}=\dfrac{1}{2}$ 입니다.

저금하고 학용품을 사고 남은 돈은 전체의

$1-\dfrac{1}{3}-\dfrac{1}{2}=\dfrac{2}{3}-\dfrac{1}{2}=\dfrac{4}{6}-\dfrac{3}{6}=\dfrac{1}{6}$ 입니다.

아버지께 받은 용돈을 ☐ 원이라 하면

$\text{☐}\times\dfrac{1}{6}=1500$ 입니다.

➡ $\text{☐}=1500\div\dfrac{1}{6}=1500\times6=9000$

65 처음에 가지고 있던 밀가루를 1이라 할 때, 과자를 만
드는 데 사용한 밀가루는 전체의

$\left(1-\dfrac{4}{9}\right)\times\dfrac{3}{10}=\dfrac{\overset{1}{5}}{\underset{3}{9}}\times\dfrac{\overset{1}{3}}{\underset{2}{10}}=\dfrac{1}{6}$ 입니다.

빵과 과자를 만들고 남은 밀가루는 전체의
$1-\dfrac{4}{9}-\dfrac{1}{6}=\dfrac{5}{9}-\dfrac{1}{6}=\dfrac{10}{18}-\dfrac{3}{18}=\dfrac{7}{18}$ 입니다.
민재가 처음에 가지고 있던 밀가루를 $\square$ kg이라 하면
$\square \times \dfrac{7}{18}=1\dfrac{1}{6}$ 입니다.

$\Rightarrow \square=1\dfrac{1}{6}\div\dfrac{7}{18}$
$\quad\quad =\dfrac{7}{6}\div\dfrac{7}{18}=\dfrac{21}{18}\div\dfrac{7}{18}=21\div 7=3$

유형책 18~20쪽) 응용 단원 평가

✎ 서술형 문제는 풀이를 꼭 확인하세요.

1 9   **2** 25

3 ·   ·   **4** 14
      ✕   **5** 42
    ·   ·

6 $\dfrac{35}{48}$ **7** >

8 ⑤   **9** ㉠, ㉣

10 6명   **11** $8\dfrac{2}{5}$ g

12 2   **13** 5개

14 24 kg   **15** 6개

16 정팔각형   **17** 11개

✎**18** $1\dfrac{3}{11}$배   ✎**19** $7\dfrac{1}{8}$ L

✎**20** 25개

---

5 $\dfrac{5}{8}\div\dfrac{7}{10}=\dfrac{5}{\overset{}{8}_{4}}\times\dfrac{\overset{5}{10}}{7}=\dfrac{25}{28}$

$\Rightarrow$ ㉠+㉡+㉢$=10+7+25=42$

6 $\dfrac{7}{12}=\dfrac{35}{60},\ \dfrac{4}{5}=\dfrac{48}{60}$ 이므로 $\dfrac{7}{12}<\dfrac{4}{5}$ 입니다.

$\Rightarrow \dfrac{7}{12}\div\dfrac{4}{5}=\dfrac{7}{12}\times\dfrac{5}{4}=\dfrac{35}{48}$

7 · $\dfrac{8}{9}\div\dfrac{2}{9}=8\div 2=4$ ⎤
· $\dfrac{9}{14}\div\dfrac{3}{14}=9\div 3=3$ ⎦ $\Rightarrow 4>3$

8 ⑤ $1\dfrac{4}{5}\div\dfrac{3}{8}=\dfrac{9}{5}\div\dfrac{3}{8}=\dfrac{\overset{3}{9}}{5}\times\dfrac{8}{\overset{3}{}_{1}}=\dfrac{24}{5}=4\dfrac{4}{5}$

---

9 ㉠ $\dfrac{8}{9}\div\dfrac{5}{9}=8\div 5=\dfrac{8}{5}=1\dfrac{3}{5}$

㉡ $\dfrac{6}{13}\div\dfrac{3}{13}=6\div 3=2$

㉢ $6\div\dfrac{1}{7}=6\times 7=42$

㉣ $\dfrac{8}{15}\div\dfrac{2}{5}=\dfrac{8}{15}\div\dfrac{6}{15}=8\div 6=\dfrac{8}{6}=\dfrac{4}{3}=1\dfrac{1}{3}$

10 (나누어 줄 수 있는 사람 수)
$=\dfrac{4}{5}\div\dfrac{2}{15}=\dfrac{12}{15}\div\dfrac{2}{15}=12\div 2=6$(명)

11 $3\div\dfrac{5}{14}=3\div 5\times 14=\dfrac{3}{5}\times 14=\dfrac{42}{5}=8\dfrac{2}{5}$(g)

12 $\dfrac{10}{17}\div\square=\dfrac{5}{17}\Rightarrow\square=\dfrac{10}{17}\div\dfrac{5}{17}=10\div 5=2$

13 · $8\div\dfrac{2}{3}=8\div 2\times 3=12$

· $16\div\dfrac{9}{10}=16\div 9\times 10$
$\quad\quad =\dfrac{16}{9}\times 10=\dfrac{160}{9}=17\dfrac{7}{9}$

$\Rightarrow 12<\square<17\dfrac{7}{9}$ 이므로 $\square$ 안에 들어갈 수 있는
자연수는 13, 14, 15, 16, 17로 모두 5개입니다.

14 (철근 1 m의 무게)
$=3\dfrac{1}{2}\div\dfrac{7}{8}=\dfrac{7}{2}\div\dfrac{7}{8}=\dfrac{28}{8}\div\dfrac{7}{8}=28\div 7$
$=4$(kg)
$\Rightarrow$ (철근 6 m의 무게)$=4\times 6=24$(kg)

15 $4\dfrac{1}{6}\div\dfrac{7}{9}=\dfrac{25}{6}\div\dfrac{7}{9}=\dfrac{25}{\overset{}{6}_{2}}\times\dfrac{\overset{3}{9}}{7}=\dfrac{75}{14}=5\dfrac{5}{14}$

$\Rightarrow$ 상자는 적어도 6개 있어야 합니다.

16 사용한 끈의 길이를 한 변의 길이로 나누면
$2\dfrac{1}{3}\div\dfrac{7}{24}=\dfrac{7}{3}\div\dfrac{7}{24}=\dfrac{56}{24}\div\dfrac{7}{24}=56\div 7=8$
이므로 만든 정다각형의 변의 수는 8개입니다.
$\Rightarrow$ 만든 정다각형의 이름은 정팔각형입니다.

17 (화분 사이의 간격 수)
$=6\div\dfrac{3}{5}=6\div 3\times 5=10$(군데)
$\Rightarrow$ (필요한 화분의 수)$=10+1=11$(개)

18 예 산을 올라가는 데 걸린 시간을 내려오는 데 걸린 시간으로 나누면 되므로 $\dfrac{14}{15} \div \dfrac{11}{15}$ 을 계산합니다.」❶

따라서 산을 올라가는 데 걸린 시간은 내려오는 데 걸린 시간의 $\dfrac{14}{15} \div \dfrac{11}{15} = 14 \div 11 = \dfrac{14}{11} = 1\dfrac{3}{11}$ (배) 입니다.」❷

채점 기준	
❶ 문제에 알맞은 식 만들기	2점
❷ 산을 올라가는 데 걸린 시간은 내려오는 데 걸린 시간의 몇 배인지 구하기	3점

19 예 40분은 $\dfrac{40}{60}$ 시간 $= \dfrac{2}{3}$ 시간입니다.」❶

따라서 한 시간 동안 채울 수 있는 물은

$4\dfrac{3}{4} \div \dfrac{2}{3} = \dfrac{19}{4} \div \dfrac{2}{3} = \dfrac{19}{4} \times \dfrac{3}{2} = \dfrac{57}{8} = 7\dfrac{1}{8}$ (L)

입니다.」❷

채점 기준	
❶ 40분을 시간 단위로 나타내기	2점
❷ 한 시간 동안 채울 수 있는 물의 양 구하기	3점

20 예 재희가 처음에 가지고 있던 구슬의 수를 ☐개라 하면 $☐ \times \dfrac{4}{9} = 20$이므로

$☐ = 20 \div \dfrac{4}{9} = 20 \div 4 \times 9 = 45$입니다.」❶

따라서 재희에게 남은 구슬은

$45 - 20 = 25$(개)입니다.」❷

채점 기준	
❶ 재희가 처음에 가지고 있던 구슬의 수 구하기	4점
❷ 재희에게 남은 구슬의 수 구하기	1점

유형책 21~22쪽 **심화 단원 평가**

✎ 서술형 문제는 풀이를 꼭 확인하세요.

1 $3\dfrac{1}{2}$, 2   **2** 28, 35

3 7개   **4** ㉡, ㉣, ㉢, ㉠

5 $6\dfrac{2}{9}$분   **6** $1\dfrac{1}{6}$ cm

7 $2\dfrac{6}{7}$ **8** 45 cm

9 $2\dfrac{1}{12}$ **10** $1\dfrac{1}{35}$시간

---

1 · $\dfrac{7}{15} \div \dfrac{2}{15} = 7 \div 2 = \dfrac{7}{2} = 3\dfrac{1}{2}$

· $\dfrac{14}{15} \div \dfrac{7}{15} = 14 \div 7 = 2$

2 · $24 \div \dfrac{6}{7} = 24 \div 6 \times 7 = 28$

· $28 \div \dfrac{4}{5} = 28 \div 4 \times 5 = 35$

3 (만들 수 있는 컵케이크의 수)

$= \dfrac{2}{3} \div \dfrac{2}{21} = \dfrac{14}{21} \div \dfrac{2}{21} = 14 \div 2 = 7$(개)

4 ㉠ $\dfrac{5}{9} \div \dfrac{3}{4} = \dfrac{5}{9} \times \dfrac{4}{3} = \dfrac{20}{27}$

㉡ $20 \div \dfrac{5}{6} = 20 \div 5 \times 6 = 24$

㉢ $3\dfrac{1}{2} \div \dfrac{7}{11} = \dfrac{7}{2} \div \dfrac{7}{11} = \dfrac{\overset{1}{7}}{2} \times \dfrac{11}{\underset{1}{7}} = \dfrac{11}{2} = 5\dfrac{1}{2}$

㉣ $6\dfrac{4}{7} \div \dfrac{2}{7} = \dfrac{46}{7} \div \dfrac{2}{7} = 46 \div 2 = 23$

➡ $\underset{㉡}{24} > \underset{㉣}{23} > \underset{㉢}{5\dfrac{1}{2}} > \underset{㉠}{\dfrac{20}{27}}$

5 (자동차가 $4\dfrac{4}{9}$ km를 가는 데 걸리는 시간)

$= 4\dfrac{4}{9} \div \dfrac{5}{7} = \dfrac{40}{9} \div \dfrac{5}{7} = \dfrac{\overset{8}{40}}{9} \times \dfrac{7}{\underset{1}{5}} = \dfrac{56}{9}$

$= 6\dfrac{2}{9}$(분)

6 (삼각형의 넓이)=(밑변의 길이)×(높이)÷2

삼각형의 높이를 ☐ cm라 하면

$\dfrac{6}{5} \times ☐ \div 2 = \dfrac{7}{10}$, $\dfrac{6}{5} \times ☐ = \dfrac{7}{10} \times 2$,

$\dfrac{6}{5} \times ☐ = \dfrac{7}{5}$입니다.

➡ $☐ = \dfrac{7}{5} \div \dfrac{6}{5} = 7 \div 6 = \dfrac{7}{6} = 1\dfrac{1}{6}$

7 · 나누어지는 수가 가장 작은 경우:

$4 \div \dfrac{7}{5} = 4 \times \dfrac{5}{7} = \dfrac{20}{7} = 2\dfrac{6}{7}$

· 나누는 수가 가장 큰 경우:

$5 \div \dfrac{7}{4} = 5 \times \dfrac{4}{7} = \dfrac{20}{7} = 2\dfrac{6}{7}$

➡ 몫이 가장 작은 나눗셈식을 만들었을 때의 몫은 $2\dfrac{6}{7}$입니다.

8 처음 공을 떨어뜨린 높이를 ■ cm라 하면

첫 번째로 튀어 오른 높이는 $\left(■ \times \dfrac{3}{5}\right)$ cm이고,

두 번째로 튀어 오른 높이는 $\left(■ \times \dfrac{3}{5} \times \dfrac{3}{5}\right)$ cm입니다.

$\Rightarrow ■ \times \dfrac{3}{5} \times \dfrac{3}{5} = 16\dfrac{1}{5}$ 이므로 $■ \times \dfrac{9}{25} = 16\dfrac{1}{5}$,

$■ = 16\dfrac{1}{5} \div \dfrac{9}{25} = \dfrac{81}{5} \div \dfrac{9}{25} = \dfrac{405}{25} \div \dfrac{9}{25}$

$= 405 \div 9 = 45$(cm)입니다.

9 예 어떤 수를 □라 하면 $□ \times \dfrac{9}{5} = 6\dfrac{3}{4}$,

$□ = 6\dfrac{3}{4} \div \dfrac{9}{5} = \dfrac{27}{4} \div \dfrac{9}{5} = \dfrac{\overset{3}{\cancel{27}}}{4} \times \dfrac{5}{\underset{1}{\cancel{9}}}$

$= \dfrac{15}{4} = 3\dfrac{3}{4}$입니다. ❶

따라서 바르게 계산하면

$3\dfrac{3}{4} \div \dfrac{9}{5} = \dfrac{15}{4} \div \dfrac{9}{5} = \dfrac{\overset{5}{\cancel{15}}}{4} \times \dfrac{5}{\underset{3}{\cancel{9}}} = \dfrac{25}{12} = 2\dfrac{1}{12}$

입니다. ❷

채점 기준	
❶ 어떤 수 구하기	4점
❷ 바르게 계산한 값 구하기	6점

10 예 $\dfrac{9}{10}$ 시간 동안 탄 양초의 길이는

$16\dfrac{7}{8} - 9 = 7\dfrac{7}{8}$ (cm)입니다. ❶

한 시간 동안 타는 양초의 길이는

$7\dfrac{7}{8} \div \dfrac{9}{10} = \dfrac{63}{8} \div \dfrac{9}{10} = \dfrac{\overset{7}{\cancel{63}}}{\underset{4}{\cancel{8}}} \times \dfrac{\overset{5}{\cancel{10}}}{\underset{1}{\cancel{9}}}$

$= \dfrac{35}{4} = 8\dfrac{3}{4}$ (cm)입니다. ❷

따라서 남은 양초가 모두 타는 데 걸리는 시간은

$9 \div 8\dfrac{3}{4} = 9 \div \dfrac{35}{4} = 9 \times \dfrac{4}{35} = \dfrac{36}{35} = 1\dfrac{1}{35}$ (시간)

입니다. ❸

채점 기준	
❶ $\dfrac{9}{10}$ 시간 동안 탄 양초의 길이 구하기	2점
❷ 한 시간 동안 타는 양초의 길이 구하기	4점
❸ 남은 양초가 모두 타는 데 걸리는 시간 구하기	4점

2. 소수의 나눗셈

유형책 24~33쪽 실전유형 강화

✎ 서술형 문제는 풀이를 꼭 확인하세요.

1 432, 432 / 432, 24   **2** ④

3 8.5   ✎**4** 풀이 참조

5 4.5배   **6** $2.16 \div 0.27 = 8$

7 14   **8** 1574

9 ㉢

10 14 / (   ) (○)

11 13개   **12** 3개

13 3   **14** $25.2 \div 0.6 = 42$

15 (위에서부터) 6, 2, 1, 9

16 11시 36분   **17** 6.4, 12.8

✎**18** 풀이 참조   **19** ㉢

20 ⑤   **21** 2.4배

22 3   **23** 14 kg

24 32   **25** 준서

26 8, 6.4   **27** 규상

28 <   **29** •

30 ㉡

31 15

32 24일   ✎**33** 정십이각형

34 행복 가게   **35** 3 / 3.4 / 3.43

36 •   **37** <

38 2.1배

✎**39** 0.02

40 82 km   **41** 4개, 3.4 g

42
$$\begin{array}{r} 9 \\ 8\overline{)74.4} \\ \underline{72} \\ 2.4 \end{array}$$
/ 9상자, 2.4 kg

43 11도막, 0.8 m   **44** 3봉지

45 1.4 L   **46** 1.5

47 6.35   **48** 7.4

49 20번   **50** 38개

51 9통   **52** 1

53 7   **54** 2

55 1, 5, 8, 7 / 5.8   **56** 215

57 3.9   **58** 2.6 cm

59 7.5 cm   **60** 4.8 cm

2 $6.12 \div 0.51 = \underbrace{612 \div 51}_{④} = 12$

3 나누어지는 수와 나누는 수에 같은 수를 곱하면 몫은 변하지 않습니다.

✎4 162, 162」 ❶

　　 예 나눗셈에서 나누어지는 수와 나누는 수에 같은 수를 곱하여도 몫은 변하지 않습니다.
따라서 4.86과 0.03에 각각 100을 곱하면 486과 3이 되므로 $4.86 \div 0.03 = 486 \div 3 = 162$입니다.」 ❷

5 (연필의 길이)÷(지우개의 길이)
$= 17.1 \div 3.8 = 4.5$(배)

7 $32.2 \div 2.3 = 322 \div 23 = 14$

8 $12.56 \div 3.14 = \dfrac{1256}{100} \div \dfrac{314}{100} = 1256 \div 314 = 4$

따라서 ㉠=314, ㉡=1256, ㉢=4이므로
㉠+㉡+㉢=$314+1256+4=1574$입니다.

9 ㉠ $68.4 \div 3.8 = 18$
㉡ $17.64 \div 0.98 = 18$
㉢ $72.59 \div 4.27 = 17$

11 (필요한 바구니의 수)=$41.6 \div 3.2$
$= 416 \div 32 = 13$(개)

12 $8.25 \div 2.75 = 3$
따라서 책상 한 개는 의자 3개와 무게가 같습니다.

13 $2.3 \times \square = 6.9 \Rightarrow \square = 6.9 \div 2.3 = 3$

16 (등산을 하는 데 걸린 시간)=$11.27 \div 2.45$
$= 4.6$(시간)
4.6시간$= 4\dfrac{6}{10}$시간$= 4\dfrac{36}{60}$시간$= 4$시간 36분
$\Rightarrow$ (정상에 도착한 시각)
$=$(출발한 시각)$+$(등산을 하는 데 걸린 시간)
$=7$시$+4$시간 36분$=11$시 36분

17 ·$10.24 \div 1.6 = 1024 \div 160 = 6.4$
·$48.64 \div 3.8 = 4864 \div 380 = 12.8$

✎18 진우」 ❶

　　 예 나누어지는 수와 나누는 수에 같은 수를 곱해야 몫이 같으므로 $34.65 \div 2.1$의 몫은 $346.5 \div 21$, $3465 \div 210$의 몫과 같습니다.」 ❷

19 ㉠ $6.12 \div 1.8 = 3.4$
㉡ $12.1 \div 2.75 = 4.4$
㉢ $9.28 \div 3.2 = 2.9$
$\Rightarrow \underset{㉢}{2.9} < \underset{㉠}{3.4} < \underset{㉡}{4.4}$

20 나누는 수가 1보다 작으면 몫은 나누어지는 수보다 큽니다.

21 (재윤이네 집~백화점)÷(재윤이네 집~서점)
$= 7.44 \div 3.1 = 744 \div 310 = 2.4$(배)

22 $14.84 \div 5.3 = 2.8$
따라서 $2.8 < \square$이므로 □ 안에 들어갈 수 있는 자연수 중 가장 작은 수는 3입니다.

23 (철근 1 m의 무게)=$24.5 \div 1.75 = 14$(kg)

24 $2 < 3 < 4$이므로 만들 수 있는 가장 큰 소수 한 자리 수는 43.2입니다.
$\Rightarrow 43.2 \div 1.35 = 32$

25 ·(준서가 자른 철사의 도막 수)=$44.8 \div 1.28$
$= 35$(도막)
·(영호가 자른 철사의 도막 수)=$66.3 \div 1.95$
$= 34$(도막)
따라서 $\underset{준서}{35} > \underset{영호}{34}$이므로 자른 철사의 도막 수가 더 많은 사람은 준서입니다.

26 ·$28 \div 3.5 = 280 \div 35 = 8$
·$8 \div 1.25 = 800 \div 125 = 6.4$

27 규상: $6 \div 0.15 = \dfrac{600}{100} \div \dfrac{15}{100} = 600 \div 15 = 40$

28 $27 \div 1.8 = 15$, $52 \div 3.25 = 16$
$\Rightarrow 15 < 16$

29 ·나누는 수가 같을 때 나누어지는 수가 10배가 되면 몫도 10배가 되므로 $640 \div 12.8 = 50$입니다.

• 나누어지는 수가 같을 때 나누는 수가 $\frac{1}{10}$배가 되면 몫은 10배가 되므로 $64 \div 1.28 = 50$입니다.

• 나누어지는 수가 10배가 되고 나누는 수가 $\frac{1}{10}$배가 되면 몫은 100배가 되므로 $640 \div 1.28 = 500$입니다.

30 ㉡ $34 \div 1.7 = 20$

31 $99 \div 2.75 = 36$ ⇨ $36 \div 2.4 = 15$

32 (먹을 수 있는 날수)$= 42 \div 1.75$
$= 4200 \div 175 = 24$(일)

33 예 정다각형의 변의 수는
(둘레)÷(한 변의 길이)$= 45 \div 3.75 = 12$(개)입니다.」 ❶
따라서 정다각형의 변의 수가 12개이므로 상희가 그린 정다각형은 정십이각형입니다.」 ❷

채점 기준

❶ 정다각형의 변의 수 구하기
❷ 그린 정다각형의 이름은 무엇인지 구하기

34 • (행복 가게의 사과 1 kg의 가격)$= 42000 \div 3.5$
$= 12000$(원)
• (사랑 가게의 사과 1 kg의 가격)$= 35000 \div 2.8$
$= 12500$(원)
따라서 $\underset{\text{행복 가게}}{12000} < \underset{\text{사랑 가게}}{12500}$이므로 1 kg의 가격이 더 싼 곳은 행복 가게입니다.

35 • $24 \div 7 = 3.\underline{4}\cdots\cdots$ ⇨ 3
└ 소수 첫째 자리 숫자가 4이므로 버립니다.
• $24 \div 7 = 3.4\underline{2}\cdots\cdots$ ⇨ 3.4
└ 소수 둘째 자리 숫자가 2이므로 버립니다.
• $24 \div 7 = 3.42\underline{8}\cdots\cdots$ ⇨ 3.43
└ 소수 셋째 자리 숫자가 8이므로 올립니다.

36 • $29 \div 6 = 4.8\underline{3}\cdots\cdots$ ⇨ 4.8
• $31 \div 9 = 3.4\underline{4}\cdots\cdots$ ⇨ 3.4
• $23 \div 7.4 = 3.1\underline{0}\cdots\cdots$ ⇨ 3.1
• $28.3 \div 9 = 3.1\underline{4}\cdots\cdots$ ⇨ 3.1
• $23.5 \div 7 = 3.3\underline{5}\cdots\cdots$ ⇨ 3.4
• $17.2 \div 3.6 = 4.7\underline{7}\cdots\cdots$ ⇨ 4.8

37 $27.5 \div 7 = 3.9\underline{2}\cdots\cdots \rightarrow 3.9$
└ 소수 둘째 자리 숫자가 2이므로 버립니다.
⇨ $3.9 < 3.92\cdots\cdots$

38 1 cm$=$0.01 m이므로 12 m 50 cm$=$12.5 m입니다.
$12.5 \div 6 = 2.0\underline{8}\cdots\cdots$ ⇨ 2.1
└ 소수 둘째 자리 숫자가 8이므로 올립니다.
따라서 시청 건물의 높이는 우체국 건물의 높이의 2.1배입니다.

39 예 $86.2 \div 12 = 7.183\cdots\cdots$이므로 반올림하여 소수 첫째 자리까지 나타낸 값은 7.2이고,」 ❶
소수 둘째 자리까지 나타낸 값은 7.18입니다.」 ❷
따라서 몫을 반올림하여 소수 첫째 자리와 소수 둘째 자리까지 각각 나타낸 값의 차는 $7.2 - 7.18 = 0.02$입니다.」 ❸

채점 기준

❶ 몫을 반올림하여 소수 첫째 자리까지 나타낸 값 구하기
❷ 몫을 반올림하여 소수 둘째 자리까지 나타낸 값 구하기
❸ 몫을 반올림하여 소수 첫째 자리와 소수 둘째 자리까지 나타낸 값의 차 구하기

40 2시간 48분$= 2\frac{48}{60}$시간$= 2\frac{8}{10}$시간$= 2.8$시간
$230 \div 2.8 = 82.\underline{1}\cdots\cdots$ ⇨ 82
└ 소수 첫째 자리 숫자가 1이므로 버립니다.
따라서 열차가 1시간 동안 달린 거리는 82 km입니다.

41 27.4에서 6을 4번 빼면 3.4가 남으므로 만들 수 있는 반지 수는 4개이고, 남는 금의 양은 3.4 g입니다.

43
$$\begin{array}{r} 11 \\ 3.5{\overline{\smash{)}\,39.3}} \\ \underline{35} \\ 43 \\ \underline{35} \\ 0.8 \end{array}$$
⇨ 자를 수 있는 통나무는 11도막이고, 남는 통나무의 길이는 0.8 m입니다.

44
$$\begin{array}{r} 8 \\ 11.3{\overline{\smash{)}\,92.5}} \\ \underline{90.4} \\ 2.1 \end{array}$$
(남는 고구마의 무게)$= 2.1$ kg
⇨ (필요한 비닐 수)$= 2.1 \div 0.7$
$= 3$(봉지)

45 (전체 오렌지 주스의 양)$= 1.7 \times 8 = 13.6$(L)
$$\begin{array}{r} 4 \\ 3{\overline{\smash{)}\,13.2}} \\ \underline{12} \\ 1.6 \end{array}$$
⇨ 나누어 줄 수 있는 모둠 수: 4모둠
남는 오렌지 주스의 양: 1.6 L
따라서 남김없이 모두 나누어 주려면 오렌지 주스가 적어도 $3 - 1.6 = 1.4$(L) 더 필요합니다.

46 어떤 수를 $\square$라 하면 $\square \times 1.8 = 4.86$에서
$\square = 4.86 \div 1.8 = 2.7$입니다.
따라서 바르게 계산하면 $2.7 \div 1.8 = 1.5$입니다.

47 어떤 수를 $\square$라 하면 $\square \times 6.3 = 252$에서
$\square = 252 \div 6.3 = 40$입니다.
따라서 바르게 계산하면
$40 \div 6.3 = 6.349\cdots \Rightarrow 6.35$입니다.

48 어떤 수를 $\square$라 하면 $\square \div 3.8 = 15$에서
$\square = 15 \times 3.8 = 57$입니다.
따라서 바르게 계산하면 $57 \div 7.5 = 7.6$이므로 잘못
계산한 값과 바르게 계산한 값의 차는 $15 - 7.6 = 7.4$
입니다.

49
$$\begin{array}{r} 1\,9 \\ 2\overline{)3\,8.6} \\ \underline{2} \\ 1\,8 \\ \underline{1\,8} \\ 0.6 \end{array}$$
따라서 양동이에 물을 가득 담아 19번 부
으면 0.6 L만큼을 더 채워야 하므로 물을
적어도 $19 + 1 = 20$(번) 부어야 합니다.

50
$$\begin{array}{r} 3\,8 \\ 3\overline{)1\,1\,5.7} \\ \underline{9} \\ 2\,5 \\ \underline{2\,4} \\ 1.7 \end{array}$$
따라서 허리띠는 38개까지 만들 수 있
습니다.

51 (벽 $100\ \text{m}^2$를 칠하는 데 필요한 페인트의 양)
$= 0.353 \times 100 = 35.3(\text{L})$
$$\begin{array}{r} 8 \\ 4.2\overline{)3\,5.3} \\ \underline{3\,3\,6} \\ 1.7 \end{array}$$
따라서 페인트 8통을 사용하고, 1.7 L
를 더 사용해야 하므로 페인트는 적어도
$8 + 1 = 9$(통)이 필요합니다.

52 $24 \div 11 = 2.181818\cdots$
몫의 소수 첫째 자리부터 숫자 1, 8이 차례대로 반복
됩니다.
따라서 몫의 소수 35째 자리 숫자는 1입니다.

53 $5.2 \div 3.3 = 1.575757\cdots$
몫의 소수 첫째 자리부터 숫자 5, 7이 차례대로 반복
됩니다.
따라서 몫의 소수 26째 자리 숫자는 7입니다.

54 $9 \div 3.7 = 2.432432\cdots$
몫의 소수 첫째 자리부터 숫자 4, 3, 2가 차례대로 반
복됩니다.
따라서 몫의 소수 45째 자리 숫자는 2입니다.

55 $1 < 5 < 7 < 8$이므로 몫이 가장 큰 나눗셈식은
$8.7 \div 1.5 = 5.8$입니다.

56 $0 < 4 < 6 < 8$이므로 몫이 가장 큰 나눗셈식은
$86 \div 0.4 = 215$입니다.

57 $3 < 4 < 7 < 8 < 9$이므로 몫이 가장 작은 나눗셈식은
$34.7 \div 9 = 3.85\cdots \Rightarrow 3.9$입니다.
└▶ 소수 둘째 자리 숫자가 5이므로 올립니다.

58 삼각형의 높이를 $\square$ cm라 하면
$4.5 \times \square \div 2 = 5.85$, $4.5 \times \square = 11.7$,
$\square = 11.7 \div 4.5 = 2.6$입니다.
따라서 삼각형의 높이는 2.6 cm입니다.

59 마름모의 다른 대각선의 길이를 $\square$ cm라 하면
$5.6 \times \square \div 2 = 21$, $5.6 \times \square = 42$,
$\square = 42 \div 5.6 = 7.5$입니다.
따라서 마름모의 다른 대각선의 길이는 7.5 cm입니다.

60 사다리꼴의 높이를 $\square$ cm라 하면
$(6.2 + 9.6) \times \square \div 2 = 37.92$, $15.8 \times \square = 75.84$,
$\square = 75.84 \div 15.8 = 4.8$입니다.
따라서 사다리꼴의 높이는 4.8 cm입니다.

유형책 34~39쪽 상위권유형 강화

61 ❶ 8, 1.6, 5.4, 4.5 ❷ 3.8
62 14.7   **63** 2
64 ❶ 25군데   ❷ 26그루
65 36개   **66** 58그루
67 ❶ 3.2 kg ❷ 2 kg ❸ 1 kg
68 0.86 kg   **69** 1.02 kg
70 ❶ 0.2 cm ❷ 5.4 cm ❸ 27분 후
71 33분 후   **72** 2시간 5분 후
73 ❶ 12.4 km ❷ 25 L ❸ 41000원
74 47600원   **75** 58500원
76 ❶ 700 m ❷ 18.8초
77 21초   **78** 35.14초

61 ❷ $8 \star 5.4 = 8 \div 1.6 - 5.4 \div 4.5 = 5 - 1.2 = 3.8$

62 $9 \blacktriangle 14.31 = 9 \div 0.75 + 14.31 \div 5.3$
$\qquad\quad = 12 + 2.7 = 14.7$

63 $6.3 \bullet 11.4 = 6.3 \div 1.4 - 11.4 \div 4.56$
$\qquad\quad = 4.5 - 2.5 = 2$

64 비법 직선 도로에서 나무 수와 간격 수의 관계
- 도로의 처음부터 끝까지 나무를 심는 경우

  ①　②　③
  간격①　간격② ⇨ (나무 수)=(간격 수)+1

- 도로의 양 끝에 나무를 심지 않는 경우

  ①　②
  간격① 간격② 간격③ ⇨ (나무 수)=(간격 수)−1

- 도로의 한쪽 끝에만 나무를 심는 경우

  ①　②　③
  간격① 간격② 간격③ ⇨ (나무 수)=(간격 수)

❶ (나무 사이의 간격 수)
  $=415 \div 16.6 = 25$(군데)
❷ (필요한 나무 수)$=25+1=26$(그루)

65 (가로등 사이의 간격 수)
  $=428.4 \div 12.24 = 35$(군데)
  ⇨ (필요한 가로등 수)$=35+1=36$(개)

66 • (나무 사이의 간격 수)
  $=691.6 \div 24.7 = 28$(군데)
- (한쪽에 필요한 나무 수)$=28+1=29$(그루)
  ⇨ (양쪽에 필요한 나무 수)$=29 \times 2 = 58$(그루)

  참고 • 원 모양의 둘레에 일정한 간격으로 나무를 심을 때 필요한 나무 수 ⇨ (둘레)÷(간격)
- 직선 도로에 일정한 간격으로 처음부터 끝까지 나무를 심을 때 필요한 나무 수
  ┌ 도로의 한쪽: (직선 도로의 길이)÷(간격)=● ⇨ ●+1
  └ 도로의 양쪽: ●+1=▲ ⇨ ▲×2

67 ❶ (우유 1.6 L의 무게)$=7.6-4.4=3.2$(kg)
  ❷ (우유 1 L의 무게)$=3.2 \div 1.6 = 2$(kg)
  ❸ (빈 통의 무게)$=4.4-(1.7 \times 2)=1$(kg)

68 • (주스 1.82 L의 무게)$=3.41-2.5=0.91$(kg)
- (주스 1 L의 무게)$=0.91 \div 1.82 = 0.5$(kg)
  ⇨ (빈 병의 무게)$=2.5-(3.28 \times 0.5)=0.86$(kg)

69 • (식용유 2.75 L의 무게)$=4.38-2.18=2.2$(kg)
- (식용유 1 L의 무게)$=2.2 \div 2.75 = 0.8$(kg)
  ⇨ (빈 통의 무게)$=4.38-(4.2 \times 0.8)=1.02$(kg)

70 ❶ (1분 동안 타는 양초의 길이)$=0.6 \div 3 = 0.2$(cm)
  ❷ (줄어든 양초의 길이)$=17-11.6=5.4$(cm)
  ❸ 남은 양초의 길이가 11.6 cm가 되는 때는
  $5.4 \div 0.2 = 27$(분) 후입니다.

71 • (1분 동안 타는 양초의 길이)
  $=3 \div 5 = 0.6$(cm)
- (줄어든 양초의 길이)$=32-12.2=19.8$(cm)
  따라서 남은 양초의 길이가 12.2 cm가 되는 때는
  $19.8 \div 0.6 = 33$(분) 후입니다.

72 • (1분 동안 타는 양초의 길이)
  $=0.48 \div 4 = 0.12$(cm)
- (줄어든 양초의 길이)$=25-10=15$(cm)
  따라서 남은 양초의 길이가 10 cm가 되는 때는
  $15 \div 0.12 = 125$(분) 후이므로 2시간 5분 후입니다.

73 ❶ (휘발유 1 L로 갈 수 있는 거리)
  $=18.6 \div 1.5 = 12.4$(km)
  ❷ (310 km를 가는 데 필요한 휘발유의 양)
  $=310 \div 12.4 = 25$(L)
  ❸ (310 km를 가는 데 필요한 휘발유의 값)
  $=1640 \times 25 = 41000$(원)

74 • (휘발유 1 L로 갈 수 있는 거리)
  $=26.1 \div 1.8 = 14.5$(km)
- (394.4 km를 가는 데 필요한 휘발유의 양)
  $=394.4 \div 14.5 = 27.2$(L)
  ⇨ (394.4 km를 가는 데 필요한 휘발유의 값)
  $=1750 \times 27.2 = 47600$(원)

75 • (휘발유 1 L로 갈 수 있는 거리)
  $=39.36 \div 2.4 = 16.4$(km)
- (533 km를 가는 데 필요한 휘발유의 양)
  $=533 \div 16.4 = 32.5$(L)
  ⇨ (533 km를 가는 데 필요한 휘발유의 값)
  $=1800 \times 32.5 = 58500$(원)

76 ❶

터널의 길이　기차의 길이
기차가 달리는 거리

(기차가 달리는 거리)$=620+80=700$(m)
❷ 기차가 달리는 거리는 700 m이고, 기차는 1초에
  37.2 m를 달립니다.
  따라서 $700 \div 37.2 = 18.81 \cdots$ ⇨ 18.8이므로
  기차가 터널을 완전히 통과하는 데 걸리는 시간은
  18.8초입니다.

77 (기차가 달리는 거리)=794+62.74=856.74(m)
따라서 856.74÷41.3=20.7⋯⋯ ⇨ 21이므로 기차가 터널을 완전히 통과하는 데 걸리는 시간은 21초입니다.

78 (기차가 달리는 거리)=834.6+65.1=899.7(m)
따라서 899.7÷25.6=35.144⋯⋯ ⇨ 35.14이므로 기차가 터널을 완전히 통과하는 데 걸리는 시간은 35.14초입니다.

✎ 서술형 문제는 풀이를 꼭 확인하세요.

1 (위에서부터) 10, 10 / 186, 6, 31 / 31
2 24   **3** 2.6
4 (위에서부터) 2.5, 4.8   **5** ㉠
6
7 5.7

8 =   **9** 1.8
10 6봉지, 2.2 kg   **11** 14명
12 1.96배   **13** 복숭아
14 28   **15** 1
16 5.9 cm   **17** 51분 후
✎**18** 17분 36초   ✎**19** 7통
✎**20** 44그루

1 나눗셈에서 나누어지는 수와 나누는 수에 같은 수를 곱하면 몫은 변하지 않습니다.

2
$$1.3\overline{)31.2}$$
```
        2 4
1.3 ) 3 1.2
        2 6
        5 2
        5 2
          0
```

3 23.84÷9=2.64⋯⋯ ⇨ 2.6

4 • 5.9÷2.36=590÷236=2.5
• 30.72÷6.4=3072÷640=4.8

5 ㉠ 17.28÷6.4=2.7
㉡ 9.4÷3.76=2.5
㉢ 4.55÷1.75=2.6

6 • 5.4÷0.9=54÷9=6
• 10.8÷0.6=108÷6=18
• 12.24÷1.53=1224÷153=8

7 0.9<2.43<2.7<5.13
⇨ 5.13÷0.9=5.7

8 12.96÷1.62=8, 22.24÷2.78=8
⇨ 8=8

9 3.2×☐=5.76 ⇨ ☐=5.76÷3.2=1.8

10
```
        6
4 ) 2 6.2
    2 4
      2.2
```
⇨ [담을 수 있는 봉지 수: 6봉지
    남는 콩의 양: 2.2 kg

11 (나누어 줄 수 있는 사람 수)=44.8÷3.2=14(명)

12 5.87÷3=1.956⋯⋯ ⇨ 1.96
따라서 강아지의 몸무게는 고양이의 몸무게의 1.96배입니다.

13 • (복숭아 1 kg의 가격)=48000÷3.75=12800(원)
• (딸기 1 kg의 가격)=61200÷4.5=13600(원)
따라서 $\underset{복숭아}{12800}$ < $\underset{딸기}{13600}$이므로 1 kg의 가격이 더 저렴한 과일은 복숭아입니다.

14 어떤 수를 ☐라 하면 ☐×2.65=196.63에서
☐=196.63÷2.65=74.2입니다.
따라서 바르게 계산하면 74.2÷2.65=28입니다.

15 13÷11=1.181818⋯⋯
몫의 소수 첫째 자리부터 숫자 1, 8이 차례대로 반복됩니다.
따라서 몫의 소수 19째 자리 숫자는 1입니다.

16 사다리꼴의 아랫변의 길이를 ☐cm라 하면
(3.5+☐)×4.2÷2=19.74,
(3.5+☐)×4.2=39.48,
3.5+☐=39.48÷4.2,
3.5+☐=9.4, ☐=5.9입니다.
따라서 사다리꼴의 아랫변의 길이는 5.9 cm입니다.

17 • (1분 동안 타는 양초의 길이)=2÷5=0.4(cm)
• (줄어든 양초의 길이)=36-15.6=20.4(cm)
따라서 남은 양초의 길이가 15.6 cm가 되는 때는
20.4÷0.4=51(분) 후입니다.

18 예 93.28 L의 물을 받는 데 걸리는 시간은
93.28÷5.3=17.6(분)입니다. ❶
따라서 93.28 L의 물을 받는 데 걸리는 시간은
17.6분=$17\frac{6}{10}$분=$17\frac{36}{60}$분=17분 36초입니다. ❷

채점 기준	
❶ 93.28 L의 물을 받는 데 걸리는 시간 구하기	3점
❷ 93.28 L의 물을 받는 데 걸리는 시간은 몇 분 몇 초인지 구하기	2점

19 예 페인트 한 통으로 칠할 수 있는 벽의 넓이는
2.4×5=12(m²)입니다. ❶
따라서 76.2÷12=6…4.2이므로 페인트는 적어도
7통이 필요합니다. ❷

채점 기준	
❶ 페인트 한 통으로 칠할 수 있는 벽의 넓이 구하기	2점
❷ 필요한 페인트 통의 수 구하기	3점

20 예 나무 사이의 간격 수는
632.1÷14.7=43(군데)입니다. ❶
따라서 필요한 나무 수는 43+1=44(그루)입니다. ❷

채점 기준	
❶ 나무 사이의 간격 수 구하기	3점
❷ 필요한 나무 수 구하기	2점

유형책 43~44쪽 **심화 단원 평가**

🖊 서술형 문제는 풀이를 꼭 확인하세요.

1 45, 18	**2** 5.3, 5.33
3 ㉣	**4** 84 km
5 0.02	**6** 1.5 L
7 9, 8, 3, 5, 2.8	**8** 37240원
🖊**9** 7 cm	🖊**10** 1.95 kg

1 • 162÷3.6=1620÷36=45
• 45÷2.5=450÷25=18

2 • 37.3÷7=5.32…… ⇨ 5.3
• 37.3÷7=5.328…… ⇨ 5.33

3 ㉠ 10.4÷1.3=8 ㉡ 2.88÷0.24=12
㉢ 37.8÷4.2=9 ㉣ 15.82÷1.13=14
⇨ 14 > 12 > 9 > 8
  ㉣ ㉡ ㉢ ㉠

4 3시간 15분=$3\frac{15}{60}$시간=$3\frac{1}{4}$시간=3.25시간
따라서 트럭은 한 시간 동안 273÷3.25=84(km)를
갔습니다.

5 • 46.5÷3.6=12.91…… → 12.9
• 46.5÷3.6=12.916…… → 12.92
⇨ 12.92−12.9=0.02

6
$$\begin{array}{r} 4 \\ 3\overline{)13.5} \\ \underline{12} \\ 1.5 \end{array}$$
⇨ [나누어 줄 수 있는 사람 수: 4명
남는 포도 주스의 양: 1.5 L

따라서 남김없이 모두 나누어 주려면 포도 주스가 적
어도 3−1.5=1.5(L) 더 필요합니다.

7 3 < 5 < 6 < 8 < 9이므로 몫이 가장 큰 나눗셈식은
9.8÷3.5=2.8입니다.

8 • (휘발유 1 L로 갈 수 있는 거리)
=30÷2.4=12.5(km)
• (245 km를 가는 데 필요한 휘발유의 양)
=245÷12.5=19.6(L)
⇨ (245 km를 가는 데 필요한 휘발유의 값)
=1900×19.6=37240(원)

9 예 삼각형의 넓이는 (밑변의 길이)×(높이)÷2입니
다. ❶
삼각형의 밑변의 길이를 ☐ cm라 하면
☐×4.8÷2=16.8, ☐×4.8=33.6,
☐=33.6÷4.8=7입니다.
따라서 이 삼각형의 밑변의 길이는 7 cm입니다. ❷

채점 기준	
❶ 삼각형의 넓이를 구하는 식 알아보기	4점
❷ 삼각형의 밑변의 길이 구하기	6점

10 예 간장 1.35 L의 무게는 8.03−5.87=2.16(kg)입
니다. ❶
간장 1 L의 무게는 2.16÷1.35=1.6(kg)입니다. ❷
따라서 빈 항아리의 무게는
8.03−(3.8×1.6)=1.95(kg)입니다. ❸

채점 기준	
❶ 간장 1.35 L의 무게 구하기	2점
❷ 간장 1 L의 무게 구하기	4점
❸ 빈 항아리의 무게 구하기	4점

3. 공간과 입체

🖊 서술형 문제는 풀이를 꼭 확인하세요.

1 가

2 4번 카메라

3 가

4 (1) 지희 (2) 민수

5 ╳

6 8개

7 다

8 세훈

9 13개

10 2가지

11 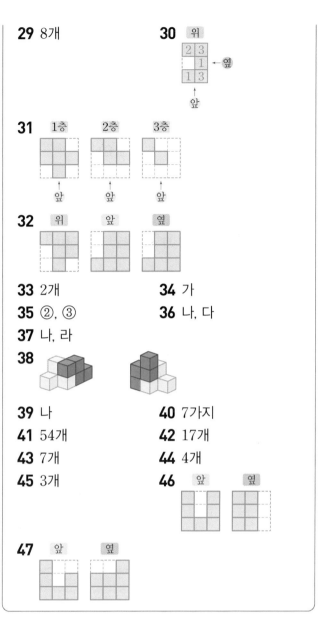 또는

12 위 앞 옆

13 8개

14 가, 나

🖊**15** 나

16 앞

17 옆 옆

18 ㉢

19 위 / 11개
3 1
3 2 1
1
↑
앞

20 ╳

21 앞 / 옆

🖊**22** 8개

23 다

24 위
1 3 1
2 1
2
↑
앞

25 3개

26 옆

27 3층

28 다

29 8개

30 위
2 3
1 ←옆
1 3
↑
앞

31 1층 2층 3층
앞 앞 앞

32 위 앞 옆

33 2개

34 가

35 ②, ③

36 나, 다

37 나, 라

38

39 나

40 7가지

41 54개

42 17개

43 7개

44 4개

45 3개

46 앞 옆

47 앞 옆

---

1 초록색 직육면체 위에 파란색 둥근기둥이 보이므로 가에서 찍은 것입니다.

2 빨간색 보호대를 입은 사람이 왼쪽, 파란색 보호대를 입은 사람이 오른쪽에 보이므로 4번 카메라에서 찍은 사진입니다.

3 왼쪽에 회전목마, 오른쪽에 햄버거 가게가 보이므로 가에서 찍은 사진입니다.

4 (1) 왼쪽에 자동차가 보이고 뒤쪽에 보라색 건물이 보이므로 지희 방향에서 본 것입니다.
(2) 왼쪽에 주황색 지붕의 건물이 보이고 오른쪽에 수영장이 보이므로 민수 방향에서 본 것입니다.

5 쌓기나무로 쌓은 모양을 위에서 본 모양은 1층에 쌓은 쌓기나무의 모양과 같습니다.

6 쌓은 모양에서 보이는 위의 면과 위에서 본 모양이 같으므로 숨겨진 쌓기나무가 없습니다.
⇨ (쌓기나무의 개수)=4+3+1=8(개)
   1층 2층 3층

7 다 ○표 한 쌓기나무가 보이므로 위에서 본 모양이 될 수 없습니다.

8 • (민주가 사용한 쌓기나무의 개수)=4+3+1=8(개)
      1층 2층 3층
• (세훈이가 사용한 쌓기나무의 개수)=4+4+1=9(개)
      1층 2층 3층
따라서 쌓기나무를 더 많이 사용한 친구는 세훈입니다.

9 쌓은 모양에서 보이는 위의 면과 위에서 본 모양이 다르므로 숨겨진 쌓기나무가 최대한 많을 때는 1층에 2개, 2층에 1개가 있습니다.
⇨ (쌓기나무의 개수)=6+5+2=13(개)
   1층 2층 3층

10 쌓은 모양에서 보이는 위의 면과 위에서 본 모양이 다르므로 숨겨진 쌓기나무가 1개 또는 2개 있습니다.
따라서 만들 수 있는 쌓기나무 모양은 모두 2가지입니다.

11
위에서 본 모양
쌓기나무 2개를 더 놓아도 보이는 부분의 쌓은 모양은 변하지 않았으므로 보이지 않는 부분 ㉠ 또는 ㉡에 쌓기나무를 2개 놓은 것입니다.
따라서 ㉠과 ㉡에 쌓기나무를 각각 1개씩 놓거나 ㉠에 쌓기나무를 2개 놓을 수 있습니다.

13
앞과 옆에서 본 모양을 보면 쌓기나무가 ○ 부분은 1개씩, △ 부분은 2개, ◇ 부분은 3개입니다.
 ⇨ (쌓기나무의 개수)=5+2+1=8(개)
                     1층 2층 3층

14 • 위에서 본 모양과 같이 쌓을 수 있는 모양은 가, 나, 다입니다.
• 앞에서 본 모양과 같이 쌓을 수 있는 모양은 가, 나입니다.
• 옆에서 본 모양과 같이 쌓을 수 있는 모양은 가, 나, 다입니다.
따라서 쌓을 수 있는 모양은 가, 나입니다.

15 ✎ 예 앞에서 본 모양을 각각 그려 봅니다.
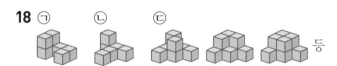
따라서 앞에서 본 모양이 다른 것은 나입니다.」❷

채점 기준
❶ 앞에서 본 모양을 각각 그리기
❷ 앞에서 본 모양이 다른 것 찾기

16 초록색 쌓기나무 3개를 빼내고 앞에서 보면 왼쪽에서부터 2층, 2층, 2층으로 보입니다.

17 보이지 않는 ㉠에 쌓을 수 있는 쌓기나무는 1개 또는 2개입니다.

18 ㉠ ㉡ ㉢ 등
따라서 쌓은 모양이 한 가지가 아닌 것은 ㉢입니다.

19 (쌓기나무의 개수)=3+1+3+2+1+1=11(개)

20 위에서 본 모양의 각 자리에 쌓인 쌓기나무의 수를 세어서 비교합니다.

21 앞에서 본 모양은 왼쪽에서부터 3층, 1층이고, 옆에서 본 모양은 왼쪽에서부터 2층, 3층, 1층입니다.

22 ✎ 예 위 앞과 옆에서 본 모양을 보고 위에서 본 모양의 각 자리에 쌓인 쌓기나무의 수를 쓰면 그림과 같습니다.」❶
따라서 똑같은 모양으로 쌓는 데 필요한 쌓기나무는 1+3+2+1+1=8(개)입니다.」❷

채점 기준
❶ 위에서 본 모양의 각 자리에 쌓인 쌓기나무의 수 쓰기
❷ 필요한 쌓기나무의 개수 구하기

23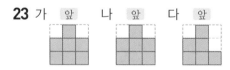
따라서 앞에서 본 모양이 다른 하나는 다입니다.

24 위 쌓기나무가 2층에 3개, 3층에 1개 있으므로 1층에는 10-(3+1)=6(개) 있습니다.
㉠ 따라서 ㉠ 부분에 쌓기나무가 1개 숨겨져 있습니다.

25 앞과 옆에서 본 모양을 보고 위에서 본 모양의 각 자리에 쌓인 쌓기나무의 수를 쓰면 그림과 같습니다.

따라서 옆에서 본 모양이 변하지 않으려면 ㉠에 1개, ㉡에 1개, ㉣에 1개 더 쌓을 수 있으므로 모두 3개까지 더 쌓을 수 있습니다.

26 앞에서 본 모양을 보고 위에서 본 모양의 각 자리에 쌓인 쌓기나무의 수를 쓰면 그림과 같습니다. ㉠과 ㉡에 쌓인 쌓기나무 수의 합은 $11-(1+2+1+1)=6$(개)이고, 앞에서 본 모양을 보면 3층이므로 ㉠과 ㉡에 쌓인 쌓기나무는 각각 3개입니다.

따라서 옆에서 본 모양은 왼쪽에서부터 1층, 3층, 3층으로 그립니다.

27

28 2층 모양은 1층 위에 쌓아야 하므로 1층에 쌓기나무가 없는 곳에는 쌓을 수 없습니다.
따라서 2층 모양이 될 수 있는 것은 다입니다.

29 (쌓기나무의 개수)$=3+3+2=8$(개)
　　　　　　　　　1층　2층　3층

30 위에서 본 모양의 3층의 자리에는 3을, 2층의 자리에는 2를 써넣고, 나머지 자리에는 1을 써넣습니다.

31 • 1층 모양은 위에서 본 모양과 같습니다.
• 2층 모양은 2와 3이 쓰여 있는 칸의 모양과 같습니다.
• 3층 모양은 3이 쓰여 있는 칸의 모양과 같습니다.

32 위에서 본 모양의 3층의 자리에는 3을, 2층의 자리에는 2를 써넣고, 나머지 자리에는 1을 써넣으면 그림과 같습니다.
따라서 위에서 본 모양은 1층 모양과 같고 앞에서 본 모양은 왼쪽에서부터 1층, 3층, 3층이며, 옆에서 본 모양은 왼쪽에서부터 1층, 3층, 3층입니다.

33 1층 모양이 될 수 있는 것은 색칠된 칸 수가 많은 두 모양이므로 마와 바입니다.
• 1층 모양이 마이면 2층 모양은 가, 3층 모양은 라입니다.
→ (쌓기나무의 개수)$=6+4+2=12$(개)

• 1층 모양이 바이면 2층 모양은 나, 3층 모양은 다입니다.
→ (쌓기나무의 개수)$=5+4+1=10$(개)
⇒ $12-10=2$(개)

34 주어진 모양을 뒤집거나 돌렸을 때 같은 모양인 것은 가입니다.

35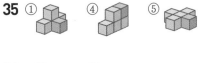

36

37

39

40 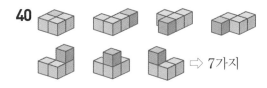 ⇒ 7가지

41 가로, 세로, 높이에서 가장 많이 쌓인 쌓기나무가 4개이므로 한 모서리에 쌓기나무를 4개씩 쌓아 정육면체를 만듭니다.
• (가장 작은 정육면체를 만드는 데 필요한 쌓기나무의 개수)
$=4\times4\times4=64$(개)
• (쌓여 있는 쌓기나무의 개수)
$=5+3+1+1=10$(개)
　　1층　2층　3층　4층
⇒ (더 필요한 쌓기나무의 개수)$=64-10=54$(개)

42 가로, 세로, 높이에서 가장 많이 쌓인 쌓기나무가 3개이므로 한 모서리에 쌓기나무를 3개씩 쌓아 정육면체를 만듭니다.
• (가장 작은 정육면체를 만드는 데 필요한 쌓기나무의 개수)
$=3\times3\times3=27$(개)
• (쌓여 있는 쌓기나무의 개수)
$=3+1+2+2+1+1=10$(개)
⇒ (더 필요한 쌓기나무의 개수)$=27-10=17$(개)

43 1층에 쌓은 쌓기나무의 개수는 색칠된 전체 칸 수와 같으므로 7개입니다.

44 3 이상인 수가 쓰인 칸은 3과 4가 쓰인 칸으로 모두 4칸입니다.
따라서 3층에 쌓은 쌓기나무는 4개입니다.

45 위

		1
1	3	1
1	2	1

앞과 옆에서 본 모양을 보고 위에서 본 모양의 각 자리에 쌓인 쌓기나무의 수를 쓰면 그림과 같습니다.
2층에 쌓은 쌓기나무는 2개, 3층에 쌓은 쌓기나무는 1개입니다.
따라서 2층 이상에 쌓은 쌓기나무는 2+1=3(개)입니다.

46 위

1	1	3
3		1

쌓기나무를 ㉠ 자리에 2개 더 쌓을 때, 위에서 본 모양의 각 자리에 쌓인 쌓기나무의 수를 쓰면 그림과 같습니다.
따라서 앞에서 본 모양은 왼쪽에서부터 3층, 1층, 3층으로 그리고, 옆에서 본 모양은 왼쪽에서부터 3층, 3층으로 그립니다.

47 보이는 쌓기나무가 10개이므로 숨겨진 쌓기나무가 없습니다.

위

3	1	2
2	1	2
2		

쌓기나무를 ㉠ 자리에 1개, ㉡ 자리에 2개 더 쌓을 때, 위에서 본 모양의 각 자리에 쌓인 쌓기나무의 수를 쓰면 그림과 같습니다.
따라서 앞에서 본 모양은 왼쪽에서부터 3층, 1층, 2층으로 그리고, 옆에서 본 모양은 왼쪽에서부터 2층, 2층, 3층으로 그립니다.

유형책 56~59쪽 **상위권유형 강화**

48 ❶ 위 ❷ 11개 / 9개

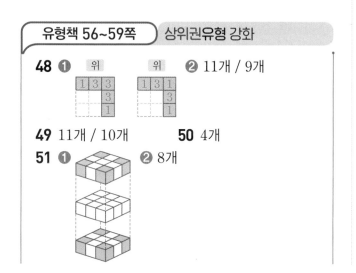

49 11개 / 10개 **50** 4개

51 ❶ ❷ 8개

---

52 24개   **53** 24개
54 ❶ 위 / 앞 / 옆 ❷ 28개
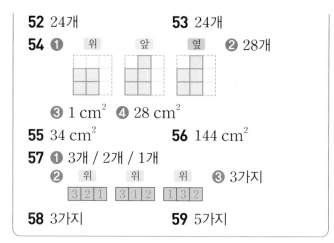
❸ 1 cm^2 **❹** 28 cm^2
55 34 cm^2 **56** 144 cm^2
57 ❶ 3개 / 2개 / 1개
❷ 위 / 위 / 위 ❸ 3가지
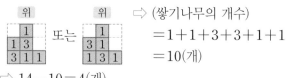
3 2 1 / 3 1 2 / 1 3 2
58 3가지   **59** 5가지

48 ❶ 위

1	3	㉠
		3
		1

앞과 옆에서 본 모양을 보고 위에서 본 모양의 각 자리에 쌓인 쌓기나무의 수를 쓰면 그림과 같으므로 ㉠ 자리에는 쌓기나무가 가장 많을 때 3개, 가장 적을 때 1개를 쌓을 수 있습니다.
❷ • 쌓기나무가 가장 많을 때 쌓기나무의 개수
⇨ 1+3+3+3+1=11(개)
• 쌓기나무가 가장 적을 때 쌓기나무의 개수
⇨ 1+3+1+3+1=9(개)

49 위

	2	
3	㉠	1
2		1

앞과 옆에서 본 모양을 보고 위에서 본 모양의 각 자리에 쌓인 쌓기나무의 수를 쓰면 그림과 같으므로 ㉠ 자리에는 쌓기나무가 가장 많을 때 2개, 가장 적을 때 1개를 쌓을 수 있습니다.
• 쌓기나무가 가장 많을 때 쌓기나무의 개수
⇨ 2+3+2+1+2+1=11(개)
• 쌓기나무가 가장 적을 때 쌓기나무의 개수
⇨ 2+3+1+1+2+1=10(개)

50 • 쌓기나무가 가장 많을 때
위 ⇨ (쌓기나무의 개수)

	1	
3	3	
3	3	1

=1+3+3+3+3+1
=14(개)

• 쌓기나무가 가장 적을 때
위 / 위 ⇨ (쌓기나무의 개수)

	1	
1	3	
3	1	1

또는

	1	
3	1	
	1	1

=1+1+3+3+1+1
=10(개)
⇨ 14-10=4(개)

51 ❶ 세 면에 페인트가 칠해진 쌓기나무는 큰 정육면체의 각 꼭짓점에 1개씩 있습니다.
❷ 정육면체의 꼭짓점은 8개이므로 세 면에 페인트가 칠해진 쌓기나무는 모두 8개입니다.

52 두 면에 페인트가 칠해진 쌓기나무는 큰 정육면체의 각 모서리의 가운데에 2개씩 있습니다.

따라서 정육면체의 모서리는 12개이므로 두 면에 페인트가 칠해진 쌓기나무는 모두 $2 \times 12 = 24$(개)입니다.

53 똑같은 모양으로 쌓으면 그림과 같습니다.
한 면에 페인트가 칠해진 쌓기나무는 큰 정육면체의 각 면의 가운데에 4개씩 있습니다.

따라서 정육면체의 면은 6개이므로 한 면에 페인트가 칠해진 쌓기나무는 모두 $4 \times 6 = 24$(개)입니다.

54 ❶ 쌓은 모양을 앞에서 본 모양은 왼쪽에서부터 2층, 3층으로 그리고, 옆에서 본 모양은 왼쪽에서부터 2층, 3층으로 그립니다.
❷ (위, 앞, 옆에서 본 면의 수의 합)$\times 2$
$= (4+5+5) \times 2 = 28$(개)
❸ $1 \times 1 = 1(\text{cm}^2)$
❹ (쌓기나무의 한 면의 넓이)$\times$(쌓은 모양에서 겉면의 수)
$= 1 \times 28 = 28(\text{cm}^2)$

55

· (쌓은 모양에서 겉면의 수)
$= (5+6+6) \times 2 = 34$(개)
· (쌓기나무의 한 면의 넓이)$= 1 \times 1 = 1(\text{cm}^2)$
⇨ (쌓은 모양의 겉넓이)$= 1 \times 34 = 34(\text{cm}^2)$

56
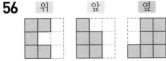
위와 아래, 앞과 뒤, 오른쪽 옆과 왼쪽 옆에서 보이는 면은 $(5+5+7) \times 2 = 34$(개)이고, 어느 방향에서도 보이지 않는 면은 2개입니다.
· (쌓은 모양에서 겉면의 수)$= 34+2 = 36$(개)
· (쌓기나무의 한 면의 넓이)$= 2 \times 2 = 4(\text{cm}^2)$
⇨ (쌓은 모양의 겉넓이)$= 4 \times 36 = 144(\text{cm}^2)$

57 ❶ 1층 모양은 위에서 본 모양과 같으므로 1층의 쌓기나무는 3개이고, 각 층의 쌓기나무의 개수는 모두 다르므로 2층은 2개, 3층은 1개입니다.

58 1층 모양은 위에서 본 모양과 같으므로 1층의 쌓기나무는 4개이고, 각 층의 쌓기나무의 개수는 모두 다르므로 2층은 2개, 3층은 1개입니다.
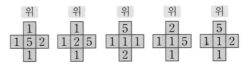 위에서 본 모양의 각 자리에 쌓을 수 있는 쌓기나무의 수를 쓰면 그림과 같습니다.
따라서 만들 수 있는 모양은 모두 3가지입니다.

59 1층 모양은 위에서 본 모양과 같으므로 1층의 쌓기나무는 5개입니다. 2층부터 5층까지 각 층에 쌓기나무가 1개씩 있다면 사용된 쌓기나무는
$5+1+1+1+1 = 9$(개)이므로 2층부터 5층까지 한 개 층은 쌓기나무가 2개, 나머지 층은 쌓기나무가 1개씩입니다.
위에서 본 모양의 각 자리에 쌓을 수 있는 쌓기나무의 수를 쓰면 그림과 같습니다.

위 1 1 5 2 1 | 위 1 1 2 5 1 | 위 5 1 1 1 1 | 위 2 1 1 5 1 | 위 5 1 1 2 1

따라서 만들 수 있는 모양은 모두 5가지입니다.

유형책 60~62쪽 응용 단원 평가

✎ 서술형 문제는 풀이를 꼭 확인하세요.

1 라

2 가

3 8개

4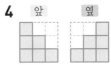

5

6

7 나

8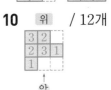

9

10 / 12개

11

12 나

13

14 2개

15 7개

16 15개

17 12개

18 5개

19 3개

20 11개

---

1 파란색 화분이 가운데, 흰색 화분이 왼쪽, 빨간색 화분이 오른쪽에 보이므로 라에서 찍은 사진입니다.

2 • 나: 왼쪽 옆에서 찍은 사진입니다.
　 • 다: 오른쪽 옆에서 찍은 사진입니다.

3 쌓은 모양에서 보이는 위의 면과 위에서 본 모양이 같으므로 숨겨진 쌓기나무가 없습니다.
　 ⇨ (쌓기나무의 개수)＝5＋2＋1＝8(개)
　　　　　　　　　　　 1층 2층 3층

4 쌓은 모양과 위에서 본 모양을 보면 숨겨진 쌓기나무가 없습니다.
　 따라서 앞에서 본 모양은 왼쪽에서부터 3층, 2층, 1층으로 그리고, 옆에서 본 모양은 왼쪽에서부터 1층, 2층, 3층으로 그립니다.

7 가　　　　다

8 앞에서 본 모양은 왼쪽에서부터 3층, 2층으로 그리고, 옆에서 본 모양은 왼쪽에서부터 1층, 2층, 3층으로 그립니다.

10 (필요한 쌓기나무의 개수)＝3＋2＋2＋3＋1＋1
　　　　　　　　　　　　　　 ＝12(개)

12 • 위와 앞에서 본 모양을 보면 쌓은 모양은 가와 나입니다.
　 • 옆에서 본 모양을 보면 쌓은 모양은 나입니다.

13 **위**
　 ⊙과 ⓒ에 쌓인 쌓기나무 수의 합은
　 10－(1＋3＋1＋1)＝4(개)이고, 앞에서 본 모양을 보면 2층이므로 ⊙과 ⓒ에 쌓인 쌓기나무는 각각 2개입니다.
　 따라서 옆에서 본 모양은 왼쪽에서부터 1층, 2층, 3층으로 그립니다.

14 **위**
　 쌓기나무로 쌓은 모양을 보고 위에서 본 모양의 각 자리에 쌓인 쌓기나무의 수를 쓰면 그림과 같습니다.
　 ⇨ (⊙ 자리에 쌓은 쌓기나무의 개수)
　　 ＝14－(2＋1＋3＋3＋1＋1＋1)＝2(개)

15 **위**
　 앞과 옆에서 본 모양을 보고 위에서 본 모양의 각 자리에 쌓인 쌓기나무의 수를 쓰면 그림과 같습니다.
　 ⇨ (쌓기나무의 개수)＝1＋1＋3＋1＋1＝7(개)

16 가로, 세로, 높이에서 가장 많이 쌓인 쌓기나무가 3개이므로 한 모서리에 쌓기나무를 3개씩 쌓아 정육면체를 만듭니다.
　 • (가장 작은 정육면체를 만드는 데 필요한 쌓기나무의 개수)
　　 ＝3×3×3＝27(개)
　 • (쌓여 있는 쌓기나무의 개수)＝6＋5＋1＝12(개)
　　　　　　　　　　　　　　　　　 1층 2층 3층
　 ⇨ (더 필요한 쌓기나무의 개수)
　　 ＝27－12＝15(개)

17 두 면에 페인트가 칠해진 쌓기나무는 큰 정육면체의 각 모서리의 가운데에 1개씩 있습니다.
　 따라서 정육면체의 모서리는 12개이므로 두 면에 페인트가 칠해진 쌓기나무는 모두 1×12＝12(개)입니다.

18 예 쌓은 모양과 위에서 본 모양을 보면 숨겨진 쌓기나무가 없습니다. 1층에 6개, 2층에 3개, 3층에 1개이므로 똑같이 쌓는 데 필요한 쌓기나무는
　 6＋3＋1＝10(개)입니다. ❶
　 따라서 남는 쌓기나무는 15－10＝5(개)입니다. ❷

채점 기준

❶ 똑같이 쌓는 데 필요한 쌓기나무의 개수 구하기	3점
❷ 남는 쌓기나무의 개수 구하기	2점

19 예 2층에 쌓인 쌓기나무는 2 이상인 수가 쓰인 칸 수와 같으므로 4개이고, 3층에 쌓인 쌓기나무는 3 이상인 수가 쓰인 칸 수와 같으므로 1개입니다. ❶
　 따라서 2층에 쌓인 쌓기나무는 3층에 쌓인 쌓기나무보다 4－1＝3(개) 더 많습니다. ❷

채점 기준

❶ 2층과 3층에 쌓인 쌓기나무의 개수를 각각 구하기	4점
❷ 2층과 3층에 쌓인 쌓기나무의 개수의 차 구하기	1점

20 예

위
	2	
3	2	1
2		1

앞과 옆에서 본 모양을 보고 위에서 본 모양의 각 자리에 쌓인 쌓기나무가 가장 많은 경우 쌓기나무의 수를 쓰면 그림과 같습니다.」❶

따라서 쌓기나무가 가장 많은 경우의 쌓기나무는
2＋3＋2＋1＋2＋1＝11(개)입니다.」❷

채점 기준	
❶ 쌓은 쌓기나무가 가장 많은 경우 위에서 본 모양의 각 자리에 쌓인 쌓기나무의 수 쓰기	3점
❷ 쌓기나무가 가장 많은 경우 쌓기나무의 개수 구하기	2점

유형책 63~64쪽 · **심화 단원 평가**

🖊 서술형 문제는 풀이를 꼭 확인하세요.

1 다
2 나
3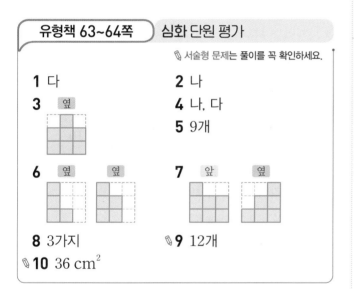
4 나, 다
5 9개
6
7
8 3가지
9 12개
🖊**10** 36 cm²

1 주어진 모양을 돌렸을 때 같은 모양인 것은 다입니다.

2 1층 모양대로 쌓은 모양은 가, 나, 다입니다.
가, 나, 다 중 2층, 3층 모양대로 쌓은 모양은 나입니다.

3 보이는 쌓기나무가 11개이므로 숨겨진 쌓기나무가 없습니다.
따라서 옆에서 본 모양은 왼쪽에서부터 2층, 3층, 2층으로 그립니다.

4 나 　　다

5

위
3	2	
1	1	

앞과 옆에서 본 모양을 보고 위에서 본 모양의 각 자리에 쌓인 쌓기나무의 수를 쓰면 그림과 같습니다.
⇨ (쌓기나무의 개수)＝3＋2＋2＋1＋1＝9(개)

6

위
㉠		

보이지 않는 ㉠에 쌓을 수 있는 쌓기나무는 1개 또는 2개입니다.

7

위
3	2	1
2	1	2
1	1	

㉠과 ㉡ 자리에 쌓기나무를 더 쌓을 때, 위에서 본 모양의 각 자리에 쌓인 쌓기나무의 수를 쓰면 그림과 같습니다.
따라서 앞에서 본 모양은 왼쪽에서부터 3층, 2층, 2층으로 그리고, 옆에서 본 모양은 왼쪽에서부터 1층, 2층, 3층으로 그립니다.

8 1층 모양은 위에서 본 모양과 같으므로 1층의 쌓기나무는 4개이고, 각 층의 쌓기나무의 개수는 모두 다르므로 2층은 3개, 3층은 1개입니다.
위에서 본 모양의 각 자리에 쌓을 수 있는 쌓기나무의 수를 쓰면 다음과 같습니다.

위　　　위　　　위
1	2			1	2			3	2	
2	3			3	2			1	2	

따라서 만들 수 있는 모양은 모두 3가지입니다.

9 예

위
3	2	1
	3	
1	2	

위에서 본 모양의 3층의 자리에는 3을, 2층의 자리에는 2를 써넣고, 나머지 자리에는 1을 써넣으면 그림과 같습니다.」❶
따라서 필요한 쌓기나무는
3＋2＋1＋3＋1＋2＝12(개)입니다.」❷

채점 기준	
❶ 위에서 본 모양의 각 자리에 쌓인 쌓기나무의 수 쓰기	6점
❷ 필요한 쌓기나무의 개수 구하기	4점

10 예

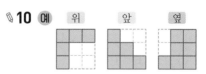

쌓은 모양에서 겉면의 수는
(5＋6＋7)×2＝36(개)입니다.」❶
쌓기나무의 한 면의 넓이는
1×1＝1(cm²)입니다.」❷
따라서 쌓은 모양의 겉넓이는
1×36＝36(cm²)입니다.」❸

채점 기준	
❶ 쌓은 모양에서 겉면의 수 구하기	5점
❷ 쌓기나무의 한 면의 넓이 구하기	1점
❸ 쌓은 모양의 겉넓이 구하기	4점

4. 비례식과 비례배분

유형책 66~73쪽 실전유형 강화

🖊 서술형 문제는 풀이를 꼭 확인하세요.

1 24 : 31

2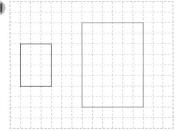

3 예 15 : 24, 10 : 16

4 3, 4 / 예

5 20 / 91

6 21

7 × / ○

8 예 46 : 27

9 ⓒ

🖊**10** 예 7 : 3

11 예 1 : 2

12 예 14 : 9

13 27

14 9, 16, 36

15 ④

🖊**16** 8 : 7 = 3.2 : 2.8 (또는 3.2 : 2.8 = 8 : 7)

17 (1) 예 3 : 4 = 12 : 16 (2) 예 2 : 9 = 16 : 72

18 (위에서부터) 12, 16 / 15, 20 / 예 8 : 2 = 16 : 4

19 15, 4, 5

20 4, 8, 28

21 12, 42, 56

22 14

23

24 7

25 60 / 15

26 7

27 10

28 예 9 : 8

29 예 49 : 12

30 예 23 : 16

31 예 1 : 3 = 5 : 15

32 예 2 : 4 = 5 : 10

33 예 6 : 8 = 9 : 12, 6 : 9 = 8 : 12

34 600 g

35 21 m

🖊**36** 45초

37 252 cm

38 35명

39 216 km

40 9개

41 20개 / 16개

42 21일

43 영훈, 20개

44 64장 / 48장

🖊**45** 풀이 참조

46 240 g / 540 g

47 15 cm / 18 cm

48 78장

49 36 cm

50 46벌 / 23벌

---

2 • 7 : 2는 전항과 후항에 2를 곱한 14 : 4와 비율이 같습니다.
• 20 : 25는 전항과 후항을 5로 나눈 4 : 5와 비율이 같습니다.
• 6 : 11은 전항과 후항에 3을 곱한 18 : 33과 비율이 같습니다.

3 전항과 후항을 2로 나누면 15 : 24, 3으로 나누면 10 : 16입니다.

4 3 : 4와 비율이 같은 비는 6 : 8, 9 : 12 등이 있습니다.

5 • 5 : 13의 전항과 후항에 4를 곱하면 20 : 52입니다.
⇨ ㉠ = 20
• 5 : 13의 전항과 후항에 7을 곱하면 35 : 91입니다.
⇨ ㉡ = 91

6 전항을 □라 하면 □ : 35이고 비율은 $\frac{□}{35}$입니다.
⇨ $\frac{□}{35} = 0.6 = \frac{6}{10} = \frac{3}{5} = \frac{3 \times 7}{5 \times 7} = \frac{21}{35}$, □ = 21

7 • 0.9 : 1 ⇨ (0.9 × 10) : (1 × 10) ⇨ 9 : 10
• 27 : 36 ⇨ (27 ÷ 9) : (36 ÷ 9) ⇨ 3 : 4

8 (강아지의 무게) : (고양이의 무게)
⇨ $4\frac{3}{5}$: 2.7 ⇨ 4.6 : 2.7
⇨ (4.6 × 10) : (2.7 × 10) ⇨ 46 : 27

9 ㉠ 0.4 : 1.6 ⇨ (0.4 × 10) : (1.6 × 10) ⇨ 4 : 16
⇨ (4 ÷ 4) : (16 ÷ 4) ⇨ 1 : 4
㉡ 40 : 96 ⇨ (40 ÷ 8) : (96 ÷ 8) ⇨ 5 : 12
㉢ $\frac{2}{5}$: $\frac{1}{8}$ ⇨ $\left(\frac{2}{5} \times 40\right)$: $\left(\frac{1}{8} \times 40\right)$ ⇨ 16 : 5
㉣ 0.5 : $\frac{1}{4}$ ⇨ $\frac{5}{10}$: $\frac{1}{4}$ ⇨ $\left(\frac{5}{10} \times 20\right)$: $\left(\frac{1}{4} \times 20\right)$
⇨ 10 : 5 ⇨ (10 ÷ 5) : (5 ÷ 5) ⇨ 2 : 1

🖊**10** 예 보민이가 동생에게 주고 남은 용돈은
4000 − 1200 = 2800(원)입니다.❶
따라서 보민이와 동생이 나누어 가진 용돈의 비는
2800 : 1200이고 간단한 자연수의 비로 나타내면
2800 : 1200 ⇨ (2800 ÷ 400) : (1200 ÷ 400)
⇨ 7 : 3입니다.❷

채점 기준
❶ 보민이가 동생에게 주고 남은 용돈 구하기
❷ 보민이와 동생이 나누어 가진 용돈의 비를 간단한 자연수의 비로 나타내기

11 $0.5=\dfrac{5}{10}$이고 비로 나타내면 $5:10$입니다.

$5:10$을 간단한 자연수의 비로 나타내면

$5:10 \Rightarrow (5 \div 5):(10 \div 5) \Rightarrow 1:2$입니다.

12 • (평행사변형의 넓이)$=10 \times 7=70(\text{cm}^2)$

• (마름모의 넓이)$=15 \times 6 \div 2=45(\text{cm}^2)$

따라서 평행사변형의 넓이와 마름모의 넓이의 비는

$70:45$이고 간단한 자연수의 비로 나타내면

$70:45 \Rightarrow (70 \div 5):(45 \div 5) \Rightarrow 14:9$입니다.

13 내항은 10, 27이고 전항은 9, 27입니다.

따라서 내항이면서 전항인 수는 27입니다.

14 $4:9$의 전항과 후항에 4를 곱하면 $16:36$이므로

㉠$=36$입니다.

$4:9$와 $16:36$의 비율이 같으므로 비례식을 세우면

$4:9=16:36$입니다.

15 $5:3$의 비율은 $\dfrac{5}{3}$입니다.

각 비의 비율은 다음과 같습니다.

① $\dfrac{3}{5}$ ② $\dfrac{10}{9}$ ③ $\dfrac{20}{18}\left(=\dfrac{10}{9}\right)$

④ $\dfrac{25}{15}\left(=\dfrac{5}{3}\right)$ ⑤ $\dfrac{33}{55}\left(=\dfrac{3}{5}\right)$

따라서 ⬜ 안에 들어갈 수 있는 비는 $5:3$과 비율이

같은 ④ $25:15$입니다.

16 **예** $8:7$의 비율은 $\dfrac{8}{7}$, $12:16$의 비율은 $\dfrac{12}{16}\left(=\dfrac{3}{4}\right)$,

$\dfrac{3}{4}:\dfrac{1}{2}$을 간단한 자연수의 비로 나타내면 $3:2$이므

로 비율은 $\dfrac{3}{2}$, $3.2:2.8$을 간단한 자연수의 비로 나

타내면 $8:7$이므로 비율은 $\dfrac{8}{7}$입니다.」❶

따라서 비율이 같은 두 비는 $8:7$과 $3.2:2.8$이므로

비례식을 세우면 $8:7=3.2:2.8$입니다.」❷

채점 기준
❶ 비율을 각각 구하기
❷ 비율이 같은 두 비를 찾아 비례식을 세우기

17 비율을 비로 나타낼 때에는 분자를 전항에, 분모를 후

항에 씁니다.

18 (큰 비커 수) : (모둠 수), (작은 비커 수) : (모둠 수) 등

다양한 경우의 수에 따른 비례식을 세울 수 있습니다.

$\Rightarrow 4:1=12:3$, $5:1=20:4$ 등

19 $12:㉠=㉡:㉢$이라 하면 외항의 곱이 60이므로

$12 \times ㉢=60$, ㉢$=5$입니다.

$12:㉠$의 비율이 $\dfrac{4}{5}$이므로 $\dfrac{12}{㉠}=\dfrac{4}{5}$에서

㉠$=15$입니다.

㉡$:5$의 비율이 $\dfrac{4}{5}$이므로 $\dfrac{㉡}{5}=\dfrac{4}{5}$에서

㉡$=4$입니다.

20 $㉠:14=㉡:㉢$이라 하면 $㉠:14$의 비율이 $\dfrac{2}{7}$이므

로 $\dfrac{㉠}{14}=\dfrac{2}{7}$에서 ㉠$=4$입니다.

$4:14=㉡:㉢$에서 오른쪽 비는 왼쪽 비의 전항과

후항에 2를 곱한 비이므로 ㉡$=8$, ㉢$=28$입니다.

21 $3:4$의 비율은 $\dfrac{3}{4}$입니다.

$9:㉠=㉡:㉢$이라 하면 외항이 9, 56이므로

㉢$=56$입니다.

$9:㉠$의 비율이 $\dfrac{3}{4}$이므로 $\dfrac{9}{㉠}=\dfrac{3}{4}$에서

㉠$=12$입니다.

㉡$:56$의 비율이 $\dfrac{3}{4}$이므로 $\dfrac{㉡}{56}=\dfrac{3}{4}$에서

㉡$=42$입니다.

22 $\dfrac{1}{4}:2=⬜:112$

$\Rightarrow \dfrac{1}{4} \times 112=2 \times ⬜$, $2 \times ⬜=28$, $⬜=14$

23 • $8:28=2:⬜$

$\Rightarrow 8 \times ⬜=28 \times 2$, $8 \times ⬜=56$, $⬜=7$

• $40:15=⬜:3$

$\Rightarrow 40 \times 3=15 \times ⬜$, $15 \times ⬜=120$, $⬜=8$

• $⬜:9.6=5:4$

$\Rightarrow ⬜ \times 4=9.6 \times 5$, $⬜ \times 4=48$, $⬜=12$

24 • $㉠:9=12:27$

$\Rightarrow ㉠ \times 27=9 \times 12$, $㉠ \times 27=108$, $㉠=4$

• $2.4:6.4=㉡:8$

$\Rightarrow 2.4 \times 8=6.4 \times ㉡$, $6.4 \times ㉡=19.2$, $㉡=3$

따라서 ㉠$+㉡=4+3=7$입니다.

25 • $㉠ \times 4=240$, $㉠=60$

• $16 \times ㉡=240$, $㉡=15$

26 $5:8=\square:56 \Rightarrow 5\times56=8\times\square, 8\times\square=280,$
$\square=35$입니다.
따라서 $\square:60=\bigcirc:12$에서 $35:60=\bigcirc:12$이므
로 $35\times12=60\times\bigcirc, 60\times\bigcirc=420, \bigcirc=7$입니다.

27 ㉮$:9=\square:$㉯에서 ㉮$\times$㉯$=9\times\square$이므로
㉮$\times$㉯는 9의 배수입니다.
또, ㉮$\times$㉯가 100보다 작은 5의 배수이므로 ㉮$\times$㉯
가 될 수 있는 수는 100보다 작은 5와 9의 공배수이
고 이중에서 가장 큰 수는 90입니다. $\square$ 안에 들어갈
수 있는 수가 가장 큰 경우는 ㉮$\times$㉯가 가장 큰 수일
때이므로 ㉮$\times$㉯$=90$일 때입니다.
$\Rightarrow$ ㉮$\times$㉯$=9\times\square, 90=9\times\square, \square=10$

28 비례식에서 외항의 곱과 내항의 곱은 같으므로
㉮$\times\dfrac{2}{3}=$㉯$\times\dfrac{3}{4}$을 비례식으로 나타내면
㉮$:$㉯$=\dfrac{3}{4}:\dfrac{2}{3}$입니다.
따라서 ㉮$:$㉯를 간단한 자연수의 비로 나타내면
$\dfrac{3}{4}:\dfrac{2}{3} \Rightarrow \left(\dfrac{3}{4}\times12\right):\left(\dfrac{2}{3}\times12\right) \Rightarrow 9:8$입니다.

29 비례식에서 외항의 곱과 내항의 곱은 같으므로
㉮$\times\dfrac{3}{14}=$㉯$\times\dfrac{7}{8}$을 비례식으로 나타내면
㉮$:$㉯$=\dfrac{7}{8}:\dfrac{3}{14}$입니다.
따라서 ㉮$:$㉯를 간단한 자연수의 비로 나타내면
$\dfrac{7}{8}:\dfrac{3}{14} \Rightarrow \left(\dfrac{7}{8}\times56\right):\left(\dfrac{3}{14}\times56\right) \Rightarrow 49:12$입
니다.

30 비례식에서 외항의 곱과 내항의 곱은 같으므로
㉮$\times1.6=$㉯$\times2.3$을 비례식으로 나타내면
㉮$:$㉯$=2.3:1.6$입니다.
따라서 ㉮$:$㉯를 간단한 자연수의 비로 나타내면
$2.3:1.6 \Rightarrow (2.3\times10):(1.6\times10) \Rightarrow 23:16$입니다.

31 두 수의 곱이 같은 카드를 찾아서 외항과 내항에 놓아
비례식을 세울 수 있습니다.
$1\times15=15, 3\times5=15$
$\Rightarrow 1:3=5:15, 1:5=3:15, 15:3=5:1,$
$15:5=3:1$ 등이 있습니다.

32 두 수의 곱이 같은 카드를 찾아서 외항과 내항에 놓아
비례식을 세울 수 있습니다.
$2\times10=20, 4\times5=20$
$\Rightarrow 2:4=5:10, 2:5=4:10, 10:4=5:2,$
$10:5=4:2$ 등이 있습니다.

33 두 수의 곱이 같은 카드를 찾아서 외항과 내항에 놓아
비례식을 세울 수 있습니다.
$6\times12=72, 8\times9=72$
$\Rightarrow 6:8=9:12, 6:9=8:12, 12:8=9:6,$
$12:9=8:6$ 등이 있습니다.

34 넣어야 하는 돼지고기의 양을 $\square$ g이라 하고 비례식
을 세우면 $6:5=720:\square$입니다.
$\Rightarrow 6\times\square=5\times720, 6\times\square=3600, \square=600$

35 옆 건물의 높이를 $\square$ m라 하고 비례식을 세우면
$6:2=\square:7$입니다.
$\Rightarrow 6\times7=2\times\square, 2\times\square=42, \square=21$

36 예 35장을 인쇄할 때 걸리는 시간을 $\square$초라 하고 비
례식을 세우면 $9:7=\square:35$입니다.」❶
따라서 $9\times35=7\times\square, 7\times\square=315, \square=45$이
므로 35장을 인쇄하는 데 45초가 걸립니다.」❷

채점 기준
❶ 문제에 알맞은 비례식 세우기
❷ 35장을 인쇄하는 데 걸리는 시간 구하기

37 직사각형의 가로를 $\square$ cm라 하고 비례식을 세우면
$10:11=\square:66$입니다.
$\Rightarrow 10\times66=11\times\square, 11\times\square=660, \square=60$
따라서 직사각형의 둘레는 $(60+66)\times2=252$(cm)
입니다.

38 은정이네 반 전체 학생 수를 $\square$명이라 하고 비례식을
세우면 $100:\square=40:14$입니다.
$\Rightarrow 100\times14=\square\times40, \square\times40=1400, \square=35$
참고 반 전체 학생의 40 %가 14명일 때 100 %에 해당하는
수가 반 전체 학생 수입니다.

39 1시간 20분$=1\dfrac{20}{60}$시간$=1\dfrac{1}{3}$시간
2시간 동안 갈 수 있는 거리를 $\square$ km라 하고 비례식
을 세우면 $1\dfrac{1}{3}:144=2:\square$입니다.
$\Rightarrow 1\dfrac{1}{3}\times\square=144\times2, 1\dfrac{1}{3}\times\square=288,$
$\square=216$

40 (소울이가 배를 산 돈)$=15000-3000=12000$(원)

소울이가 12000원으로 산 배의 수를 ☐개라 하고 비례식을 세우면 $3:4000=☐:12000$입니다.

$\Rightarrow 3\times12000=4000\times☐$, $4000\times☐=36000$,

☐$=9$

41 • 노란색 바구니: $36\times\dfrac{5}{5+4}=36\times\dfrac{5}{9}=20$(개)

• 파란색 바구니: $36\times\dfrac{4}{5+4}=36\times\dfrac{4}{9}=16$(개)

42 6월의 날수는 30일입니다.

$\Rightarrow$ (비가 오지 않은 날)$=30\times\dfrac{7}{3+7}$

$=30\times\dfrac{7}{10}=21$(일)

43 • 수진: $220\times\dfrac{6}{6+5}=220\times\dfrac{6}{11}=120$(개)

• 영훈: $220\times\dfrac{5}{6+5}=220\times\dfrac{5}{11}=100$(개)

$\Rightarrow$ 영훈이가 사과를 $120-100=20$(개) 더 적게 땄습니다.

44 (지원이네 모둠 사람 수) : (민석이네 모둠 사람 수)

$=4:3$

• 지원이네 모둠: $112\times\dfrac{4}{4+3}=112\times\dfrac{4}{7}=64$(장)

• 민석이네 모둠: $112\times\dfrac{3}{4+3}=112\times\dfrac{3}{7}=48$(장)

✎45 **방법1** **예** 경진이가 내야 하는 금액은

$24000\times\dfrac{5}{5+7}=24000\times\dfrac{5}{12}=10000$(원)입니다.」**❶**

방법2 **예** 경진이가 내야 하는 금액을 ☐원이라 하고 비례식을 세우면 $5:12=☐:24000$입니다.

따라서 $5\times24000=12\times☐$, $12\times☐=120000$,

☐$=10000$이므로 경진이가 내야 하는 금액은 10000원입니다.」**❷**

채점 기준
❶ 한 가지 방법으로 구하기
❷ 다른 한 가지 방법으로 구하기

46 설탕과 물의 양의 비는 $\dfrac{2}{9}:\dfrac{1}{2}$이고 간단한 자연수의

비로 나타내면 $\dfrac{2}{9}:\dfrac{1}{2}$ $\Rightarrow$ $\left(\dfrac{2}{9}\times18\right):\left(\dfrac{1}{2}\times18\right)$

$\Rightarrow$ $4:9$입니다.

• 설탕: $780\times\dfrac{4}{4+9}=780\times\dfrac{4}{13}=240$(g)

• 물: $780\times\dfrac{9}{4+9}=780\times\dfrac{9}{13}=540$(g)

47 (가로)$+$(세로)$=66\div2=33$(cm)

$\Rightarrow$ • 가로: $33\times\dfrac{5}{5+6}=33\times\dfrac{5}{11}=15$(cm)

• 세로: $33\times\dfrac{6}{5+6}=33\times\dfrac{6}{11}=18$(cm)

48 처음에 있던 딱지를 ☐장이라 하면

☐$\times\dfrac{7}{6+7}=42$, ☐$\times\dfrac{7}{13}=42$, ☐$=78$입니다.

49 정삼각형의 둘레는 (한 변의 길이)$\times3$이므로 ㉮와 ㉯의 둘레의 비는 $(3\times3):(4\times3)=9:12$입니다.

$\Rightarrow$ (㉮의 둘레)$=84\times\dfrac{9}{9+12}=84\times\dfrac{9}{21}=36$(cm)

50 티셔츠 수가 바지 수의 2배이므로 티셔츠 수와 바지 수의 비는 $2:1$입니다.

• 티셔츠: $69\times\dfrac{2}{2+1}=69\times\dfrac{2}{3}=46$(벌)

• 바지: $69\times\dfrac{1}{2+1}=69\times\dfrac{1}{3}=23$(벌)

유형책 74~77쪽 **상위권유형 강화**

51 ❶ $\dfrac{1}{10}$ / $\dfrac{1}{8}$ ❷ 예 $4:5$

52 예 $5:3$ **53** 예 $2:3$

54 ❶ 예 $5:7$ ❷ $210\ cm^2$

55 $360\ cm^2$ **56** $320\ cm^2$

57 ❶ 예 $8:9$ ❷ 85만 원

58 120만 원 **59** 520만 원

60 ❶ 7분 ❷ 오전 10시 53분

61 오후 3시 50분 **62** 오후 1시 12분

51 ❶ 남준이가 하루에 하는 일의 양은 $\dfrac{1}{10}$, 태희가 하루에 하는 일의 양은 $\dfrac{1}{8}$입니다.

❷ 남준이와 태희가 하루에 하는 일의 양의 비는

$\dfrac{1}{10}:\dfrac{1}{8}$이고 간단한 자연수의 비로 나타내면

$\dfrac{1}{10}:\dfrac{1}{8}$ $\Rightarrow$ $\left(\dfrac{1}{10}\times40\right):\left(\dfrac{1}{8}\times40\right)$ $\Rightarrow$ $4:5$입니다.

52 어떤 일의 양을 1이라 할 때,

상미가 하루에 하는 일의 양은 $\dfrac{1}{9}$, 지윤이가 하루에 하는 일의 양은 $\dfrac{1}{15}$입니다.

따라서 상미와 지윤이가 하루에 하는 일의 양의 비는

$\frac{1}{9} : \frac{1}{15}$ 이고 간단한 자연수의 비로 나타내면

$\frac{1}{9} : \frac{1}{15} \Rightarrow \left(\frac{1}{9} \times 45\right) : \left(\frac{1}{15} \times 45\right) \Rightarrow 5 : 3$입니다.

53 수학 문제집 한 권의 양을 1이라 할 때,

희원이가 하루에 푼 수학 문제집의 양은 $\frac{1}{36}$, 정표가

하루에 푼 수학 문제집의 양은 $\frac{1}{24}$입니다.

따라서 희원이와 정표가 하루에 푼 수학 문제집의 양의

비는 $\frac{1}{36} : \frac{1}{24}$이고 간단한 자연수의 비로 나타내면

$\frac{1}{36} : \frac{1}{24} \Rightarrow \left(\frac{1}{36} \times 72\right) : \left(\frac{1}{24} \times 72\right) \Rightarrow 2 : 3$입니다.

54 ❶ ㉮와 ㉯의 넓이의 비는 ㉮와 ㉯의 가로의 비와 같으므로 15 : 21입니다.

간단한 자연수의 비로 나타내면

15 : 21 ⇨ (15÷3) : (21÷3) ⇨ 5 : 7입니다.

❷ (㉮의 넓이)$= 504 \times \frac{5}{5+7}$

$= 504 \times \frac{5}{12} = 210(\text{cm}^2)$

55 ㉮와 ㉯의 넓이의 비는 ㉮와 ㉯의 밑변의 길이의 비와 같으므로 24 : 18입니다.

간단한 자연수의 비로 나타내면

24 : 18 ⇨ (24÷6) : (18÷6) ⇨ 4 : 3입니다.

⇨ (㉮의 넓이)$= 630 \times \frac{4}{4+3}$

$= 630 \times \frac{4}{7} = 360(\text{cm}^2)$

56 ㉮와 ㉯의 넓이의 비는 ㉮의 밑변의 길이와 ㉯의 (밑변의 길이÷2)의 비와 같으므로 20 : 16입니다.

간단한 자연수의 비로 나타내면

20 : 16 ⇨ (20÷4) : (16÷4) ⇨ 5 : 4입니다.

⇨ (㉯의 넓이)$= 720 \times \frac{4}{5+4}$

$= 720 \times \frac{4}{9} = 320(\text{cm}^2)$

57 ❶ 도현이와 예랑이가 투자한 금액의 비는

48만 : 54만이고 간단한 자연수의 비로 나타내면

48만 : 54만 ⇨ (48만÷6만) : (54만÷6만)

⇨ 8 : 9입니다.

❷ 전체 이익금을 ▢만 원이라 하면

$▢ \times \frac{8}{8+9} = 40$, $▢ \times \frac{8}{17} = 40$, $▢ = 85$

58 선우와 은지가 투자한 금액의 비는 56만 : 64만이고 간단한 자연수의 비로 나타내면

56만 : 64만 ⇨ (56만÷8만) : (64만÷8만) ⇨ 7 : 8 입니다.

따라서 전체 이익금을 ▢만 원이라 하면

$▢ \times \frac{7}{7+8} = 56$, $▢ \times \frac{7}{15} = 56$, $▢ = 120$입니다.

59 ㉮ 회사와 ㉯ 회사가 투자한 금액의 비는

2700만 : 1200만이고 간단한 자연수의 비로 나타내면

2700만 : 1200만

⇨ (2700만÷300만) : (1200만÷300만) ⇨ 9 : 4 입니다.

따라서 전체 이익금을 ▢만 원이라 하면

$▢ \times \frac{4}{9+4} = 160$, $▢ \times \frac{4}{13} = 160$, $▢ = 520$입니다.

60 ❶ 오늘 오전 7시부터 다음 날 오전 11시까지는 28시 간입니다.

28시간 동안 느려지는 시간을 ▢분이라 하고 비례식을 세우면 24 : 6 = 28 : ▢입니다.

⇨ $24 \times ▢ = 6 \times 28$, $24 \times ▢ = 168$, $▢ = 7$

❷ 다음 날 오전 11시에 시계가 가리키는 시각은

오전 11시−7분=오전 10시 53분입니다.

61 오늘 오전 10시부터 다음 날 오후 4시까지는 30시간 입니다.

30시간 동안 느려지는 시간을 ▢분이라 하고 비례식을 세우면 24 : 8 = 30 : ▢입니다.

⇨ $24 \times ▢ = 8 \times 30$, $24 \times ▢ = 240$, $▢ = 10$

따라서 다음 날 오후 4시에 시계가 가리키는 시각은

오후 4시−10분=오후 3시 50분입니다.

62 오늘 오전 5시부터 다음 날 오후 1시까지는 32시간입니다.

32시간 동안 빨라지는 시간을 ▢분이라 하고 비례식을 세우면 24 : 9 = 32 : ▢입니다.

⇨ $24 \times ▢ = 9 \times 32$, $24 \times ▢ = 288$, $▢ = 12$

따라서 다음 날 오후 1시에 시계가 가리키는 시각은

오후 1시+12분=오후 1시 12분입니다.

✎ 서술형 문제는 풀이를 꼭 확인하세요.

1 (왼쪽에서부터) 9, 36 **2** 예 8 : 13

3 ㉡ **4** 8

5 ( ) ( ) (○)

6 ㉢ **7** 예 3 : 5

8 예 3 : 7=9 : 21 **9** 30 / 16

10 7000원 **11** 45송이 / 27송이

12 18 **13** 1029 cm²

14 600 cm² **15** 예 3 : 5=9 : 15

16 57 kg **17** 180만 원

✎**18** 420 L ✎**19** 80개

✎**20** 예 4 : 7

---

1 후항에 9를 곱하였으므로 전항에도 9를 곱합니다.

2 32 : 52 ⇨ (32÷4) : (52÷4) ⇨ 8 : 13

3 외항의 곱과 내항의 곱이 같은 것을 찾습니다.
㉠ (외항의 곱)=11×30=330,
(내항의 곱)=15×33=495 (×)
㉡ (외항의 곱)=6×21=126,
(내항의 곱)=7×18=126 (○)
㉢ (외항의 곱)=$\frac{1}{4}$×8=2,
(내항의 곱)=$\frac{2}{3}$×6=4 (×)

4 0.6 : 2.7=□ : 36
⇨ 0.6×36=2.7×□, 2.7×□=21.6, □=8

5 • $\frac{1}{8}$: $\frac{1}{3}$ ⇨ $\left(\frac{1}{8}×24\right)$: $\left(\frac{1}{3}×24\right)$ ⇨ 3 : 8
• 3 : 2.4 ⇨ (3×10) : (2.4×10) ⇨ 30 : 24
⇨ (30÷6) : (24÷6) ⇨ 5 : 4
• 48 : 66 ⇨ (48÷6) : (66÷6) ⇨ 8 : 11

6 ㉠ □ : 28=5 : 7
⇨ □×7=28×5, □×7=140, □=20
㉡ $1\frac{1}{9}$: □=5 : 27
⇨ $1\frac{1}{9}$×27=□×5, □×5=30, □=6
㉢ □ : 6.3=6 : 7
⇨ □×7=6.3×6, □×7=37.8, □=5.4
⇨ $\underset{㉢}{5.4}$ < $\underset{㉡}{6}$ < $\underset{㉠}{20}$

7 주아네 집에서 우체국까지의 거리와 주아네 집에서
소방서까지의 거리의 비는 1.2 : 2입니다.
간단한 자연수의 비로 나타내면
1.2 : 2 ⇨ (1.2×10) : (2×10) ⇨ 12 : 20
⇨ (12÷4) : (20÷4) ⇨ 3 : 5입니다.

8 비율을 비로 나타낼 때에는 분자를 전항에, 분모를 후
항에 씁니다.

9 • 4 : 15의 전항과 후항에 2를 곱하면 8 : 30입니다.
⇨ ㉠=30
• 4 : 15의 전항과 후항에 4를 곱하면 16 : 60입니다.
⇨ ㉡=16

10 어린이 14명의 박물관 입장료를 □원이라 하고 비례
식을 세우면 6 : 3000=14 : □입니다.
⇨ 6×□=3000×14, 6×□=42000,
□=7000

11 • 흰색 꽃병: 72×$\frac{5}{5+3}$=72×$\frac{5}{8}$=45(송이)
• 노란색 꽃병: 72×$\frac{3}{5+3}$=72×$\frac{3}{8}$=27(송이)

12 후항을 □라 하면 10 : □이고 비율은 $\frac{10}{□}$입니다.
⇨ $\frac{10}{□}$=$\frac{5}{9}$=$\frac{5×2}{9×2}$=$\frac{10}{18}$, □=18

13 마름모의 짧은 대각선의 길이를 □ cm라 하고 비례
식을 세우면 6 : 7=□ : 49입니다.
⇨ 6×49=7×□, 7×□=294, □=42
따라서 마름모의 넓이는 49×42÷2=1029(cm²)
입니다.

14 (도화지의 넓이)=50×20=1000(cm²)
• 1000×$\frac{2}{2+3}$=1000×$\frac{2}{5}$=400(cm²)
• 1000×$\frac{3}{2+3}$=1000×$\frac{3}{5}$=600(cm²)
따라서 400 cm²<600 cm²이므로 더 넓은 도화지
의 넓이는 600 cm²입니다.

15 두 수의 곱이 같은 카드를 찾아서 외항과 내항에 놓아
비례식을 세울 수 있습니다.
3×15=45, 5×9=45
⇨ 3 : 5=9 : 15, 3 : 9=5 : 15, 15 : 5=9 : 3,
15 : 9=5 : 3 등이 있습니다.

16 처음에 있던 옥수수를 ☐ kg이라 하면

$☐ \times \dfrac{9}{9+10} = 27$, $☐ \times \dfrac{9}{19} = 27$, $☐ = 57$입니다.

17 선호와 미애가 투자한 금액의 비는 250만 : 200만이고 간단한 자연수의 비로 나타내면

250만 : 200만 ⇨ (250만÷50만) : (200만÷50만)

⇨ 5 : 4입니다.

따라서 전체 이익금을 ☐만 원이라 하면

$☐ \times \dfrac{5}{5+4} = 100$, $☐ \times \dfrac{5}{9} = 100$, $☐ = 180$입니다.

✎18 ㈜ 소금 12 kg을 얻기 위해 필요한 바닷물의 양을 ☐ L라 하고 비례식을 세우면 5 : 175 = 12 : ☐입니다.」❶

따라서 $5 \times ☐ = 175 \times 12$, $5 \times ☐ = 2100$,

☐ = 420이므로 바닷물 420 L가 필요합니다.」❷

채점 기준	
❶ 문제에 알맞은 비례식 세우기	2점
❷ 필요한 바닷물의 양 구하기	3점

✎19 ㈜ $\dfrac{3}{8} : \dfrac{5}{6}$ 를 간단한 자연수의 비로 나타내면

$\dfrac{3}{8} : \dfrac{5}{6}$ ⇨ $\left(\dfrac{3}{8} \times 24\right) : \left(\dfrac{5}{6} \times 24\right)$ ⇨ 9 : 20

입니다.」❶

따라서 파란색 통에 담아야 하는 구슬은

$116 \times \dfrac{20}{9+20} = 116 \times \dfrac{20}{29} = 80$(개)입니다.」❷

채점 기준	
❶ $\dfrac{3}{8} : \dfrac{5}{6}$ 를 간단한 자연수의 비로 나타내기	2점
❷ 파란색 통에 담아야 하는 구슬 수 구하기	3점

✎20 ㈜ 어떤 일의 양을 1이라 할 때, 준하가 하루에 하는 일의 양은 $\dfrac{1}{14}$, 제나가 하루에 하는 일의 양은 $\dfrac{1}{8}$입니다.」❶

따라서 준하와 제나가 하루에 하는 일의 양의 비는

$\dfrac{1}{14} : \dfrac{1}{8}$이고 간단한 자연수의 비로 나타내면

$\dfrac{1}{14} : \dfrac{1}{8}$ ⇨ $\left(\dfrac{1}{14} \times 56\right) : \left(\dfrac{1}{8} \times 56\right)$ ⇨ 4 : 7

입니다.」❷

채점 기준	
❶ 어떤 일의 양을 1이라 할 때, 준하와 제나가 하루에 하는 일의 양을 각각 분수로 나타내기	2점
❷ 준하와 제나가 하루에 하는 일의 양의 비를 간단한 자연수의 비로 나타내기	3점

유형책 81~82쪽 **심화 단원 평가**

✎ 서술형 문제는 풀이를 꼭 확인하세요.

1 가, 다

2 6, 4, 30, 20 (또는 30, 20, 6, 4)

3 26   **4** 15분

5 30 cm / 54 cm   **6** 2

7 9, 4, 6   **8** 오후 6시 55분

✎9 ㈜ 3 : 10   **✎10** 112 cm²

1 • 가의 가로와 세로의 비 10 : 6의 전항과 후항을 2로 나누면 5 : 3입니다.

• 나의 가로와 세로의 비는 7 : 15입니다.

• 다의 가로와 세로의 비 15 : 9의 전항과 후항을 3으로 나누면 5 : 3입니다.

• 라의 가로와 세로의 비 12 : 8의 전항과 후항을 4로 나누면 3 : 2입니다.

따라서 가로와 세로의 비가 5 : 3과 비율이 같은 거울은 가, 다입니다.

2 10 : 15의 비율은 $\dfrac{10}{15} = \dfrac{2}{3}$, 6 : 4의 비율은 $\dfrac{6}{4} = \dfrac{3}{2}$,

2 : 4의 비율은 $\dfrac{2}{4} = \dfrac{1}{2}$, 30 : 20의 비율은 $\dfrac{30}{20} = \dfrac{3}{2}$

입니다.

따라서 비율이 같은 두 비는 6 : 4와 30 : 20입니다.

3 • 7 : ㉠ = 2 : 8

⇨ $7 \times 8 = ㉠ \times 2$, $㉠ \times 2 = 56$, $㉠ = 28$

• $\dfrac{5}{8}$: ㉡ = 5 : 16

⇨ $\dfrac{5}{8} \times 16 = ㉡ \times 5$, $㉡ \times 5 = 10$, $㉡ = 2$

따라서 ㉠ - ㉡ = 28 - 2 = 26입니다.

4 욕조에 물을 가득 채우는 데 걸리는 시간을 ☐분이라 하고 비례식을 세우면 3 : 24 = ☐ : 120입니다.

⇨ $3 \times 120 = 24 \times ☐$, $24 \times ☐ = 360$, $☐ = 15$

5 • 하율: $84 \times \dfrac{5}{5+9} = 84 \times \dfrac{5}{14} = 30$(cm)

• 경민: $84 \times \dfrac{9}{5+9} = 84 \times \dfrac{9}{14} = 54$(cm)

6

$$\frac{1}{15} : \frac{\square}{9} \Rightarrow \left(\frac{1}{15} \times 45\right) : \left(\frac{\square}{9} \times 45\right)$$

$$\Rightarrow 3 : (\square \times 5)$$

따라서 $\square \times 5 = 10$이므로 $\square = 2$입니다.

7 $6 : ㉠ = ㉡ : ㉢$이라 하면

외항의 곱이 36이므로 $6 \times ㉢ = 36$, $㉢ = 6$입니다.

$6 : ㉠$의 비율이 $\frac{2}{3}$이므로 $\frac{6}{㉠} = \frac{2}{3}$에서 $㉠ = 9$입니다.

$㉡ : 6$의 비율이 $\frac{2}{3}$이므로 $\frac{㉡}{6} = \frac{2}{3}$에서 $㉡ = 4$입니다.

8 오늘 오후 1시부터 다음날 오후 7시까지는 30시간입니다.

30시간 동안 느려지는 시각을 $\square$분이라 하고 비례식을 세우면 $24 : 4 = 30 : \square$입니다.

$24 \times \square = 4 \times 30$, $24 \times \square = 120$, $\square = 5$

따라서 다음 날 오후 7시에 시계가 가리키는 시각은 오후 7시-5분$=$오후 6시 55분입니다.

9 예 비례식에서 외항의 곱과 내항의 곱은 같으므로

$㉮ \times \frac{5}{12} = ㉯ \times \frac{1}{8}$을 비례식으로 나타내면

$㉮ : ㉯ = \frac{1}{8} : \frac{5}{12}$입니다. ❶

따라서 $㉮ : ㉯$를 간단한 자연수의 비로 나타내면

$\frac{1}{8} : \frac{5}{12} \Rightarrow \left(\frac{1}{8} \times 24\right) : \left(\frac{5}{12} \times 24\right) \Rightarrow 3 : 10$

입니다. ❷

채점 기준

❶ $㉮ \times \frac{5}{12} = ㉯ \times \frac{1}{8}$을 비례식으로 나타내기	3점
❷ $㉮ : ㉯$를 간단한 자연수의 비로 나타내기	2점

10 예 $㉮$와 $㉯$의 넓이의 비는 $㉮$와 $㉯$의 밑변의 길이의 비와 같으므로 $56 : 40$입니다.

간단한 자연수의 비로 나타내면

$56 : 40 \Rightarrow (56 \div 8) : (40 \div 8) \Rightarrow 7 : 5$입니다. ❶

따라서 $㉮$의 넓이는

$192 \times \frac{7}{7+5} = 192 \times \frac{7}{12} = 112 (\text{cm}^2)$입니다. ❷

채점 기준

❶ $㉮$와 $㉯$의 넓이의 비를 간단한 자연수의 비로 나타내기	3점
❷ $㉮$의 넓이 구하기	2점

5. 원의 둘레와 넓이

유형책 84~91쪽 실전유형 강화

◊ 서술형 문제는 풀이를 꼭 확인하세요.

1 3 / 4	**2** ㉢
3 3.1, 3.14	◊**4** 풀이 참조
5 $=$	**6** 3.14배
7 ㉡	**8** 48 / 58.9
9 9 cm	**10** 31 cm
◊**11** 9.3 cm	**12** ㉡, ㉠, ㉢
13 15대	**14** 21 cm
15 (1) 62.8 m / 65.94 m (2) 3.14 m	
16 15500 cm	**17** 40 cm
18 4바퀴	**19** 128 / 256 / 예 192
20 예 336 cm^2	**21** 75 cm^2
22 12.4 cm^2	**23** 9 cm
24 4배	**25** 706.5 cm^2
◊**26** 39 cm^2	**27** 150.72 cm^2
28 ㉡	**29** 3 L
30 972 cm^2	**31** 615.44 cm^2
32 201.5 cm^2	**33** 18.84 cm
34 36 cm	**35** 341 cm
36 180 cm	**37** 42 cm
38 111.6 cm	**39** 588 cm^2
40 14.4 cm^2	**41** 242 m^2
◊**42** 83.7 cm^2	**43** 56.25 cm^2

1 • (정육각형의 둘레)$=$(원의 반지름)$\times 6$
$=$(원의 지름)$\times 3$

• (정사각형의 둘레)$=$(원의 지름)$\times 4$

$\Rightarrow$ 원주는 정육각형의 둘레보다 길고, 정사각형의 둘레보다 짧으므로 원의 지름의 3배보다 길고, 원의 지름의 4배보다 짧습니다.

2 지름이 4 cm인 원의 원주는 지름의 3배인 12 cm보다 길고, 지름의 4배인 16 cm보다 짧으므로 원주와 가장 비슷한 길이는 ㉢입니다.

3 $106.8 \div 34 = 3.141 \cdots$이므로 반올림하여

소수 첫째 자리까지 나타내면
$3.1\underline{4} \Rightarrow 3.1$이고,

소수 둘째 자리까지 나타내면
$3.14\underline{1} \Rightarrow 3.14$입니다.

5. 원의 둘레와 넓이 **65**

4 지후」❶

예 빨간색 원의 원주율은 초록색 원의 원주율과 같아.」❷

채점 기준
❶ 잘못 설명한 사람을 찾아 이름 쓰기
❷ 바르게 고치기

5 • 왼쪽 접시: (원주)÷(지름)=37.68÷12=3.14
• 오른쪽 접시: (원주)÷(지름)=50.24÷16=3.14

6 뚜껑을 일직선으로 한 바퀴 굴린 거리는 뚜껑의 원주와 같습니다.
따라서 뚜껑의 원주는 지름의 6.28÷2=3.14(배)입니다.

7 ㉠ (원주율)=(원주)÷(지름)=56.52÷18=3.14
㉡ (원주율)=(원주)÷(지름)=76.2÷20=3.81
⇨ 원주율은 3.141……이므로 ㉡ 시계의 원주를 잘못 측정하였습니다.

8 • 반지름이 8 cm인 경우:
(원주)=8×2×3=48(cm)
• 반지름이 9.5 cm인 경우:
(원주)=9.5×2×3.1=58.9(cm)

9 (반지름)=56.52÷3.14÷2=9(cm)

10 (원의 지름)=(정사각형의 한 변의 길이)
=40÷4=10(cm)
⇨ (원주)=10×3.1=31(cm)

11 예 컴퍼스를 벌려 그린 원의 반지름이 6 cm이므로 원주는 6×2×3.1=37.2(cm)입니다.」❶
따라서 두 원의 원주의 차는 46.5−37.2=9.3(cm)입니다.」❷

채점 기준
❶ 컴퍼스를 벌려 그린 원의 원주 구하기
❷ 두 원의 원주의 차 구하기

12 원주를 비교합니다.
㉠ 11×3.14=34.54(cm)   ㉡ 28.26 cm
㉢ 7×2×3.14=43.96(cm)
⇨ 28.26 cm < 34.54 cm < 43.96 cm
     ㉡   ㉠   ㉢

13 (바퀴의 원주)=30×3=90(m)
⇨ (관람차의 수)=90÷6=15(대)

14 (가장 큰 원의 반지름)=74.4÷3.1÷2=12(cm)
(중간 원의 반지름)=12÷2=6(cm)
(가장 작은 원의 반지름)=6÷2=3(cm)
⇨ (세 원의 반지름의 합)=12+6+3=21(cm)

15 (1) (1번 경주로의 곡선 구간의 거리)
=(지름이 40 m인 반원의 원주)
=40×3.14÷2=62.8(m)
(2번 경주로의 곡선 구간의 거리)
=(지름이 42 m인 반원의 원주)
=42×3.14÷2=65.94(m)

(2) 두 경주로에서 직선 구간의 거리는 같지만 곡선 구간의 거리는 65.94−62.8=3.14(m)만큼 차이가 나므로 2번 경주로에서 달리는 사람은 3.14 m 앞에서 출발해야 합니다.

16 (원 모양의 바퀴 자가 한 바퀴 돈 거리)
=(바퀴 자의 원주)
=50×3.1=155(cm)
⇨ (집에서 학교까지의 거리)
=155×100=15500(cm)

17 굴렁쇠의 원주는 굴렁쇠를 한 바퀴 굴렸을 때 앞으로 굴러간 거리와 같으므로 125.6 cm입니다.
⇨ (굴렁쇠의 지름)=125.6÷3.14=40(cm)

18 (바퀴가 한 바퀴 굴러간 거리)
=(바퀴의 원주)=60×3=180(cm)
⇨ 7 m 20 cm=720 cm이므로
(바퀴를 굴린 횟수)=720÷180=4(바퀴)입니다.

19 • (원 안의 정사각형의 넓이)
=16×16÷2=128(cm²)
• (원 밖의 정사각형의 넓이)
=16×16=256(cm²)
따라서 원의 넓이는 128 cm²보다 넓고, 256 cm²보다 좁으므로 192 cm²라고 어림할 수 있습니다.

20 • (원 안의 정육각형의 넓이)=48×6=288(cm²)
• (원 밖의 정육각형의 넓이)=64×6=384(cm²)
따라서 원의 넓이는 288 cm²보다 넓고, 384 cm²보다 좁으므로 336 cm²라고 어림할 수 있습니다.

21 (반지름)=10÷2=5(cm)
⇨ (원의 넓이)=5×5×3=75(cm²)

22 뚜껑의 지름은 4 cm이므로 반지름은 $4÷2=2$(cm)
입니다.
⇨ (뚜껑의 넓이)$=2×2×3.1=12.4$(cm^2)

23 원의 반지름을 ☐ cm라 하면
☐$×$☐$×3.14=254.34$,
☐$×$☐$=254.34÷3.14=81$, ☐$=9$입니다.

24 (원 ㉮의 넓이)$=10×10×3.1=310$(cm^2)
(원 ㉯의 넓이)$=20×20×3.1=1240$(cm^2)
⇨ $1240÷310=4$(배)

참고 원의 반지름이 2배, 3배……가 되면 원의 넓이는 4배,
9배……가 됩니다.

25 만들 수 있는 가장 큰 원의 지름은 30 cm이므로
반지름은 $30÷2=15$(cm)입니다.
⇨ (만들 수 있는 가장 큰 원의 넓이)
$=15×15×3.14=706.5$(cm^2)

🖉26 예 작은 원의 넓이는 $6×6×3=108$(cm^2)입니다.」❶
큰 원의 반지름은 $13-6=7$(cm)이므로
넓이는 $7×7×3=147$(cm^2)입니다.」❷
따라서 두 원의 넓이의 차는 $147-108=39$(cm^2)입
니다.」❸

채점 기준
❶ 작은 원의 넓이 구하기
❷ 큰 원의 넓이 구하기
❸ 두 원의 넓이의 차 구하기

27 • (솔아가 그린 원의 넓이)
$=4×4×3.14=50.24$(cm^2)
• (민재가 그린 원의 넓이)
$=8×8×3.14=200.96$(cm^2)
⇨ 민재가 그린 원의 넓이는 솔아가 그린 원의 넓이보
다 $200.96-50.24=150.72$(cm^2) 더 넓습니다.

28 원의 넓이를 비교합니다.
㉠ (원의 넓이)$=3×3×3.1=27.9$(cm^2)
㉡ (반지름)$=31÷3.1÷2=5$(cm)
(원의 넓이)$=5×5×3.1=77.5$(cm^2)
⇨ $\underset{㉡}{77.5\ cm^2}>\underset{㉢}{49.6\ cm^2}>\underset{㉠}{27.9\ cm^2}$

29 (파란색 페인트를 칠한 부분의 넓이)
$=1.5×1.5×3×4=27$(cm^2)
⇨ (사용한 파란색 페인트의 양)$=27÷9=3$(L)

30 (반지름)$=108÷3÷2=18$(cm)
⇨ (쟁반의 넓이)$=18×18×3=972$(cm^2)

31 (원주)$=$(철사의 길이)$=87.92$ cm
(반지름)$=87.92÷3.14÷2=14$(cm)
⇨ (원의 넓이)$=14×14×3.14=615.44$(cm^2)

32 • 원주가 24.8 cm인 원:
(반지름)$=24.8÷3.1÷2=4$(cm)
(원의 넓이)$=4×4×3.1=49.6$(cm^2)
• 원주가 43.4 cm인 원:
(반지름)$=43.4÷3.1÷2=7$(cm)
(원의 넓이)$=7×7×3.1=151.9$(cm^2)
⇨ (두 원의 넓이의 합)
$=49.6+151.9=201.5$(cm^2)

33 원의 반지름을 ☐ cm라 하면
☐$×$☐$×3.14=28.26$,
☐$×$☐$=28.26÷3.14=9$, ☐$=3$입니다.
⇨ (원주)$=3×2×3.14=18.84$(cm)

34 (원의 넓이)$=$(직사각형의 넓이)
$=12×9=108$(cm^2)
원의 반지름을 ☐ cm라 하면 ☐$×$☐$×3=108$,
☐$×$☐$=108÷3=36$, ☐$=6$입니다.
⇨ (원주)$=6×2×3=36$(cm)

35 원의 반지름을 ☐ cm라 하면 ☐$×$☐$×3.1=375.1$,
☐$×$☐$=375.1÷3.1=121$, ☐$=11$입니다.
⇨ (거울이 굴러간 거리)
$=$(거울의 원주)$×5$
$=11×2×3.1×5=341$(cm)

36 (색칠한 부분의 둘레)
$=$(큰 원의 원주)$+$(작은 원의 원주)$×2$
$=15×2×3+15×3×2$
$=90+90=180$(cm)

37 (색칠한 부분의 둘레)
$=$(지름이 7 cm인 원의 원주)
$+$(반지름이 7 cm인 원의 원주)$÷2$
$=7×3+7×2×3÷2=21+21=42$(cm)

38

(색칠한 부분의 둘레)
$=$(지름이 18 cm인 원의 원주)$×2$
$=18×3.1×2=111.6$(cm)

39 (색칠한 부분의 넓이)
= (반지름이 28 cm인 원의 넓이) ÷ 4
= 28 × 28 × 3 ÷ 4 = 588(cm²)

40
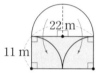

(색칠한 부분의 넓이)
= (정사각형의 넓이) − (지름이 8 cm인 원의 넓이)
= 8 × 8 − 4 × 4 × 3.1
= 64 − 49.6 = 14.4(cm²)

41
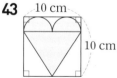

(색칠한 부분의 넓이)
= (직사각형의 넓이)
= 22 × 11 = 242(m²)

42 예 파란색과 빨간색을 합한 원의 넓이는
6 × 6 × 3.1 = 111.6(cm²)입니다. ❶
파란색 원의 넓이는
3 × 3 × 3.1 = 27.9(cm²)입니다. ❷
따라서 빨간색 부분의 넓이는
111.6 − 27.9 = 83.7(cm²)입니다. ❸

채점 기준
❶ 파란색과 빨간색을 합한 원의 넓이 구하기
❷ 파란색 원의 넓이 구하기
❸ 빨간색 부분의 넓이 구하기

43

색칠한 부분은 반원 2개와 삼각형으로 나누어집니다.
(반원의 지름) = 10 ÷ 2 = 5(cm),
(반원의 반지름) = 5 ÷ 2 = 2.5(cm)이고
삼각형의 밑변의 길이는 10 cm,
높이는 10 − 2.5 = 7.5(cm)입니다.
⇨ (색칠한 부분의 넓이)
= (반원의 넓이) × 2 + (삼각형의 넓이)
= 2.5 × 2.5 × 3 ÷ 2 × 2 + 10 × 7.5 ÷ 2
= 18.75 + 37.5
= 56.25(cm²)

유형책 92~95쪽 상위권유형 강화

44 ❶ 120 cm   ❷ 240 cm   ❸ 360 cm
45 142 cm   **46** 184.2 cm
47 ❶ $\frac{1}{9}$ ❷ 113.04 cm²
48 121 cm²   **49** 74.4 cm²
50 ❶ 942 cm   ❷ 1256 cm   ❸ 8바퀴
51 17바퀴   **52** 5바퀴
53 ❶ 삼각형   ❷ 128 cm²
54 49 cm²   **55** 112.5 cm²

44 ❶ (반지름이 20 cm인 원의 원주)
= 20 × 2 × 3 = 120(cm)
❷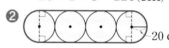
(원의 반지름) × 6 × 2 = 20 × 6 × 2 = 240(cm)
❸ (곡선 부분의 길이의 합) + (직선 부분의 길이의 합)
= 120 + 240 = 360(cm)

45

(사용한 끈의 길이)
= (곡선 부분의 길이의 합) + (직선 부분의 길이의 합)
= (반지름이 10 cm인 원의 원주) + (원의 반지름) × 8
= 10 × 2 × 3.1 + 10 × 8
= 62 + 80 = 142(cm)

46

(사용한 끈의 길이)
= (곡선 부분의 길이의 합) + (직선 부분의 길이의 합)
= (반지름이 15 cm인 원의 원주) + (원의 반지름) × 6
= 15 × 2 × 3.14 + 15 × 6
= 94.2 + 90 = 184.2(cm)

47 ❶ 도형의 넓이는 반지름이 18 cm인 원의 넓이의
$\frac{40}{360} = \frac{1}{9}$입니다.
❷ (도형의 넓이) = 18 × 18 × 3.14 × $\frac{1}{9}$
= 113.04(cm²)

48 도형의 넓이는 반지름이 11 cm인 원의 넓이의

$\dfrac{120}{360} = \dfrac{1}{3}$ 입니다.

$\Rightarrow$ (도형의 넓이)$= 11 \times 11 \times 3 \times \dfrac{1}{3}$

$= 121(\text{cm}^2)$

49 도형의 넓이는 반지름이 12 cm인 원의 넓이의

$\dfrac{60}{360} = \dfrac{1}{6}$ 입니다.

$\Rightarrow$ (도형의 넓이)$= 12 \times 12 \times 3.1 \times \dfrac{1}{6}$

$= 74.4(\text{cm}^2)$

50 ❶ (종우가 굴렁쇠를 굴린 거리)

$= 60 \times 3.14 \times 5 = 942(\text{cm})$

❷ 21.98 m$=2198$ cm

$\Rightarrow$ (수호가 굴렁쇠를 굴린 거리)

$= 2198 - 942 = 1256(\text{cm})$

❸ 수호가 굴렁쇠를 굴린 횟수를 ☐바퀴라 하면

$50 \times 3.14 \times ☐ = 1256$,

$157 \times ☐ = 1256$,

☐$=8$입니다.

51 85.56 m$=8556$ cm

• (주미가 바퀴를 굴린 거리)

$= 70 \times 3.1 \times 20 = 4340(\text{cm})$

• (영규가 바퀴를 굴린 거리)

$= 8556 - 4340 = 4216(\text{cm})$

영규의 바퀴가 돈 횟수를 ☐바퀴라 하면

$80 \times 3.1 \times ☐ = 4216$, $248 \times ☐ = 4216$,

☐$=17$입니다.

52 31.14 m$=3114$ cm

• (민아가 훌라후프를 굴린 거리)

$= 42 \times 2 \times 3 \times 7 = 1764(\text{cm})$

• (현수가 훌라후프를 굴린 거리)

$= 3114 - 1764 = 1350(\text{cm})$

현수가 훌라후프를 굴린 횟수를 ☐바퀴라 하면

$45 \times 2 \times 3 \times ☐ = 1350$, $270 \times ☐ = 1350$,

☐$=5$입니다.

53 ❶

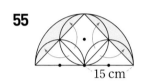

$\longrightarrow$ 색칠한 부분은 삼각형 모양입니다.

❷ (색칠한 부분의 넓이)

$=$(삼각형의 넓이)

$= 16 \times 16 \div 2 = 128(\text{cm}^2)$

54

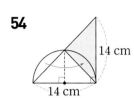

(색칠한 부분의 넓이)

$=$(삼각형의 넓이)

$= 14 \times 7 \div 2 = 49(\text{cm}^2)$

55

(색칠한 부분의 넓이)

$=$(반지름이 15 cm인 반원의 넓이)

$-$(삼각형의 넓이)

$= 15 \times 15 \times 3 \div 2 - 30 \times 15 \div 2$

$= 337.5 - 225 = 112.5(\text{cm}^2)$

유형책 96~98쪽 응용 단원 평가

✎ 서술형 문제는 풀이를 꼭 확인하세요.

1 3.14	**2** 18.6 cm
3 113.04 cm^2	**4** 10 cm
5 예 168 cm^2	**6** 50 cm
7 ㉢, ㉠, ㉡	**8** 23 cm
9 523.9 cm^2	**10** 9배
11 153.86 cm^2	**12** 171 cm^2
13 411.6 cm^2	**14** 5바퀴
15 56.8 cm	**16** 80.6 cm
17 15바퀴	✎**18** 123 cm^2
✎**19** 62개	✎**20** 214.2 cm

1 (원주율)$= 28.26 \div 9 = 3.14$

2 (원주)$= 6 \times 3.1 = 18.6(\text{cm})$

3 (원의 넓이)$= 6 \times 6 \times 3.14 = 113.04(\text{cm}^2)$

4 접시의 반지름을 ☐ cm라 하면
☐×☐×3=300, ☐×☐=300÷3=100,
☐=10입니다.

5 • (원 안의 정육각형의 넓이)=24×6=144(cm²)
• (원 밖의 정육각형의 넓이)=32×6=192(cm²)
따라서 원의 넓이는 144 cm²보다 넓고, 192 cm²보다 좁으므로 168 cm²라고 어림할 수 있습니다.

6 (원주가 155 cm인 원의 지름)
=155÷3.1=50(cm)
따라서 뚜껑의 지름은 50 cm로 만들어야 합니다.

7 원주를 비교합니다.
㉠ 12×3.14=37.68(cm) ㉡ 34.54 cm
㉢ 6.5×2×3.14=40.82(cm)
⇨ 40.82 cm > 37.68 cm > 34.54 cm
    ㉢   ㉠   ㉡

다른 풀이 지름이 길수록 원이 크므로 지름을 비교합니다.
㉠ 12 cm ㉡ 34.54÷3.14=11(cm)
㉢ 6.5×2=13(cm)
⇨ 13 cm > 12 cm > 11 cm
    ㉢   ㉠   ㉡

8 케이크를 상자에 포장하려면 상자 밑면의 한 변의 길이는 케이크의 지름보다 길거나 같아야 합니다.
따라서 케이크의 지름은 72.22÷3.14=23(cm)이므로 상자 밑면의 한 변의 길이는 최소 23 cm이어야 합니다.

9 직사각형 안에 그릴 수 있는 가장 큰 원은 지름이 26 cm인 원입니다.
(반지름)=26÷2=13(cm)
⇨ (원의 넓이)=13×13×3.1=523.9(cm²)

10 (반지름이 3 cm인 원의 넓이)
=3×3×3=27(cm²)
(반지름이 9 cm인 원의 넓이)
=9×9×3=243(cm²)
⇨ 243÷27=9(배)

참고 원의 반지름이 2배, 3배……가 되면 원의 넓이는 4배, 9배……가 됩니다.

11 (반지름)=43.96÷3.14÷2=7(cm)
⇨ (원의 넓이)=7×7×3.14=153.86(cm²)

12 (나연이가 그린 원의 넓이)−(제하가 그린 원의 넓이)
=11×11×3−8×8×3
=363−192=171(cm²)

13 (색칠한 부분의 넓이)
=(원의 넓이)−(삼각형의 넓이)
=14×14×3.1−28×14÷2
=607.6−196=411.6(cm²)

14 (동전이 한 바퀴 굴러간 거리)
=(동전의 원주)=2.4×3=7.2(cm)
⇨ (동전을 굴린 횟수)=36÷7.2=5(바퀴)

15 (색칠한 부분의 둘레)
=(정사각형의 둘레)+(지름이 8 cm인 원의 원주)
=8×4+8×3.1
=32+24.8=56.8(cm)

16 (색칠한 부분의 둘레)
=(지름이 26 cm인 원의 원주)÷2
+(지름이 16 cm인 원의 원주)÷2
+(지름이 10 cm인 원의 원주)÷2
=26×3.1÷2+16×3.1÷2+10×3.1÷2
=40.3+24.8+15.5=80.6(cm)

17 68.2 m=6820 cm
• (가온이가 굴렁쇠를 굴린 거리)
=85×3.1×10=2635(cm)
• (영훈이가 굴렁쇠를 굴린 거리)
=6820−2635=4185(cm)
영훈이가 굴렁쇠를 굴린 횟수를 ☐바퀴라 하면
90×3.1×☐=4185, 279×☐=4185,
☐=15입니다.

18 **예** 작은 원의 넓이는 4×4×3=48(cm²)입니다. ❶
큰 원의 넓이는 5×5×3=75(cm²)입니다. ❷
따라서 두 원의 넓이의 합은 48+75=123(cm²)입니다. ❸

채점 기준	
❶ 작은 원의 넓이 구하기	2점
❷ 큰 원의 넓이 구하기	2점
❸ 두 원의 넓이의 합 구하기	1점

19 **예** 원 모양 호수의 둘레는 40×3.1=124(m)입니다. ❶
따라서 가로등을 124÷2=62(개) 세웠습니다. ❷

채점 기준	
❶ 원 모양 호수의 둘레 구하기	3점
❷ 세운 가로등의 수 구하기	2점

20 ⓔ 곡선 부분의 길이의 합은 반지름이 15 cm인 원의 원주와 같으므로 15×2×3.14=94.2(cm)입니다.」❶ 직선 부분의 길이의 합은 15×8=120(cm)입니다.」❷ 따라서 사용한 끈의 길이는

94.2+120=214.2(cm)입니다.」❸

채점 기준	
❶ 곡선 부분의 길이의 합 구하기	2점
❷ 직선 부분의 길이의 합 구하기	2점
❸ 사용한 끈의 길이 구하기	1점

유형책 99~100쪽 · **심화 단원 평가**

🖊 서술형 문제는 풀이를 꼭 확인하세요.

1 6.28 cm	**2** 3
3 62 cm	**4** 우현
5 74.4 cm	**6** 28.26 cm
7 5025 m²	**8** 27.5 cm²
🖊**9** 31.4 cm	🖊**10** 42.25 cm²

1 ㉠ 8×3.14=25.12(cm)
ㄴ 5×2×3.14=31.4(cm)
⇨ (두 원의 원주의 차)=31.4−25.12=6.28(cm)

2 □×□×3=27, □×□=9, □=3

3 (원의 지름)=(정사각형의 한 변의 길이)
=80÷4=20(cm)
⇨ (원주)=20×3.1=62(cm)

4 · 우현: (원의 넓이)=4.5×4.5×3=60.75(cm²)
· 재희: (반지름)=24÷3÷2=4(cm)
(원의 넓이)=4×4×3=48(cm²)
따라서 60.75 cm²>48 cm²이므로 우현이가 그린 원의 넓이가 더 넓습니다.

다른풀이 지름이 길수록 원의 넓이가 넓으므로 지름을 비교합니다.
· 우현: 9 cm · 재희: 24÷3=8(cm)
따라서 9 cm>8 cm이므로 우현이가 그린 원의 넓이가 더 넓습니다.

5 · (작은 원 한 개의 지름)=24.8÷3.1=8(cm)
· (큰 원의 지름)=8×3=24(cm)
⇨ (큰 원의 원주)=24×3.1=74.4(cm)

6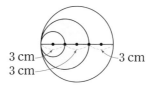

3 cm   3 cm
3 cm

(색칠한 부분의 둘레)
=(지름이 3 cm인 원의 원주)
 +(반지름이 3 cm인 원의 원주)
=3×3.14+3×2×3.14
=9.42+18.84=28.26(cm)

7 (곡선 부분의 넓이)
=(반지름이 30 m인 원의 넓이)
 −(반지름이 15 m인 원의 넓이)
=30×30×3−15×15×3
=2700−675=2025(m²)
(직선 부분의 넓이)=100×15×2=3000(m²)
⇨ (색칠한 부분의 넓이)=2025+3000=5025(m²)

8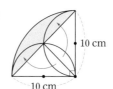

10 cm

10 cm

(색칠한 부분의 넓이)
=(반지름이 10 cm인 원의 넓이)÷4
 −(삼각형의 넓이)
=10×10×3.1÷4−10×10÷2
=77.5−50=27.5(cm²)

🖊**9** ⓔ 원의 반지름을 □ cm라 하면
□×□×3.14=78.5, □×□=25,
□=5입니다.」❶
따라서 원주는 5×2×3.14=31.4(cm)입니다.」❷

채점 기준	
❶ 원의 반지름 구하기	5점
❷ 원주 구하기	5점

🖊**10** ⓔ 도형의 넓이는 반지름이 13 cm인 원의 넓이의
$\dfrac{30}{360}=\dfrac{1}{12}$입니다.」❶
따라서 도형의 넓이는
$13×13×3×\dfrac{1}{12}=42.25(cm^2)$입니다.」❷

채점 기준	
❶ 도형의 넓이는 원의 넓이의 몇 분의 몇인지 알아보기	4점
❷ 도형의 넓이 구하기	6점

6. 원기둥, 원뿔, 구

유형책 102~107쪽 실전유형 강화

✎ 서술형 문제는 풀이를 꼭 확인하세요.

1 나, 바	✎**2** 풀이 참조
3 경표	**4** 56 cm
5 77 cm²	**6** 라
7 ②	**8** 186 cm²
9 108 cm²	**10** 186 cm
11 105 cm²	**12** 8개
13 가, 바	**14** 진아
15 ㉡	**16** ㉠, ㉣
✎**17** 7 cm	**18** 15 cm
19 24 cm²	**20** 314 cm²
21 나, 바	**22** ㉠
23 8 cm	**24** 310 cm²
25 94.2 cm	**26** 6 cm
27 ㉣	

28 (1) 가, 나, 다 (2) 가 (3) 나
29 다　　　　　　**30** ㉢
✎**31** 풀이 참조

1 서로 합동이고 평행한 두 원이 있는 입체도형은 나, 바 입니다.

✎**2** 유미」❶
　　예 원기둥의 높이는 무수히 많이 그을 수 있습니다.」❷

채점 기준	
❶ 잘못 말한 사람 찾기	
❷ 이유 쓰기	

3 나래가 만든 원기둥의 밑면의 지름은
9×2=18(cm), 경표가 만든 원기둥의 밑면의 지름은
8×2=16(cm)입니다.

4 원기둥을 앞에서 본 모양은 가로가 12 cm,
세로가 8×2=16(cm)인 직사각형입니다.
　　⇨ (앞에서 본 모양의 둘레)
　　　　=(12+16)×2=56(cm)

5 돌리기 전의 평면도형은 오른쪽과 같이
가로가 14÷2=7(cm),
세로가 11 cm인 직사각형입니다.
　　⇨ (돌리기 전의 평면도형의 넓이)
　　　　=7×11=77(cm²)

6 • 가: 밑면이 1개뿐입니다.
　• 나: 두 밑면이 서로 합동이지만 겹쳐지는 위치에 있습니다.
　• 다: 옆면의 모양이 직사각형이 아닙니다.

7 ② 옆면의 세로는 원기둥의 높이와 같습니다.

8 (옆면의 가로)=(밑면의 둘레)
　　　　　　　=6×2×3.1=37.2(cm)
　　⇨ (원기둥의 옆면의 넓이)=37.2×5=186(cm²)

9 원기둥의 밑면의 반지름을 □ cm라 하면
□×2×3=36, □×6=36, □=6입니다.
　　⇨ (한 밑면의 넓이)=6×6×3=108(cm²)

10 (옆면의 가로)=(밑면의 둘레)
　　　　　　　=7×2×3=42(cm)
　　⇨ (전개도의 둘레)=42×4+9×2=186(cm)

11 (변 ㄱㄹ)=(변 ㄴㄷ)=(밑면의 둘레)=15 cm이므로
변 ㄱㄴ의 길이를 □ cm라 하면
15×4+□×2=74, 60+□×2=74,
□×2=14, □=7입니다.
　　⇨ (옆면의 넓이)=15×7=105(cm²)

12 나 전개도로 만든 상자는 가로, 세로, 높이가 각각
14 cm, 12 cm, 12 cm인 직육면체 모양입니다.
원기둥 모양의 용기는 밑면의 지름이 6 cm이고,
높이가 7 cm입니다.

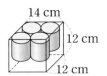
▲ 세워서 담는 방법(4개)

▲ 눕혀서 담는 방법(8개)

따라서 상자 한 개에 용기를 최대 8개까지 담을 수 있습니다.

13 한 면이 원인 뿔 모양의 입체도형은 가, 바입니다.

14 진아: 밑면의 지름이 6 cm이므로 밑면의 반지름은
　　　　6÷2=3(cm)입니다.

15 ㉠ 원뿔에서 밑면은 1개입니다.
　　㉡ 원뿔의 꼭짓점은 1개입니다.

16 ㉠ 밑면의 수가 원뿔과 각뿔 모두 1개입니다.
　　㉡ 위에서 본 모양이 원뿔은 원, 각뿔은 삼각형입니다.
　　㉢ 꼭짓점의 수가 원뿔은 1개, 각뿔은 4개입니다.
　　㉣ 앞에서 본 모양이 원뿔과 각뿔 모두 삼각형입니다.

17 예 원뿔의 밑면의 지름은 앞에서 본 모양인 정삼각형의 한 변의 길이와 같으므로 14 cm입니다.」❶
따라서 원뿔의 밑면의 반지름은 14÷2=7(cm)입니다.」❷

채점 기준
❶ 원뿔의 밑면의 지름 구하기
❷ 원뿔의 밑면의 반지름 구하기

18 모선의 길이는 모두 같으므로
(변 ㄱㄴ)=(변 ㄱㄷ)이고,
(변 ㄴㄷ)=12×2=24(cm)입니다.
변 ㄱㄴ의 길이를 ☐ cm라 하면
☐+24+☐=54, ☐+☐=30,
☐=30÷2=15입니다.

19 돌리기 전의 평면도형은 오른쪽과 같이
밑변의 길이가 6 cm, 높이가
16÷2=8(cm)인 직각삼각형입니다.
⇨ (돌리기 전의 평면도형의 넓이)
　　=6×8÷2=24(cm²)

20 원뿔을 앞에서 본 모양은 높이가 24 cm인 삼각형이고, 이 삼각형의 밑변의 길이는 원뿔의 밑면의 지름과 같습니다.
⇨ 밑면의 지름을 ☐ cm라 하면
　　☐×24÷2=240, ☐×24=480,
　　☐=20입니다.
따라서 밑면의 반지름이 20÷2=10(cm)이므로
밑면의 넓이는 10×10×3.14=314(cm²)입니다.

21 공 모양의 입체도형은 나, 바입니다.

22 ㉠ 구의 중심은 1개입니다.

23 구의 겉면에 그릴 수 있는 가장 큰 원의 반지름은 구의 반지름과 같으므로 4 cm입니다.
⇨ 그릴 수 있는 가장 큰 원의 지름은 4×2=8(cm)입니다.

24 만든 입체도형을 앞에서 본 모양은 반지름이 10 cm인 원입니다.
⇨ (앞에서 본 모양의 넓이)
　　=10×10×3.1=310(cm²)

25 원기둥 모양 상자의 밑면은 반지름이 15 cm인 원이므로 둘레는 15×2×3.14=94.2(cm)입니다.

26 돌리기 전의 평면도형은 오른쪽과 같은 반원 모양입니다.
⇨ 반원의 반지름을 ☐ cm라 하면
　　☐×☐×3÷2=54, ☐×☐×3=108,
　　☐×☐=36, ☐=6입니다.

27 ㉣ 원기둥에는 꼭짓점이 없지만 원뿔에는 꼭짓점이 있습니다.

28
입체도형	위에서 본 모양	앞에서 본 모양	옆에서 본 모양
원기둥	원	직사각형	직사각형
원뿔	원	삼각형	삼각형
구	원	원	원

29 구는 어느 방향에서 보아도 모양이 원으로 같습니다.

30 ㉢ 원기둥을 앞에서 본 모양은 직사각형이고, 구를 앞에서 본 모양은 원입니다.

31 준서」❶
예 원기둥은 앞과 옆에서 본 모양이 원이 아니고, 직사각형입니다.」❷

채점 기준
❶ 잘못 말한 사람 찾기
❷ 이유 쓰기

유형책 108~111쪽 〉 상위권유형 강화

32 ❶ 31 cm　❷ 11 cm
33 14 cm　　　　　　**34** 151.9 cm²
35 ❶ 156 cm²　❷ 12 cm　❸ 2 cm
36 3 cm　　　　　　**37** 4 cm
38 ❶ 18 cm　❷ 4 cm
39 4 cm　　　　　　**40** 26 cm
41 ❶ 7, 4　❷ 147 cm²
　　❸ 168 cm²　❹ 462 cm²
42 1134 cm²　　　　**43** 589 cm²

32 ❶ (옆면의 가로)=5×2×3.1=31(cm)
　　❷ (원기둥의 높이)=341÷31=11(cm)

33 (옆면의 가로)=6×2×3.1=37.2(cm)
　　⇨ (원기둥의 높이)=520.8÷37.2=14(cm)

34 (옆면의 가로)=911.4÷21=43.4(cm)
　　밑면의 반지름을 ☐ cm라 하면
　　☐×2×3.1=43.4, ☐×6.2=43.4, ☐=7입니다.
　　⇨ (원기둥의 한 밑면의 넓이)
　　　=7×7×3.1=151.9(cm²)

35 ❶ (옆면의 넓이)=624÷4=156(cm²)
　　❷ (밑면의 둘레)=(옆면의 넓이)÷(원기둥의 높이)
　　　　　　　　　=156÷13=12(cm)
　　❸ 밑면의 반지름을 ☐ cm라 하면
　　　☐×2×3=12, ☐×6=12, ☐=2입니다.

36 • (옆면의 넓이)=1800÷5=360(cm²)
　　• (밑면의 둘레)=360÷20=18(cm)
　　⇨ 밑면의 반지름을 ☐ cm라 하면
　　　☐×2×3=18, ☐×6=18, ☐=3입니다.

37 • (옆면의 넓이)=5580÷9=620(cm²)
　　• (밑면의 둘레)=620÷25=24.8(cm)
　　⇨ 밑면의 반지름을 ☐ cm라 하면
　　　☐×2×3.1=24.8, ☐×6.2=24.8,
　　　☐=4입니다.

38 ❶ (옆면의 가로)=3×2×3=18(cm)
　　❷ 종이의 세로가 16 cm이므로 원기둥의 전개도를
　　　옆면의 가로와 종이의 가로가 평행하도록 그립니다.

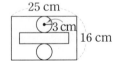

　　　⇨ (상자의 높이)=16−3×2×2=4(cm)

39 (옆면의 가로)=4×2×3=24(cm)
　　종이의 세로가 20 cm이므로 원기둥의 전개도를 옆면
　　의 가로와 종이의 가로가 평행하도록 그립니다.

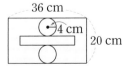

　　⇨ (상자의 높이)=20−4×2×2=4(cm)

40 (옆면의 가로)=7×2×3=42(cm)
　　원기둥의 전개도를 옆면의 가로와 종이의 가로가 평
　　행하도록 그립니다.

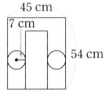

　　⇨ (상자의 높이)=54−7×2×2=26(cm)
　　원기둥의 전개도를 옆면의 가로와 종이의 세로가 평
　　행하도록 그립니다.

45 cm
7 cm
54 cm

　　⇨ (상자의 높이)=45−7×2×2=17(cm)
　　따라서 최대한 높은 원기둥 모양의 상자를 만들려면
　　상자의 높이를 26 cm로 해야 합니다.

41 ❷ (한 밑면의 넓이)=7×7×3=147(cm²)
　　❸ (옆면의 넓이)=7×2×3×4=168(cm²)
　　❹ (전개도의 넓이)
　　　=(한 밑면의 넓이)×2+(옆면의 넓이)
　　　=147×2+168=462(cm²)

42 직사각형 모양의 종이를 한 바퀴 돌리면 밑면의 반지
　　름이 9 cm, 높이가 12 cm인 원기둥이 만들어집니다.
　　(한 밑면의 넓이)=9×9×3=243(cm²)
　　(옆면의 넓이)=9×2×3×12=648(cm²)
　　⇨ (전개도의 넓이)
　　　=(한 밑면의 넓이)×2+(옆면의 넓이)
　　　=243×2+648=1134(cm²)

43 긴 변을 기준으로 직사각형 모양의 종이를 한 바퀴 돌
　　리면 밑면의 반지름이 5 cm, 높이가 14 cm인 원기
　　둥이 만들어집니다.
　　(한 밑면의 넓이)=5×5×3.1=77.5(cm²)
　　(옆면의 넓이)=5×2×3.1×14=434(cm²)
　　⇨ (전개도의 넓이)
　　　=(한 밑면의 넓이)×2+(옆면의 넓이)
　　　=77.5×2+434=589(cm²)

✎ 서술형 문제는 풀이를 꼭 확인하세요.

1 ①　　　　　**2** 17 cm

3 ②　　　　　**4** 22 cm / 9 cm

5 4 cm

6 ㉠, ㉢, ㉣ / ㉠, ㉡, ㉣

7 (위에서부터) 4, 24.8, 6

8 10 cm　　　　**9** 구

10 ②, ⑤　　　　**11** 7 cm

12 27.9 cm²　　　**13** 88 cm²

14 54 cm²　　　　**15** 68.24 cm

16 446.4 cm²　　　**17** 7 cm

✎ **18** 풀이 참조　　✎ **19** 360 cm²

✎ **20** 2 cm

1 서로 합동이고 평행한 두 원이 있는 입체도형은 ①입니다.

2 원뿔의 꼭짓점과 밑면인 원의 둘레의 한 점을 이은 선분의 길이는 17 cm입니다.

3 원기둥의 전개도에서 두 밑면은 서로 합동인 원이고 옆면을 중심으로 서로 마주 보는 위치에 있습니다.
또한 옆면의 모양은 직사각형입니다.

4 밑면의 지름이 $11 \times 2 = 22$(cm), 높이가 9 cm인 원뿔이 만들어집니다.

5 원기둥의 높이는 8 cm, 원뿔의 높이는 12 cm입니다.
⇨ $12 - 8 = 4$(cm)

7 • (옆면의 가로)＝(밑면의 둘레)
$\qquad\qquad = 4 \times 2 \times 3.1 = 24.8$(cm)
• (옆면의 세로)＝(원기둥의 높이)＝6 cm

8 지름을 기준으로 반원 모양의 종이를 한 바퀴 돌리면 구가 만들어집니다.
⇨ 구의 지름은 돌리기 전의 반원의 지름과 같으므로 $5 \times 2 = 10$(cm)입니다.

9 구를 위, 앞, 옆에서 본 모양은 모두 원입니다.

10 ① 원뿔은 뿔 모양, 구는 공 모양입니다.
③ 밑면이 원뿔은 1개이고, 구는 없습니다.
④ 꼭짓점이 원뿔은 1개이고, 구는 없습니다.

11 구의 지름은 원기둥의 높이와 같으므로 14 cm입니다.
⇨ (구의 반지름)＝$14 \div 2 = 7$(cm)

12 원기둥의 밑면의 반지름을 ☐ cm라 하면
$☐ \times 2 \times 3.1 = 18.6$, $☐ \times 6.2 = 18.6$, $☐ = 3$입니다.
⇨ (한 밑면의 넓이)＝$3 \times 3 \times 3.1 = 27.9$(cm²)

13 원기둥을 앞에서 본 모양은 가로가 $4 \times 2 = 8$(cm), 세로가 11 cm인 직사각형입니다.
⇨ (앞에서 본 모양의 넓이)＝$8 \times 11 = 88$(cm²)

14 돌리기 전의 평면도형은 오른쪽과 같이 밑면의 길이가 12 cm, 높이가 9 cm인 직각삼각형입니다.
⇨ (돌리기 전의 평면도형의 넓이)
$\quad = 12 \times 9 \div 2 = 54$(cm²)

15 (옆면의 가로)＝(밑면의 둘레)
$\qquad\qquad = 4 \times 2 \times 3.14 = 25.12$(cm)
⇨ (옆면의 둘레)＝$(25.12 + 9) \times 2 = 68.24$(cm)

16 원뿔을 앞에서 본 모양은 높이가 16 cm인 삼각형이고, 이 삼각형의 밑변의 길이는 원뿔의 밑면의 지름과 같습니다.
⇨ 밑면의 지름을 ☐ cm라 하면
$☐ \times 16 \div 2 = 192$, $☐ \times 16 = 384$,
$☐ = 24$입니다.
따라서 밑면의 반지름이 $24 \div 2 = 12$(cm)이므로 밑면의 넓이는 $12 \times 12 \times 3.1 = 446.4$(cm²)입니다.

17 (옆면의 가로)＝$3 \times 2 \times 3 = 18$(cm)
⇨ (원기둥의 높이)＝$126 \div 18 = 7$(cm)

✎ **18** 예 두 밑면은 서로 합동이지만 옆면의 모양이 직사각형이 아니므로 원기둥의 전개도가 아닙니다.」❶

채점 기준	
❶ 원기둥의 전개도가 아닌 이유 쓰기	5점

✎ **19** 예 옆면의 가로는 $6 \times 2 \times 3 = 36$(cm), 옆면의 세로는 10 cm입니다.」❶
따라서 옆면의 넓이는 $36 \times 10 = 360$(cm²)입니다.」❷

채점 기준	
❶ 옆면의 가로와 세로 각각 구하기	3점
❷ 옆면의 넓이 구하기	2점

20 예 롤러의 옆면의 넓이는 297.6÷3=99.2(cm²)입니다.」❶
롤러의 밑면의 둘레는 99.2÷8=12.4(cm)입니다.」❷
따라서 롤러의 밑면의 반지름을 ▢ cm라 하면
▢×2×3.1=12.4, ▢×6.2=12.4,
▢=2입니다.」❸

채점 기준	
❶ 롤러의 옆면의 넓이 구하기	2점
❷ 롤러의 밑면의 둘레 구하기	2점
❸ 롤러의 밑면의 반지름 구하기	1점

유형책 115~116쪽 심화 단원 평가

✎ 서술형 문제는 풀이를 꼭 확인하세요.

1 나	**2** 가
3 50.24 cm	**4** 330 cm²
5 ㉣	**6** 11 cm
7 5 cm	**8** 8 cm
✎**9** 220 cm²	✎**10** 1104 cm²

1 직각삼각형 모양의 종이를 직각을 낀 변을 기준으로 한 바퀴 돌리면 원뿔이 만들어집니다.

2 밑면의 지름이 가는 3×2=6(cm),
나는 6×2=12(cm)입니다.
높이가 가는 10 cm, 나는 8 cm입니다.
따라서 소미가 말하는 입체도형은 가입니다.

3 구를 앞에서 본 모양은 반지름이 8 cm인 원입니다.
⇨ (둘레)=8×2×3.14=50.24(cm)

4 (옆면의 가로)=(밑면의 둘레)=5×2×3=30(cm)
⇨ (옆면의 넓이)=30×11=330(cm²)

5 ㉣ 원기둥을 앞과 옆에서 본 모양은 원이 아니고, 직사각형입니다.

6 모선의 길이는 모두 같으므로
(변 ㄱㄴ)=(변 ㄱㄷ)이고,
(변 ㄴㄷ)=7×2=14(cm)입니다.
변 ㄱㄴ의 길이를 ▢ cm라 하면
▢+14+▢=36, ▢+▢=22,
▢=22÷2=11입니다.

7 밑면의 지름을 ▢ cm라 하면 밑면의 둘레는
(▢×3) cm입니다.
⇨ (▢×3)×4+4×2=128, ▢×12+8=128,
▢×12=120, ▢=10이므로
(밑면의 반지름)=10÷2=5(cm)입니다.

8 (옆면의 가로)=6×2×3=36(cm)
종이의 세로가 32 cm이므로 원기둥의 전개도를 옆면의 가로와 종이의 가로가 평행하도록 그립니다.

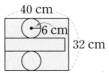

⇨ (상자의 높이)=32-6×2×2=8(cm)

9 예 돌리기 전의 평면도형은 가로가
22÷2=11(cm), 세로가 20 cm인 직사각형입니다.」❶
따라서 돌리기 전의 평면도형의 넓이는
11×20=220(cm²)입니다.」❷

채점 기준	
❶ 돌리기 전의 평면도형의 모양 알기	4점
❷ 돌리기 전의 평면도형의 넓이 구하기	6점

10 예 직사각형 모양의 종이를 한 바퀴 돌리면 밑면의 반지름이 8 cm, 높이가 15 cm인 원기둥이 만들어집니다.」❶
원기둥의 한 밑면의 넓이는 8×8×3=192(cm²)입니다.」❷
원기둥의 옆면의 넓이는 8×2×3×15=720(cm²)입니다.」❸
따라서 전개도의 넓이는
192×2+720=1104(cm²)입니다.」❹

채점 기준	
❶ 만들어지는 입체도형 알기	4점
❷ 한 밑면의 넓이 구하기	2점
❸ 옆면의 넓이 구하기	2점
❹ 전개도의 넓이 구하기	2점

개념 ╋ 유형

유형책

초등 수학 ——

6·2

개념+유형 파워

유형책에서는
실전·상위권 유형을 통해
응용 유형을 강화합니다

1 분수의 나눗셈

실전유형 강화

개념책 6쪽

유형 1 | **분모가 같은 (분수)÷(분수)**

• $\dfrac{6}{7} \div \dfrac{5}{7}$ 의 계산

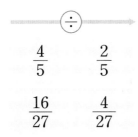

분자끼리 나누기　　가분수 → 대분수

$$\dfrac{6}{7} \div \dfrac{5}{7} = 6 \div 5 = \dfrac{6}{5} = 1\dfrac{1}{5}$$

1 빈칸에 알맞은 수를 써넣으시오.

÷

$\dfrac{4}{5}$	$\dfrac{2}{5}$
$\dfrac{16}{27}$	$\dfrac{4}{27}$

2 계산 결과의 크기를 비교하여 ○ 안에 >, =, <를 알맞게 써넣으시오.

$$\dfrac{3}{10} \div \dfrac{7}{10} \bigcirc \dfrac{7}{13} \div \dfrac{4}{13}$$

3 계산 결과가 1보다 작은 것을 찾아 ○표 하시오.

$$\dfrac{5}{7} \div \dfrac{4}{7} \qquad \dfrac{8}{9} \div \dfrac{3}{9} \qquad \dfrac{2}{11} \div \dfrac{9}{11}$$

(　　　) (　　　) (　　　)

〔서술형〕

4 집에서 공원까지의 거리는 집에서 도서관까지의 거리의 몇 배인지 풀이 과정을 쓰고 답을 구해 보시오.

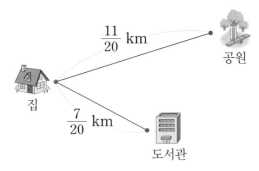

$\dfrac{11}{20}$ km　공원

집

$\dfrac{7}{20}$ km　도서관

풀이 |

_____

_____

_____

답 |

5 □ 안에 알맞은 수가 가장 큰 것을 찾아 기호를 써 보시오.

㉠ $\dfrac{\square}{6} \div \dfrac{1}{6} = 5$　　㉡ $\dfrac{\square}{11} \div \dfrac{2}{11} = 4$

㉢ $\dfrac{4}{5} \div \dfrac{\square}{5} = 2$　　㉣ $\dfrac{12}{13} \div \dfrac{\square}{13} = 3$

(　　　　　　　)

6 □ 안에 알맞은 수를 써넣으시오.

$$\dfrac{12}{25} \div \dfrac{\square}{25} = \dfrac{12}{23}$$

7 배 2개의 무게는 $1\frac{7}{13}$ kg이고, 사과 한 개의 무게는 $\frac{6}{13}$ kg입니다. 배 한 개의 무게는 사과 한 개의 무게의 몇 배입니까?

(   )

8 은재는 물 $\frac{9}{14}$ L를 한 컵에 $\frac{1}{14}$ L씩 나누어 담고, 현수는 물 $\frac{12}{17}$ L를 한 컵에 $\frac{3}{17}$ L씩 나누어 담으려고 합니다. 은재와 현수가 각자 가지고 있는 물을 남김없이 컵에 나누어 담으려면 컵은 모두 몇 개 필요합니까?

(   )

파워 pick

9 (조건)을 모두 만족하는 분수의 나눗셈식을 만들고 계산해 보시오.

┌─ 조건 ─────────────────────┐
• $7 \div 5$를 이용하여 계산할 수 있는 두 분수의 분모가 같은 나눗셈식입니다.
• 두 분수의 분모는 8보다 크고 11보다 작습니다.
• 두 분수는 모두 진분수이면서 기약분수입니다.
└────────────────────────┘

나눗셈식 |

답 |

개념책 7쪽

유형 2 분모가 다른 (분수)÷(분수)

1 단원

• $\frac{5}{6} \div \frac{2}{3}$의 계산

$$\frac{5}{6} \div \frac{2}{3} = \frac{5}{6} \div \frac{4}{6} = 5 \div 4 = \frac{5}{4} = 1\frac{1}{4}$$

분자끼리 나누기   가분수 → 대분수

통분

10 $\frac{4}{10}$는 $\frac{2}{15}$의 몇 배입니까?

(   )

11 계산 결과가 자연수인 것에 ○표 하시오.

$$\frac{3}{5} \div \frac{2}{10} \qquad\qquad \frac{2}{7} \div \frac{1}{5}$$

(   )   (   )

12 계산 결과가 가장 큰 것을 찾아 기호를 써 보시오.

┌────────────────────────┐
㉠ $\frac{1}{3} \div \frac{1}{12}$ ㉡ $\frac{2}{5} \div \frac{1}{15}$

㉢ $\frac{10}{14} \div \frac{1}{7}$ ㉣ $\frac{3}{4} \div \frac{3}{8}$
└────────────────────────┘

(   )

13 □ 안에 들어갈 수 있는 자연수를 모두 구해 보시오.

$$\frac{9}{10} \div \frac{4}{15} < □ < \frac{5}{7} \div \frac{4}{35}$$

(   )

14 그림 전체의 크기가 1이라 할 때, 색칠한 부분이 나타내는 분수를 $\frac{2}{3}$로 나눈 몫은 얼마입니까?

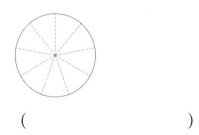

(   )

서술형

15 길이가 $\frac{6}{7}$ m인 철사를 겹치지 않게 모두 사용하여 한 변의 길이가 $\frac{2}{21}$ m인 정다각형을 한 개 만들었습니다. 만든 정다각형의 이름은 무엇인지 풀이 과정을 쓰고 답을 구해 보시오.

풀이 |

답 |

16 길이가 각각 $\frac{7}{13}$ m, $\frac{5}{13}$ m인 두 색 테이프를 겹치지 않게 길게 이어 붙인 후 $\frac{3}{26}$ m씩 남김 없이 잘랐습니다. 자른 색 테이프는 몇 도막이 됩니까?

(   )

파워 pick

17 현성이가 $\frac{8}{11}$ km를 걸어가는 데 $\frac{1}{4}$ 시간이 걸렸습니다. 현성이가 같은 빠르기로 걸어간다면 3시간 동안 갈 수 있는 거리는 몇 km입니까?

(   )

18 같은 모양이 같은 수를 나타낼 때, ▲에 알맞은 분수를 구해 보시오.

$$■ \times \frac{7}{10} = \frac{2}{3} \qquad ■ \times ▲ = \frac{5}{14}$$

(   )

유형 3 (자연수)÷(분수)

개념책 11쪽

• $6 \div \dfrac{2}{3}$ 의 계산

$$6 \div \dfrac{2}{3} = 6 \div 2 \times 3 = 9$$

$\div \dfrac{(분자)}{(분모)} \rightarrow \div (분자) \times (분모)$

19 빈칸에 알맞은 수를 써넣으시오.

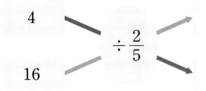

20 ☐ 안에 알맞은 기약분수를 구해 보시오.

$$9 \div \square = 9 \div 3 \times 5$$

(   )

21 계산 결과가 작은 것부터 차례대로 기호를 써 보시오.

ㄱ $8 \div \dfrac{4}{9}$ ㄴ $10 \div \dfrac{5}{14}$ ㄷ $15 \div \dfrac{7}{8}$

(   )

22 지원이는 사탕 한 봉지를 사서 6개를 먹었습니다. 지원이가 먹은 사탕이 전체의 $\dfrac{1}{4}$일 때, 사탕 한 봉지에는 모두 몇 개가 들어 있었습니까?

(   )

교과 역량 문제 해결, 추론

23 감자 12 kg을 한 상자에 $\dfrac{3}{8}$ kg씩 나누어 담았습니다. 나누어 담은 감자를 한 상자에 3000원씩 모두 팔았을 때, 감자를 판 금액은 얼마입니까?

(   )

24 자전거 한 대를 만드는 데 $\dfrac{5}{6}$시간이 걸립니다. 하루에 8시간씩 5일 동안 만든다면 자전거를 몇 대 만들 수 있는지 구해 보시오.

(   )

25 ☐ 안에 들어갈 수 있는 자연수는 모두 몇 개입니까?

$$30 < 24 \div \dfrac{6}{\square} < 40$$

(   )

개념책 12쪽

유형 **4** (분수)÷(분수)를 (분수)×(분수)로 나타내기

• $\dfrac{5}{8} \div \dfrac{6}{7}$의 계산

$$\dfrac{5}{8} \div \dfrac{6}{7} = \dfrac{5}{8} \times \dfrac{7}{6} = \dfrac{35}{48}$$

÷ 분자 분모 → × 분모 분자

26 ㉠, ㉡, ㉢에 알맞은 수들의 합을 구해 보시오.

$$\dfrac{3}{5} \div \dfrac{8}{9} = \dfrac{3}{5} \times \dfrac{㉡}{8} = \dfrac{㉢}{40}$$

(   )

27 빈칸에 알맞은 수를 써넣으시오.

$÷\dfrac{2}{3}$ $÷\dfrac{4}{5}$

$\dfrac{3}{8}$

28 수수깡 $1\dfrac{1}{8}$ m 중에서 집 모양을 만드는 데 $\dfrac{7}{8}$ m를 사용했습니다. 사용한 수수깡의 길이는 남은 수수깡의 길이의 몇 배입니까?

(   )

29 빈칸에 알맞은 수를 써넣으시오.

÷

| $\dfrac{5}{6}$ | $\dfrac{4}{7}$ | |
| $\dfrac{11}{14}$ | | $\dfrac{2}{5}$ |

서술형

30 ㉮ 자동차는 연료 $\dfrac{1}{6}$ L로 $\dfrac{3}{4}$ km를 달리고, ㉯ 자동차는 연료 $\dfrac{2}{5}$ L로 $\dfrac{6}{7}$ km를 달립니다. ㉮와 ㉯ 자동차 중 연료 1 L로 더 멀리 갈 수 있는 자동차는 어느 것인지 풀이 과정을 쓰고 답을 구해 보시오.

풀이 |

_____

_____

_____

답 | _____

31 우유 $\dfrac{11}{12}$ L를 $\dfrac{2}{15}$ L 들이의 작은 컵에 모두 나누어 담으려고 합니다. 작은 컵은 적어도 몇 개 있어야 합니까?

(   )

개념책 13쪽

유형 5 (분수)÷(분수)

- $\dfrac{5}{2} \div \dfrac{7}{9}$의 계산 → (가분수)÷(분수)

방법 1 $\dfrac{5}{2} \div \dfrac{7}{9} = \dfrac{45}{18} \div \dfrac{14}{18}$

통분

$= 45 \div 14 = \dfrac{45}{14} = 3\dfrac{3}{14}$

방법 2 $\dfrac{5}{2} \div \dfrac{7}{9} = \dfrac{5}{2} \times \dfrac{9}{7} = \dfrac{45}{14} = 3\dfrac{3}{14}$

나눗셈을 곱셈으로 나타내기

- $2\dfrac{2}{3} \div \dfrac{5}{8}$의 계산 → (대분수)÷(분수)

$2\dfrac{2}{3} \div \dfrac{5}{8} = \dfrac{8}{3} \div \dfrac{5}{8} = 4\dfrac{4}{15}$

대분수 → 가분수

32 가분수를 진분수로 나눈 몫은 얼마입니까?

$$\dfrac{5}{7} \qquad 2\dfrac{1}{6} \qquad \dfrac{9}{4}$$

( )

33 ☐ 안에 알맞은 대분수를 써넣으시오.

$$\boxed{} \times \dfrac{7}{8} = \dfrac{11}{8} \div \dfrac{5}{12}$$

34 가로가 12 m, 세로가 $4\dfrac{4}{9}$ m인 직사각형 모양의 벽을 칠하는 데 $5\dfrac{5}{7}$ L의 페인트를 사용했습니다. 1 L의 페인트로 몇 m²의 벽을 칠한 것입니까?

( )

35 정아가 일정한 빠르기로 $\dfrac{24}{5}$ km를 걸어가는 데 1시간 30분이 걸렸습니다. 정아가 한 시간 동안 간 거리는 몇 km입니까?

( )

36 길이가 $3\dfrac{1}{4}$ m인 철사를 겹치지 않게 모두 사용하여 다음과 같이 정삼각형 모양을 여러 개 만들려고 합니다. 정삼각형의 한 변의 길이를 $\dfrac{13}{60}$ m로 할 때, 정삼각형 모양을 몇 개 만들 수 있습니까?

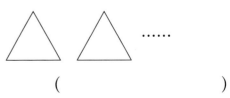

( )

유형 6 바르게 계산한 값 구하기

❶ 어떤 수를 □라 하여 잘못 계산한 식 만들기

❷ 곱셈과 나눗셈의 관계를 이용하여 어떤 수 구하기
- □×▲=● ➡ ●÷▲=□
- □÷▲=● ➡ ●×▲=□

❸ 바르게 계산한 값 구하기

파워 pick

37 어떤 수를 $\frac{8}{9}$로 나누어야 할 것을 잘못하여 곱했더니 4가 되었습니다. 바르게 계산한 값은 얼마입니까?

(   )

38 어떤 수를 $\frac{3}{5}$으로 나누어야 할 것을 잘못하여 곱했더니 $\frac{6}{7}$이 되었습니다. 바르게 계산한 값은 얼마입니까?

(   )

39 어떤 수를 $\frac{2}{3}$로 나누고 $\frac{3}{10}$을 곱해야 할 것을 잘못하여 $\frac{2}{3}$를 곱하고 $\frac{3}{10}$으로 나누었더니 $\frac{5}{6}$가 되었습니다. 바르게 계산한 값은 얼마입니까?

(   )

유형 7 도형의 넓이를 이용하여 길이 구하기

> **예** 밑변의 길이가 $\frac{5}{9}$ m이고, 넓이가 $\frac{1}{6}$ m²인 삼각형의 높이 구하기
>
>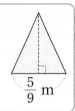

삼각형의 높이를 □m라 하면

$\frac{5}{9} \times \square \div 2 = \frac{1}{6}$, $\frac{5}{9} \times \square = \frac{1}{6} \times 2$,

$\frac{5}{9} \times \square = \frac{1}{3}$이다.

⇨ $\square = \frac{1}{3} \div \frac{5}{9} = \frac{3}{9} \div \frac{5}{9} = 3 \div 5 = \frac{3}{5}$

40 한 대각선의 길이가 $2\frac{1}{2}$ cm인 마름모의 넓이가 $8\frac{1}{3}$ cm²입니다. 이 마름모의 다른 대각선의 길이는 몇 cm입니까?

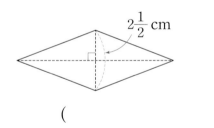

(   )

41 윗변의 길이가 $2\frac{1}{4}$ cm, 아랫변의 길이가 $3\frac{1}{2}$ cm인 사다리꼴의 넓이가 $7\frac{2}{3}$ cm²입니다. 이 사다리꼴의 높이는 몇 cm입니까?

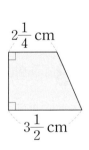

(   )

비법 있는
유형 8 몫이 가장 큰(작은) 나눗셈식 만들기

- 몫이 **가장 큰** 나눗셈식
  ⇨ (가장 큰 수)÷(가장 작은 수)
- 몫이 **가장 작은** 나눗셈식
  ⇨ (가장 작은 수)÷(가장 큰 수)

42 수 카드 3장을 모두 한 번씩만 사용하여 몫이 가장 큰 (대분수)÷(진분수)의 나눗셈식을 만들고, 몫을 구해 보시오.

5 8 2 $\dfrac{\Box\ \ \Box}{\Box} \div \dfrac{4}{5}$

( )

43 수 카드 3장 중에서 2장을 골라 한 번씩만 사용하여 몫이 가장 작은 나눗셈식을 만들고, 몫을 구해 보시오.

6 3 7 $\dfrac{11}{\Box} \div \dfrac{11}{\Box}$

( )

44 수 카드 3장을 모두 한 번씩만 사용하여 몫이 가장 큰 나눗셈식을 만들었을 때의 몫을 구해 보시오.

1 9 4 $\dfrac{\Box}{8} \div \dfrac{\Box}{\Box}$

( )

비법 있는
유형 9 나눗셈의 몫이 자연수일 때, ☐ 안에 알맞은 수 구하기

(분수)÷(분수)의 몫이 $\dfrac{\blacktriangle}{\blacksquare}$=(자연수)일 때,

■는 ▲의 약수입니다.

45 나눗셈의 몫이 자연수일 때, ☐ 안에 들어갈 수 있는 자연수를 모두 구해 보시오.

$\dfrac{1}{3} \div \dfrac{\Box}{18}$

( )

46 나눗셈의 몫이 자연수일 때, ☐ 안에 들어갈 수 있는 자연수는 모두 몇 개입니까?

$\dfrac{9}{\Box} \div \dfrac{3}{7}$

( )

47 두 나눗셈의 몫이 모두 자연수일 때, ☐ 안에 공통으로 들어갈 수 있는 자연수를 모두 구해 보시오.

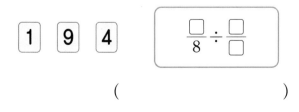

$2\dfrac{3}{4} \div \dfrac{\Box}{12}$ $\dfrac{20}{\Box} \div \dfrac{10}{9}$

( )

상위권유형 강화

유형10 · 일정한 간격으로 나무를 심을 때, 필요한 나무 수 구하기 ·

도로의 한쪽에 처음부터 끝까지 나무를 심을 때, (나무 수)＝(간격 수)＋1

대표문제

48 길이가 $\frac{4}{5}$ km인 직선 도로의 한쪽에 처음부터 끝까지 $\frac{1}{10}$ km 간격으로 나무를 심으려고 합니다. 필요한 나무는 모두 몇 그루입니까? (단, 나무의 두께는 생각하지 않습니다.)

❶ 나무 사이의 간격 수 구하기

(   )

❷ 필요한 나무 수 구하기

(   )

49 길이가 32 m인 직선 도로의 한쪽에 처음부터 끝까지 $\frac{16}{11}$ m 간격으로 가로등을 설치하려고 합니다. 필요한 가로등은 모두 몇 개입니까? (단, 가로등의 두께는 생각하지 않습니다.)

(   )

50 길이가 $3\frac{6}{7}$ km인 직선 도로의 양쪽에 처음부터 끝까지 $\frac{9}{14}$ km 간격으로 표지판을 세우려고 합니다. 필요한 표지판은 모두 몇 개입니까? (단, 표지판의 두께는 생각하지 않습니다.)

(   )

유형11 · 약속에 따라 계산하기 ·

약속에 따라 ㉮와 ㉯에 수를 알맞게 넣어 계산해!

대표문제

51 기호 ▲를 다음과 같이 약속할 때,

문제 풀이

$\dfrac{7}{8}$ ▲ $\dfrac{3}{4}$ 의 값은 얼마입니까?

$$㉮ ▲ ㉯ = (㉮ + ㉯) \div ㉮$$

❶ 약속에 따라 ☐ 안에 알맞은 수 써넣기

$$\dfrac{7}{8} ▲ \dfrac{3}{4} = \left(\boxed{} + \boxed{}\right) \div \boxed{}$$

❷ $\dfrac{7}{8}$ ▲ $\dfrac{3}{4}$ 의 값 구하기

(   )

52 기호 ♥를 다음과 같이 약속할 때,

$\dfrac{17}{13}$ ♥ $\dfrac{6}{13}$ 의 값은 얼마입니까?

$$㉮ ♥ ㉯ = (㉮ - ㉯) \div ㉯$$

(   )

53 기호 ★을 다음과 같이 약속할 때,

$\dfrac{5}{2}$ ★ $1\dfrac{8}{9}$ 의 값은 얼마입니까?

$$㉮ ★ ㉯ = (㉮ + ㉯) \div (㉮ \times ㉯)$$

(   )

유형12 · 부분의 양 구하기 ·

전체의 ▲/■ 가 ㉠일 때, (전체)×▲/■ =㉠에서 먼저 전체를 구해!

대표문제

54 동진이네 반 전체 학생의 $\frac{2}{5}$ 는 여학생입니다. 여학생이 8명이라면 동진이네 반 남학생은 몇 명입니까?

문제 풀이

❶ 동진이네 반 전체 학생 수 구하기

( )

❷ 동진이네 반 남학생 수 구하기

( )

55 진규는 가지고 있던 사탕의 $\frac{4}{7}$ 를 동생에게 주었습니다. 동생에게 준 사탕이 16개라면 진규에게 남은 사탕은 몇 개입니까?

( )

56 세현이는 가지고 있던 돈의 $\frac{7}{10}$ 을 저금했습니다. 저금한 돈이 5600원이라면 저금하고 남은 돈은 얼마입니까?

( )

유형13 • 처음 공을 떨어뜨린 높이 구하기 •

처음 높이의 ▲/■ 만큼 튀어 오르면 (튀어 오른 높이) = (처음 높이) × ▲/■ 야!

대표문제

57 떨어뜨린 높이의 $\frac{3}{4}$ 만큼 튀어 오르는 공이 있습니다. 이 공을 떨어뜨렸을 때 두 번째로 튀어 오른 높이가 36 cm라면 처음 공을 떨어뜨린 높이는 몇 cm입니까?

문제 풀이

❶ 처음 공을 떨어뜨린 높이를 ▦ cm라 할 때, 공이 튀어 오른 높이 구하기

첫 번째로 튀어 오른 높이(cm)	두 번째로 튀어 오른 높이(cm)
▦ × ☐	▦ × ☐ × ☐

❷ 처음 공을 떨어뜨린 높이 구하기

(   )

58 떨어뜨린 높이의 $\frac{4}{5}$ 만큼 튀어 오르는 공이 있습니다. 이 공을 떨어뜨렸을 때 두 번째로 튀어 오른 높이가 $25\frac{3}{5}$ cm라면 처음 공을 떨어뜨린 높이는 몇 cm입니까?

(   )

59 떨어뜨린 높이의 $\frac{2}{3}$ 만큼 튀어 오르는 공이 있습니다. 이 공을 떨어뜨렸을 때 세 번째로 튀어 오른 높이가 $1\frac{1}{6}$ m라면 처음 공을 떨어뜨린 높이는 몇 m입니까?

(   )

유형14 ・양초가 모두 타는 데 걸리는 시간 구하기・

(양초가 모두 타는 데 걸리는 시간)＝(양초의 길이)÷(한 시간 동안 타는 양초의 길이)

대표문제

60 길이가 $17\frac{3}{4}$ cm인 양초에 불을 붙이고 $\frac{7}{9}$ 시간 후에 남은 양초의 길이를 재었더니 9 cm였습니다. 이 양초가 일정한 빠르기로 탄다면 남은 양초가 모두 타는 데 걸리는 시간은 몇 시간입니까?

문제 풀이

❶ $\frac{7}{9}$ 시간 동안 탄 양초의 길이 구하기

(   )

❷ 한 시간 동안 타는 양초의 길이 구하기

(   )

❸ 남은 양초가 모두 타는 데 걸리는 시간 구하기

(   )

61 길이가 $14\frac{1}{5}$ cm인 양초에 불을 붙이고 $\frac{6}{7}$ 시간 후에 남은 양초의 길이를 재었더니 7 cm였습니다. 이 양초가 일정한 빠르기로 탄다면 남은 양초가 모두 타는 데 걸리는 시간은 몇 시간입니까?

(   )

62 길이가 $15\frac{1}{3}$ cm인 양초에 불을 붙이고 $1\frac{1}{5}$ 시간 후에 남은 양초의 길이를 재었더니 $6\frac{2}{3}$ cm였습니다. 이 양초가 일정한 빠르기로 탄다면 남은 양초가 모두 타는 데 걸리는 시간은 몇 시간입니까?

(   )

유형15 · 전체의 양 구하기 ·

전체 쪽수가 1일 때, 전체의 ▲/▬ 만큼을 읽었다면 남은 부분은 전체의 $\left(1-\dfrac{▲}{▬}\right)$야!

대표문제

63 승환이는 어제까지 위인전 전체의 $\dfrac{3}{8}$을 읽었고, 오늘은 어제까지 읽고 남은 부분의 $\dfrac{4}{5}$를 읽었습니다. 오늘까지 읽고 남은 쪽수가 12쪽이라면 위인전의 전체 쪽수는 몇 쪽입니까?

문제 풀이

❶ 오늘 읽은 쪽수는 전체의 몇 분의 몇인지 구하기

(   )

❷ 오늘까지 읽고 남은 쪽수는 전체의 몇 분의 몇인지 구하기

(   )

❸ 전체 쪽수 구하기

(   )

64 유정이는 아버지께 받은 용돈의 $\dfrac{1}{3}$을 저금하고, 남은 돈의 $\dfrac{3}{4}$으로 학용품을 샀습니다. 저금하고 학용품을 사고 남은 돈이 1500원이라면 아버지께 받은 용돈은 얼마입니까?

(   )

65 민재는 가지고 있던 밀가루의 $\dfrac{4}{9}$로 빵을 만들고, 남은 밀가루의 $\dfrac{3}{10}$으로 과자를 만들었습니다. 빵과 과자를 만들고 남은 밀가루가 $1\dfrac{1}{6}$ kg이라면 민재가 처음에 가지고 있던 밀가루는 몇 kg입니까?

(   )

1 빈칸에 알맞은 수를 써넣으시오.

$$\frac{9}{11}$$

⬇

$$\div \frac{1}{11}$$

⬇

2 계산해 보시오.

$$10 \div \frac{2}{5}$$

3 관계있는 것끼리 선으로 이어 보시오.

$\dfrac{7}{8} \div \dfrac{3}{8}$ ・   ・ $4\dfrac{1}{2}$

$\dfrac{9}{13} \div \dfrac{2}{13}$ ・   ・ $2\dfrac{1}{3}$

$\dfrac{11}{15} \div \dfrac{7}{15}$ ・   ・ $1\dfrac{4}{7}$

4 자연수를 분수로 나눈 몫을 구해 보시오.

$$12 \qquad \frac{6}{7}$$

(   )

5 ㉠, ㉡, ㉢에 알맞은 수들의 합을 구해 보시오.

$$\frac{5}{8} \div \frac{7}{10} = \frac{5}{8} \times \frac{㉠}{㉡} = \frac{㉢}{28}$$

(   )

6 작은 수를 큰 수로 나눈 몫을 빈칸에 써넣으시오.

$$\frac{7}{12}$$

$$\frac{4}{5}$$

7 계산 결과의 크기를 비교하여 ◯ 안에 ＞, ＝, ＜를 알맞게 써넣으시오.

$$\frac{8}{9} \div \frac{2}{9} \;\bigcirc\; \frac{9}{14} \div \frac{3}{14}$$

8 계산 결과가 <u>틀린</u> 것은 어느 것입니까?

(   )

① $\dfrac{6}{7} \div \dfrac{3}{7} = 2$ ② $\dfrac{1}{8} \div \dfrac{5}{8} = \dfrac{1}{5}$

③ $\dfrac{3}{4} \div \dfrac{2}{5} = 1\dfrac{7}{8}$ ④ $2\dfrac{5}{6} \div \dfrac{4}{9} = 6\dfrac{3}{8}$

⑤ $1\dfrac{4}{5} \div \dfrac{3}{8} = \dfrac{27}{40}$

• 정답 42쪽

9 계산 결과가 자연수가 <u>아닌</u> 것을 모두 찾아 기호를 써 보시오.

$$㉠ \frac{8}{9} \div \frac{5}{9} \qquad ㉡ \frac{6}{13} \div \frac{3}{13}$$
$$㉢ 6 \div \frac{1}{7} \qquad ㉣ \frac{8}{15} \div \frac{2}{5}$$

(　　　　　)

10 길이가 $\frac{4}{5}$ m인 색 테이프를 한 사람에게 $\frac{2}{15}$ m씩 나누어 주려고 합니다. 몇 명에게 나누어 줄 수 있습니까?

(　　　　　)

11 소금물 $\frac{5}{14}$ L에 소금 3 g이 녹아 있습니다. 진하기가 같은 소금물 1 L에는 소금 몇 g 이 녹아 있습니까?

(　　　　　)

12 □ 안에 알맞은 수를 구해 보시오.

$$\frac{10}{17} \div □ = \frac{5}{17}$$

(　　　　　)

13 □ 안에 들어갈 수 있는 자연수는 모두 몇 개 입니까?

$$8 \div \frac{2}{3} < □ < 16 \div \frac{9}{10}$$

(　　　　　)

잘 틀리는 문제
14 굵기가 일정한 철근 $\frac{7}{8}$ m의 무게가 $3\frac{1}{2}$ kg 입니다. 이 철근 6 m의 무게는 몇 kg입 니까?

(　　　　　)

15 쌀 $4\frac{1}{6}$ kg를 $\frac{7}{9}$ kg까지 담을 수 있는 상자에 모두 나누어 담으려고 합니다. 상자는 적어도 몇 개 있어야 합니까?

(   )

16 길이가 $2\frac{1}{3}$ m인 끈을 겹치지 않게 모두 사용하여 한 변의 길이가 $\frac{7}{24}$ m인 정다각형을 한 개 만들었습니다. 만든 정다각형의 이름은 무엇입니까?

(   )

17 길이가 6 km인 직선 도로의 한쪽에 처음부터 끝까지 $\frac{3}{5}$ km 간격으로 화분을 놓으려고 합니다. 필요한 화분은 모두 몇 개입니까? (단, 화분의 두께는 생각하지 않습니다.)

(   )

18 예진이가 산을 올라가는 데 $\frac{14}{15}$ 시간, 내려오는 데 $\frac{11}{15}$ 시간이 걸렸습니다. 예진이가 산을 올라가는 데 걸린 시간은 내려오는 데 걸린 시간의 몇 배인지 풀이 과정을 쓰고 답을 구해 보시오.

풀이 |

답 |

19 들이가 $4\frac{3}{4}$ L인 수조에 물을 일정한 빠르기로 가득 채우는 데 40분이 걸렸습니다. 한 시간 동안 채울 수 있는 물은 몇 L인지 풀이 과정을 쓰고 답을 구해 보시오.

풀이 |

답 |

20 재희는 가지고 있던 구슬의 $\frac{4}{9}$ 를 동생에게 주었습니다. 동생에게 준 구슬이 20개라면 재희에게 남은 구슬은 몇 개인지 풀이 과정을 쓰고 답을 구해 보시오.

풀이 |

답 |

1 빈칸에 알맞은 수를 써넣으시오.

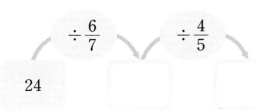

÷

| $\frac{7}{15}$ | $\frac{2}{15}$ |
| $\frac{14}{15}$ | $\frac{7}{15}$ |

·

2 빈칸에 알맞은 수를 써넣으시오.

$\div \frac{6}{7}$ $\div \frac{4}{5}$

24

3 컵케이크 한 개를 만드는 데 설탕 $\frac{2}{21}$ 컵이 필요합니다. 설탕 $\frac{2}{3}$ 컵으로 만들 수 있는 컵케이크는 몇 개입니까?

( )

4 계산 결과가 큰 것부터 차례대로 기호를 써 보시오.

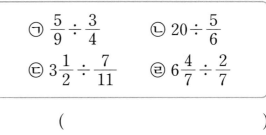

㉠ $\frac{5}{9} \div \frac{3}{4}$ ㉡ $20 \div \frac{5}{6}$

㉢ $3\frac{1}{2} \div \frac{7}{11}$ ㉣ $6\frac{4}{7} \div \frac{2}{7}$

( )

5 일정한 빠르기로 1분에 $\frac{5}{7}$ km를 가는 자동차가 있습니다. 이 자동차가 같은 빠르기로 $4\frac{4}{9}$ km를 가는 데 걸리는 시간은 몇 분입니까?

( )

6 밑변의 길이가 $\frac{6}{5}$ cm인 삼각형의 넓이가 $\frac{7}{10}$ cm²입니다. 이 삼각형의 높이는 몇 cm입니까?

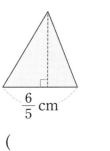

$\frac{6}{5}$ cm

( )

7 수 카드 3장을 모두 한 번씩만 사용하여 몫이 가장 작은 나눗셈식을 만들었을 때의 몫을 구해 보시오.

$$\boxed{5} \quad \boxed{4} \quad \boxed{7} \qquad \boxed{\square \div \dfrac{\square}{\square}}$$

(   )

8 떨어뜨린 높이의 $\dfrac{3}{5}$ 만큼 튀어 오르는 공이 있습니다. 이 공을 떨어뜨렸을 때 두 번째로 튀어 오른 높이가 $16\dfrac{1}{5}$ cm라면 처음 공을 떨어뜨린 높이는 몇 cm입니까?

(   )

◀ 서술형 **문제**

9 어떤 수를 $\dfrac{9}{5}$ 로 나누어야 할 것을 잘못하여 곱했더니 $6\dfrac{3}{4}$ 이 되었습니다. 바르게 계산한 값은 얼마인지 풀이 과정을 쓰고 답을 구해 보시오.

풀이 | _____

_____

_____

답 | _____

10 길이가 $16\dfrac{7}{8}$ cm인 양초에 불을 붙이고 $\dfrac{9}{10}$ 시간 후에 남은 양초의 길이를 재었더니 9 cm였습니다. 이 양초가 일정한 빠르기로 탄다면 남은 양초가 모두 타는 데 걸리는 시간은 몇 시간인지 풀이 과정을 쓰고 답을 구해 보시오.

풀이 | _____

_____

_____

_____

답 | _____

2 소수의 나눗셈

실전유형 강화

개념책 26쪽

파워 pick 교과서에 자주 나오는 응용 문제
교과 역량 생각하는 힘을 키우는 문제

유형 1 자연수의 나눗셈을 이용한
(소수)÷(소수)

(소수)÷(소수)에서 나누어지는 수와 나누는 수를 똑같이 10배 또는 100배 하여 (자연수)÷(자연수)로 바꾸어 계산하면 (소수)÷(소수)와 몫이 같습니다.

$$21.7 \div 0.7$$

10배   10배

$$217 \div 7 = 31 \Rightarrow 21.7 \div 0.7 = 31$$

1 설명을 읽고 ☐ 안에 알맞은 수를 써넣으시오.

> 털실 43.2 cm를 1.8 cm씩 자르려고 합니다. 43.2 cm = ☐ mm,
> 1.8 cm = 18 mm입니다.
> 털실 43.2 cm를 1.8 cm씩 자르는 것은
> 털실 ☐ mm를 18 mm씩 자르는 것과 같습니다.

⇩

$$43.2 \div 1.8 = ☐ \div 18 = ☐$$

2 6.12÷0.51과 몫이 같은 것은 어느 것입니까?
( )

① 6.12÷5.1　　② 61.2÷0.51
③ 612÷5.1　　④ 612÷51
⑤ 61.2÷51

3 85÷17＝5를 이용하여 ☐ 안에 알맞은 수를 써넣으시오.

$$☐ \div 1.7 = 5$$

교과 역량 추론, 의사소통　　　　　서술형

4 ☐ 안에 알맞은 수를 써넣고, 계산한 방법을 써 보시오.

> $$486 \div 3 = ☐$$
> $$4.86 \div 0.03 = ☐$$

방법 |

_____

_____

_____

5 연필의 길이는 17.1 cm이고, 지우개의 길이는 3.8 cm입니다. 연필의 길이는 지우개의 길이의 몇 배입니까?

( )

6 (조건)을 모두 만족하는 나눗셈식을 찾아 식을 쓰고, 계산해 보시오.

> (조건)
> • 216÷27을 이용하여 풀 수 있습니다.
> • 나누어지는 수와 나누는 수를 각각 100배 하면 216÷27이 됩니다.

식 |

개념책 27쪽

유형 **2** 자릿수가 같은 (소수)÷(소수)

● **9.1÷1.3의 계산**

$9.1 \div 1.3$
$= \dfrac{91}{10} \div \dfrac{13}{10}$
$= 91 \div 13$
$= 7$

$$1.3 \overline{)9.1} \\ 9\,1 \\ \overline{\,0}$$

7 큰 수를 작은 수로 나눈 몫을 빈칸에 써넣으시오.

2.3	32.2

8 ㉠, ㉡, ㉢에 알맞은 수의 합을 구해 보시오.

$$12.56 \div 3.14 = \dfrac{1256}{100} \div \dfrac{㉠}{100}$$
$$= ㉡ \div 314 = ㉢$$

( )

9 나눗셈의 몫이 <u>다른</u> 하나를 찾아 기호를 써 보시오.

㉠ $68.4 \div 3.8$
㉡ $17.64 \div 0.98$
㉢ $72.59 \div 4.27$

( )

10 $9.38 \div 0.67$을 계산하고, $9.38 \div 0.67$과 몫이 같은 것을 찾아 ◯표 하시오.

$$9.38 \div 0.67 = \boxed{}$$

$93.8 \div 67$ $93.8 \div 6.7$

( )   ( )

11 감자 41.6 kg을 한 바구니에 3.2 kg씩 나누어 담으려고 합니다. 바구니는 몇 개 필요합니까?

( )

12 책상 한 개의 무게는 8.25 kg이고, 의자 한 개의 무게는 2.75 kg입니다. 책상 한 개는 의자 몇 개와 무게가 같습니까?

( )

13 ☐ 안에 알맞은 수를 구해 보시오.

$$2.3 \times \square = 6.9$$

( )

14 (조건)을 모두 만족하는 나눗셈식을 찾아 식을 쓰고, 계산해 보시오.

(조건)
- (소수)÷(소수)입니다.
- 분수로 바꾸면 $\dfrac{252}{10} \div \dfrac{6}{10}$ 입니다.

식 |

15 □ 안에 알맞은 수를 써넣으시오.

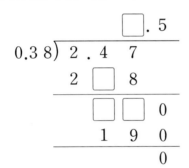

파워 pick

16 지영이는 입구에서 산 정상까지 11.27 km인 등산로를 걸으려고 합니다. 7시에 입구에서 출발하여 일정한 빠르기로 한 시간에 2.45 km씩 걸어서 정상까지 올라간다면 몇 시 몇 분에 도착합니까?

(   )

개념책 28쪽

유형 3   **자릿수가 다른 (소수)÷(소수)**

● **9.66÷4.2의 계산**

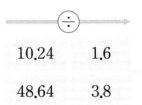

17 빈칸에 알맞은 수를 써넣으시오.

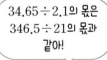

10.24	1.6
48.64	3.8

교과 역량   추론, 의사소통   서술형

18 잘못 말한 친구의 이름을 쓰고, 이유를 써 보시오.

34.65÷2.1의 몫은 3465÷21의 몫과 같아!

34.65÷2.1의 몫은 346.5÷21의 몫과 같아!

 진우   빛나

답 |

19 나눗셈의 몫이 가장 작은 것을 찾아 기호를 써 보시오.

> ㉠ $6.12 \div 1.8$
> ㉡ $12.1 \div 2.75$
> ㉢ $9.28 \div 3.2$

( )

20 다음 중 나눗셈의 몫이 나누어지는 수보다 큰 것은 어느 것입니까? ( )

① $8.82 \div 4.9$ ② $8.82 \div 1.4$
③ $8.82 \div 2.1$ ④ $8.82 \div 6.3$
⑤ $8.82 \div 0.9$

교과 역량 문제 해결

21 재윤이네 집에서 백화점까지의 거리는 재윤이네 집에서 서점까지의 거리의 몇 배입니까?

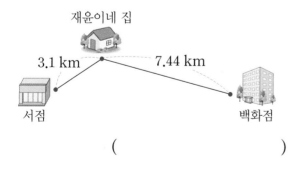

재윤이네 집

3.1 km   7.44 km

서점   백화점

( )

22 ☐ 안에 들어갈 수 있는 자연수 중 가장 작은 수를 구해 보시오.

> $14.84 \div 5.3 < ☐$

( )

23 굵기가 일정한 철근 1.75 m의 무게는 24.5 kg 입니다. 이 철근 1 m의 무게는 몇 kg입니까?

( )

24 주사위의 눈의 수 3개를 모두 사용하여 소수 한 자리 수를 만들려고 합니다. 만들 수 있는 가장 큰 소수 한 자리 수를 1.35로 나눈 몫은 얼마입니까?

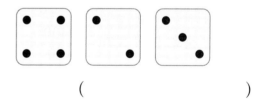

( )

25 준서는 철사 44.8 cm를 1.28 cm씩 잘랐고, 영호는 철사 66.3 cm를 1.95 cm씩 잘랐습니다. 두 사람 중 자른 철사의 도막 수가 더 많은 사람은 누구입니까?

( )

개념책 32쪽

유형 **4** (자연수)÷(소수)

● 14÷2.8의 계산

$14 \div 2.8$
$= \dfrac{140}{10} \div \dfrac{28}{10}$
$= 140 \div 28$
$= 5$

$$\begin{array}{r} 5 \\ 2.8{\overline{\smash{\big)}\,14.0}} \\ \underline{14\ 0} \\ 0 \end{array}$$

26 빈칸에 알맞은 수를 써넣으시오.

÷3.5   ÷1.25

28

27 소수의 나눗셈을 잘못 계산한 친구는 누구입니까?

• 규상: $6 \div 0.15 = \dfrac{60}{100} \div \dfrac{15}{100}$
$= 60 \div 15 = 4$
• 승욱: $94 \div 3.76 = \dfrac{9400}{100} \div \dfrac{376}{100}$
$= 9400 \div 376 = 25$

(   )

28 나눗셈의 몫의 크기를 비교하여 ◯ 안에 >, =, <를 알맞게 써넣으시오.

$27 \div 1.8 \ \bigcirc \ 52 \div 3.25$

29 $64 \div 12.8 = 5$입니다. 나눗셈의 몫을 찾아 선으로 이어 보시오.

$640 \div 12.8$ •

                          • 50

$64 \div 1.28$ •

                          • 500

$640 \div 1.28$ •

30 계산 결과가 틀린 것을 찾아 기호를 써 보시오.

㉠ $18 \div 0.4 = 45$
㉡ $34 \div 1.7 = 2$
㉢ $78 \div 3.25 = 24$

(   )

31 ㉡에 알맞은 수를 구해 보시오.

$99 \div 2.75 = ㉠ \ \Rightarrow \ ㉠ \div 2.4 = ㉡$

(   )

32 쌀 42 kg을 하루에 1.75 kg씩 먹는다면 며칠 동안 먹을 수 있습니까?

(   )

서술형

33 상희는 둘레가 45 cm인 정다각형을 그렸습니다. 정다각형의 한 변의 길이가 3.75 cm일 때, 상희가 그린 정다각형의 이름은 무엇인지 풀이 과정을 쓰고 답을 구해 보시오.

풀이 |

답 |

파워 pick

34 사과를 행복 가게에서는 3.5 kg에 42000원에 팔고 있고, 사랑 가게에서는 2.8 kg에 35000원에 팔고 있습니다. 행복 가게와 사랑 가게 중 같은 양의 사과를 더 싸게 파는 곳은 어느 가게입니까?

(   )

개념책 33쪽

유형 5 **몫을 반올림하여 나타내기**

● **4÷3의 몫을 반올림하여 소수 첫째 자리까지 나타내기**

$$4÷3=1.3333\cdots ⇨ 1.3$$

└ 소수 둘째 자리 숫자가 3이므로 버립니다.

35 24÷7의 몫을 반올림하여 주어진 자리까지 나타내어 보시오.

일의 자리까지	
소수 첫째 자리까지	
소수 둘째 자리까지	

36 나눗셈의 몫을 반올림하여 소수 첫째 자리까지 나타낸 결과가 같은 것끼리 이어 보시오.

29÷6   •   • 31÷9

23÷7.4   •   • 28.3÷9

23.5÷7   •   • 17.2÷3.6

37 계산 결과의 크기를 비교하여 ○ 안에 >, =, <를 알맞게 써넣으시오.

27.5÷7의 몫을 반올림하여 소수 첫째 자리까지 나타낸 수		27.5÷7

38 시청 건물의 높이는 12 m 50 cm이고, 우체국 건물의 높이는 6 m입니다. 시청 건물의 높이는 우체국 건물의 높이의 몇 배인지 반올림하여 소수 첫째 자리까지 나타내어 보시오.

(   )

서술형

39 다음 나눗셈의 몫을 반올림하여 소수 첫째 자리까지 나타낸 값과 소수 둘째 자리까지 나타낸 값의 차를 구하려고 합니다. 풀이 과정을 쓰고 답을 구해 보시오.

$$86.2 \div 12$$

풀이 |

답 |

40 열차가 2시간 48분 동안 230 km를 달렸습니다. 이 열차가 일정한 빠르기로 달렸다면 1시간 동안 달린 거리는 몇 km인지 반올림하여 일의 자리까지 나타내어 보시오.

(   )

개념책 34쪽

유형 6 | **나누어 주고 남는 양 알아보기**

리본 15.3 m를 한 사람에게 5 m씩 나누어 주고 남는 양 구하기

$$\begin{array}{r} 3 \\ 5\overline{\smash{)}15.3} \\ \underline{15} \\ 0.3 \end{array}$$

• 나누어 줄 수 있는 사람 수: **3**명

• 남는 리본의 길이 : 0.3 m

41 만들 수 있는 반지 수와 남는 금의 양을 알아보기 위해 다음과 같이 계산했습니다. 계산식을 보고 금으로 만들 수 있는 반지는 몇 개이고, 남는 금은 몇 g인지 구해 보시오.

$$27.4 - 6 - 6 - 6 - 6 = 3.4$$

만들 수 있는 반지 수 (   )

남는 금의 양 (   )

42 감자 74.4 kg을 한 상자에 8 kg씩 담아 팔려고 합니다. 팔 수 있는 상자는 몇 상자이고, 남는 감자는 몇 kg인지 알기 위해 다음과 같이 계산했습니다. 잘못 계산한 곳을 찾아 바르게 계산해 보시오.

$$\begin{array}{r} 9.3 \\ 8\overline{\smash{)}74.4} \\ \underline{72} \\ 24 \\ \underline{24} \\ 0 \end{array}$$

상자 수: 9상자
남는 양: 0.3 kg

$$\Rightarrow \quad 8\overline{\smash{)}74.4}$$

상자 수 (   )

남는 양 (   )

교과 역량 문제 해결, 추론

43 길이가 39.3 m인 통나무를 한 도막의 길이가 3.5 m가 되도록 자르려고 할 때, 자를 수 있는 통나무는 몇 도막이고 남는 통나무의 길이는 몇 m입니까?

도막 수 (   )

남는 통나무의 길이 (   )

44 고구마 92.5 kg을 한 상자에 11.3 kg씩 나누어 담고, 남는 고구마를 비닐 한 봉지에 0.7 kg씩 남김없이 나누어 담으려고 합니다. 필요한 비닐은 몇 봉지입니까?

(   )

45 오렌지 주스가 1.7 L씩 8병 있습니다. 이 오렌지 주스를 한 모둠에게 3 L씩 나누어 주려고 합니다. 오렌지 주스를 남김없이 모두 나누어 주려면 적어도 몇 L의 오렌지 주스가 더 필요합니까?

(   )

까다로운

유형 **7** **바르게 계산한 값 구하기**

❶ 어떤 수를 ☐라 하여 잘못 계산한 식 만들기

❷ 곱셈과 나눗셈의 관계를 이용하여 어떤 수 구하기
  └ ☐ × ▲ = ● → ● ÷ ▲ = ☐
    ☐ ÷ ▲ = ● → ● × ▲ = ☐

❸ 바르게 계산한 값 구하기

46 어떤 수를 1.8로 나누어야 할 것을 잘못하여 곱했더니 4.86이 되었습니다. 바르게 계산한 값은 얼마입니까?

(   )

47 어떤 수를 6.3으로 나누어야 할 것을 잘못하여 곱했더니 252가 되었습니다. 바르게 계산한 값을 반올림하여 소수 둘째 자리까지 나타내어 보시오.

(   )

48 어떤 수를 7.5로 나누어야 할 것을 잘못하여 3.8로 나누었더니 몫이 15가 되었습니다. 잘못 계산한 값과 바르게 계산한 값의 차는 얼마입니까?

(   )

유형 8 최소(최대) 개수 구하기

문장 속 표현		문제 해결
적어도	⇨	몫을 자연수 부분까지 구한 후 몫에 1을 더합니다.
몇 개까지	⇨	몫을 자연수 부분까지만 구합니다.

49 들이가 38.6 L인 욕조에 물을 가득 채우려고 합니다. 들이가 2 L인 양동이로 물을 적어도 몇 번 부어야 합니까?

( )

50 허리띠 한 개를 만드는 데 가죽끈 3 m가 필요합니다. 길이가 115.7 m인 가죽끈으로 허리띠를 몇 개까지 만들 수 있습니까?

( )

51 페인트가 한 통에 4.2 L씩 들어 있습니다. 벽 1 m²를 칠하는 데 페인트 0.353 L가 필요합니다. 벽 100 m²를 모두 칠하려면 페인트는 적어도 몇 통이 필요합니까?

( )

유형 9 몫의 소수 ■째 자리 숫자 구하기

● 5÷11의 몫의 소수 6째 자리 숫자 구하기

❶ [몫 구하기] 5÷11=0.4545……

❷ [몫의 규칙 찾기] 몫의 소수 첫째 자리부터 숫자 4, 5가 차례대로 반복됩니다.

❸ [몫의 소수 6째 자리 숫자 구하기] 5

52 몫의 소수 35째 자리 숫자를 구해 보시오.

24÷11

( )

53 몫의 소수 26째 자리 숫자를 구해 보시오.

5.2÷3.3

( )

54 몫의 소수 45째 자리 숫자를 구해 보시오.

9÷3.7

( )

유형 10 몫이 가장 큰(작은) 나눗셈식 만들기

- 몫이 가장 큰 나눗셈식
  ⇨ (가장 큰 수)÷(가장 작은 수)

- 몫이 가장 작은 나눗셈식
  ⇨ (가장 작은 수)÷(가장 큰 수)

55 수 카드 4장을 한 번씩만 사용하여 몫이 가장 큰 나눗셈식을 만들려고 합니다. ☐ 안에 알맞은 수를 써넣고, 몫을 구해 보시오.

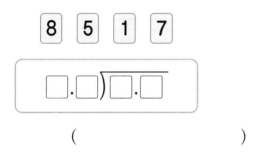

( )

56 수 카드 4장을 한 번씩만 사용하여 몫이 가장 큰 (두 자리 수)÷(소수 한 자리 수)의 나눗셈식을 만들었습니다. 만든 나눗셈식의 몫을 구해 보시오.

0 8 4 6

( )

57 수 카드 중 4장을 뽑아 한 번씩만 사용하여 몫이 가장 작은 (소수 한 자리 수)÷(한 자리 수)의 나눗셈식을 만들었습니다. 만든 나눗셈식의 몫을 반올림하여 소수 첫째 자리까지 나타내어 보시오.

3 9 7 8 4

( )

유형 11 도형의 넓이를 알 때, 한 변의 길이 구하기

❶ 구하는 변의 길이를 ☐라 하여 도형의 넓이 구하는 식 세우기

❷ ☐의 값을 구하여 도형의 한 변의 길이 구하기

58 삼각형의 넓이가 5.85 cm²일 때, 이 삼각형의 높이는 몇 cm입니까?

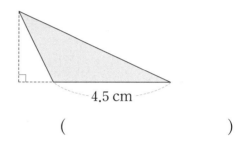

( )

59 마름모의 넓이가 21 cm²일 때, 이 마름모의 다른 대각선의 길이는 몇 cm입니까?

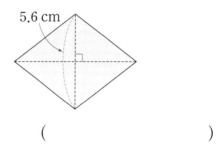

( )

60 사다리꼴의 넓이가 37.92 cm²일 때, 이 사다리꼴의 높이는 몇 cm입니까?

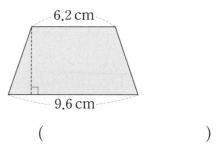

( )

상위권유형 강화

유형12 • 약속에 따라 계산하기 •

약속에 따라 기호 앞의 수를 ㉠에, 기호 뒤의 수를 ㉡에 넣어봐!

대표문제

61 기호 ★에 대하여 다음과 같이 약속할 때, 8★5.4의 값은 얼마입니까?

문제 풀이

$$㉠★㉡=㉠÷1.6-㉡÷4.5$$

❶ 약속에 따라 ☐ 안에 알맞은 수 써넣기

$$8★5.4=\boxed{}÷\boxed{}-\boxed{}÷\boxed{}$$

❷ 8★5.4의 값 구하기

(   )

62 기호 ▲에 대하여 다음과 같이 약속할 때, 9▲14.31의 값은 얼마입니까?

$$㉠▲㉡=㉠÷0.75+㉡÷5.3$$

(   )

63 기호 ●에 대하여 다음과 같이 약속할 때, 6.3●11.4의 값은 얼마입니까?

$$㉠●㉡=㉠÷1.4-㉡÷4.56$$

(   )

유형13 · 일정한 간격으로 나무를 심을 때, 필요한 나무 수 구하기 ·

도로의 한쪽에 처음부터 끝까지 나무를 심을 때, (나무 수)=(간격 수)+1

대표문제

64 길이가 415 m인 직선 도로의 한쪽에 처음부터 끝까지 16.6 m 간격으로 나무를 심으려고 합니다. 필요한 나무는 모두 몇 그루입니까? (단, 나무의 두께는 생각하지 않습니다.)

문제 풀이

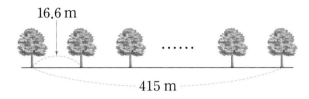

16.6 m

415 m

❶ 나무 사이의 간격 수 구하기

( )

❷ 필요한 나무 수 구하기

( )

65 길이가 428.4 m인 직선 도로의 한쪽에 처음부터 끝까지 12.24 m 간격으로 가로등을 세우려고 합니다. 필요한 가로등은 모두 몇 개입니까? (단, 가로등의 두께는 생각하지 않습니다.)

( )

66 길이가 691.6 m인 직선 도로의 양쪽에 처음부터 끝까지 24.7 m 간격으로 나무를 심으려고 합니다. 필요한 나무는 모두 몇 그루입니까? (단, 나무의 두께는 생각하지 않습니다.)

( )

2 단원

유형 14 · 빈 통의 무게 구하기 ·

(빈 통의 무게)＝(우유가 들어 있는 통의 무게)－(우유의 무게)

대표문제

67 빈 통에 우유 1.7 L를 담으면 통의 무게는 4.4 kg이 되고, 우유 3.3 L를 담으면 통의 무게는 7.6 kg이 됩니다. 빈 통의 무게는 몇 kg 입니까?

문제 풀이

❶ 우유 1.6 L의 무게 구하기

(   )

❷ 우유 1 L의 무게 구하기

(   )

❸ 빈 통의 무게 구하기

(   )

68 빈 병에 주스 3.28 L를 담으면 병의 무게는 2.5 kg이 되고, 주스 5.1 L를 담으면 병의 무게는 3.41 kg이 됩니다. 빈 병의 무게는 몇 kg입니까?

(   )

69 식용유 4.2 L가 담긴 통의 무게는 4.38 kg입니다. 이 통에서 식용유 2.75 L를 사용하고 무게를 다시 재어 보니 2.18 kg이었습니다. 빈 통의 무게는 몇 kg입니까?

(   )

유형 15 ·양초가 타는 데 걸리는 시간 구하기·

(양초가 타는 데 걸리는 시간)＝(줄어든 양초의 길이)÷(1분 동안 타는 길이)

대표문제

70 길이가 17 cm인 양초가 있습니다. 이 양초는 불을 붙이면 3분에 0.6 cm씩 일정한 빠르기로 탑니다. 남은 양초의 길이가 11.6 cm가 되는 때는 이 양초에 불을 붙인 지 몇 분 후입니까?

문제 풀이

❶ 1분 동안 타는 양초의 길이 구하기

( )

❷ 줄어든 양초의 길이 구하기

( )

❸ 남은 양초의 길이가 11.6 cm가 되는 때 구하기

( )

71 길이가 32 cm인 양초가 있습니다. 이 양초는 불을 붙이면 5분에 3 cm씩 일정한 빠르기로 탑니다. 남은 양초의 길이가 12.2 cm가 되는 때는 이 양초에 불을 붙인 지 몇 분 후입니까?

( )

72 길이가 25 cm인 양초가 있습니다. 이 양초는 불을 붙이면 4분에 0.48 cm씩 일정한 빠르기로 탑니다. 남은 양초의 길이가 10 cm가 되는 때는 이 양초에 불을 붙인 지 몇 시간 몇 분 후입니까?

( )

유형16 • 필요한 휘발유의 값 구하기 •

(필요한 휘발유의 값)=(휘발유 1 L의 값)×(필요한 휘발유의 양)

대표문제

73 휘발유 1.5 L로 18.6 km를 갈 수 있는 자동차가 있습니다. 휘발유 1 L의 값이 1640원일 때, 이 자동차가 310 km를 가는 데 필요한 휘발유의 값은 얼마입니까?

문제 풀이

❶ 휘발유 1 L로 갈 수 있는 거리 구하기

( )

❷ 자동차가 310 km를 가는 데 필요한 휘발유의 양 구하기

( )

❸ 자동차가 310 km를 가는 데 필요한 휘발유의 값 구하기

( )

74 휘발유 1.8 L로 26.1 km를 갈 수 있는 자동차가 있습니다. 휘발유 1 L의 값이 1750원일 때, 이 자동차가 394.4 km를 가는 데 필요한 휘발유의 값은 얼마입니까?

( )

75 휘발유 2.4 L로 39.36 km를 갈 수 있는 자동차가 있습니다. 휘발유 1 L의 값이 1800원일 때, 이 자동차가 533 km를 가는 데 필요한 휘발유의 값은 얼마입니까?

( )

유형17 ・터널을 완전히 통과하는 데 걸리는 시간 구하기・

(기차가 달리는 거리)=(터널의 길이)+(기차의 길이)

대표문제

76 길이가 80 m인 기차가 1초에 37.2 m를 가는 일정한 빠르기로 달리고 있습니다. 이 기차가 길이가 620 m인 터널을 완전히 통과하는 데 걸리는 시간은 몇 초인지 반올림하여 소수 첫째 자리까지 나타내어 보시오.

문제 풀이

❶ 기차가 터널에 진입한 후 완전히 통과하는 데까지 달리는 거리 구하기

( )

❷ 기차가 터널을 완전히 통과하는 데 걸리는 시간 구하기

( )

77 길이가 62.74 m인 기차가 1초에 41.3 m를 가는 일정한 빠르기로 달리고 있습니다. 이 기차가 길이가 794 m인 터널을 완전히 통과하는 데 걸리는 시간은 몇 초인지 반올림하여 일의 자리까지 나타내어 보시오.

( )

78 길이가 65.1 m인 기차가 1초에 25.6 m를 가는 일정한 빠르기로 달리고 있습니다. 이 기차가 길이가 834.6 m인 터널을 완전히 통과하는 데 걸리는 시간은 몇 초인지 반올림하여 소수 둘째 자리까지 나타내어 보시오.

( )

1 18.6÷0.6을 자연수의 나눗셈을 이용하여 계산해 보시오.

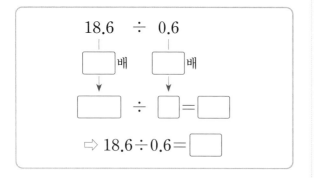

18.6 ÷ 0.6

[ ]배   [ ]배

[ ] ÷ [ ]=[ ]

⇨ 18.6÷0.6=[ ]

2 계산해 보시오.

$$1.3\overline{)3\ 1.2}$$

3 나눗셈의 몫을 반올림하여 소수 첫째 자리까지 나타내어 보시오.

23.84÷9

(   )

4 빈칸에 알맞은 수를 써넣으시오.

÷

5.9   2.36

30.72   6.4

5 나눗셈을 바르게 계산한 것을 찾아 기호를 써 보시오.

㉠ 17.28÷6.4=2.7
㉡ 9.4÷3.76=2.4
㉢ 4.55÷1.75=2.5

(   )

6 나눗셈의 몫을 찾아 선으로 이어 보시오.

5.4÷0.9   •   •   6

10.8÷0.6   •   •   8

12.24÷1.53   •   •   18

7 가장 큰 수를 가장 작은 수로 나눈 몫을 구해 보시오.

0.9   2.7   5.13   2.43

(   )

8 나눗셈의 몫의 크기를 비교하여 ○ 안에 >, =, <를 알맞게 써넣으시오.

12.96÷1.62 ◯ 22.24÷2.78

• 정답 49쪽

9 □ 안에 알맞은 수를 구해 보시오.

$$3.2 \times \square = 5.76$$

( )

10 콩 26.2 kg을 한 봉지에 4 kg씩 나누어 담으려고 합니다. 나누어 담을 수 있는 봉지는 몇 봉지이고, 남는 콩은 몇 kg입니까?

담을 수 있는 봉지 수 ( )
남는 콩의 양 ( )

11 색 테이프 44.8 m를 한 사람에게 3.2 m씩 나누어 주려고 합니다. 몇 명에게 나누어 줄 수 있습니까?

( )

12 강아지의 몸무게는 5.87 kg이고, 고양이의 몸무게는 3 kg입니다. 강아지의 몸무게는 고양이의 몸무게의 몇 배인지 반올림하여 소수 둘째 자리까지 나타내어 보시오.

( )

잘 틀리는 문제

13 어느 과일 가게에서 파는 복숭아는 3.75 kg에 48000원이고, 딸기는 4.5 kg에 61200원입니다. 복숭아와 딸기의 같은 양의 가격을 비교했을 때 더 저렴한 과일은 무엇입니까?

( )

잘 틀리는 문제

14 어떤 수를 2.65으로 나누어야 할 것을 잘못하여 곱했더니 196.63이 되었습니다. 바르게 계산한 몫은 얼마입니까?

( )

15 몫의 소수 19째 자리 숫자를 구해 보시오.

$$13 \div 11$$

( )

16 사다리꼴의 넓이가 19.74 cm²일 때, 이 사다리꼴의 아랫변의 길이는 몇 cm입니까?

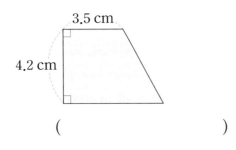

( )

17 길이가 36 cm인 양초가 있습니다. 이 양초는 불을 붙이면 5분에 2 cm씩 일정한 빠르기로 탑니다. 남은 양초의 길이가 15.6 cm가 되는 때는 이 양초에 불을 붙인 지 몇 분 후입니까?

( )

서술형 문제

18 1분에 5.3 L씩 물이 나오는 수도꼭지가 있습니다. 이 수도꼭지로 93.28 L의 물을 받는 데 걸리는 시간은 몇 분 몇 초인지 풀이 과정을 쓰고 답을 구해 보시오.

풀이 |

답 |

19 페인트 한 통을 남김없이 모두 사용하면 가로가 2.4 m, 세로가 5 m인 직사각형 모양의 벽을 칠할 수 있다고 합니다. 넓이가 76.2 m²인 직사각형 모양의 벽을 모두 칠하려면 페인트는 적어도 몇 통이 필요한지 풀이 과정을 쓰고 답을 구해 보시오.

풀이 |

답 |

20 길이가 632.1 m인 직선 도로의 한쪽에 처음부터 끝까지 14.7 m 간격으로 나무를 심으려고 합니다. 필요한 나무는 모두 몇 그루인지 풀이 과정을 쓰고 답을 구해 보시오.
(단, 나무의 두께는 생각하지 않습니다.)

풀이 |

답 |

점수

확인

· 정답 50쪽

1 빈칸에 알맞은 수를 써넣으시오.

$\div 3.6$ $\div 2.5$

162

2 나눗셈의 몫을 반올림하여 주어진 자리까지 나타내어 보시오.

$$37.3 \div 7$$

소수 첫째 자리까지 (   )
소수 둘째 자리까지 (   )

3 나눗셈의 몫이 가장 큰 것을 찾아 기호를 써 보시오.

㉠ $10.4 \div 1.3$ ㉡ $2.88 \div 0.24$
㉢ $37.8 \div 4.2$ ㉣ $15.82 \div 1.13$

(   )

4 어느 트럭이 일정한 빠르기로 3시간 15분 동안 273 km를 갔습니다. 이 트럭은 한 시간 동안 몇 km를 갔습니까?

(   )

5 다음 나눗셈의 몫을 반올림하여 소수 첫째 자리까지 나타낸 값과 소수 둘째 자리까지 나타낸 값의 차를 구해 보시오.

$$46.5 \div 3.6$$

(   )

6 포도 주스 13.5 L를 한 사람에게 3 L씩 나누어 주려고 합니다. 이 포도 주스를 남김 없이 모두 나누어 주려면 포도 주스는 적어도 몇 L가 더 필요한지 구해 보시오.

(   )

2
단원

서술형 **문제**

7 수 카드 중 4장을 뽑아 한 번씩만 사용하여 몫이 가장 큰 나눗셈식을 만들고, 몫을 구해 보시오.

| 3 | 8 | 5 | 9 | 6 |

□.□ ÷ □.□ = □

8 휘발유 2.4 L로 30 km를 갈 수 있는 자동차가 있습니다. 휘발유 1 L의 값이 1900원일 때, 이 자동차가 245 km를 가는 데 필요한 휘발유의 값은 얼마입니까?

(   )

9 높이가 4.8 cm, 넓이가 16.8 cm²인 삼각형이 있습니다. 이 삼각형의 밑변의 길이는 몇 cm인지 풀이 과정을 쓰고 답을 구해 보시오.

풀이 |

답 |

10 빈 항아리에 간장 3.8 L를 담으면 항아리의 무게는 8.03 kg이 되고, 간장 2.45 L를 담으면 항아리의 무게는 5.87 kg이 됩니다. 빈 항아리의 무게는 몇 kg인지 풀이 과정을 쓰고 답을 구해 보시오.

풀이 |

답 |

3 공간과 입체

실전유형 강화

파워 **pick** 교과서에 자주 나오는 응용 문제
교과 역량 생각하는 힘을 키우는 문제

개념책 46쪽

유형 **1** **어느 방향에서 본 모양인지 알아보기**

물체를 보는 **방향**에 따라 다른 모양으로 보일 수 있습니다.

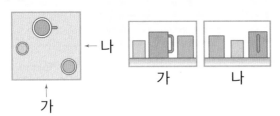

1 진수는 조형물을 보고 사진을 찍었습니다. 오른쪽 사진을 찍은 위치를 찾아보시오.

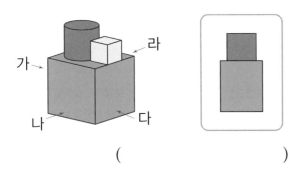

( )

2 태권도 경기를 촬영하고 있습니다. 화면은 경기장의 어느 카메라에서 찍은 장면인지 찾아보시오.

( )

3 놀이공원에서 찍은 사진입니다. 어느 방향에서 찍은 사진인지 찾아보시오.

( )

교과 역량 추론, 정보 처리

4 학생들이 학교를 여러 방향에서 본 것입니다. 각 그림은 어느 방향에서 본 것인지 이름을 써 보시오.

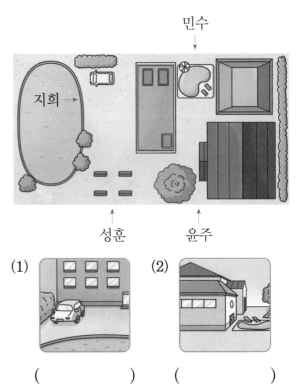

(1) (2)

( ) ( )

개념책 47쪽

유형 2 쌓은 모양과 위에서 본 모양을 보고 쌓은 모양과 쌓기나무의 개수 알아보기

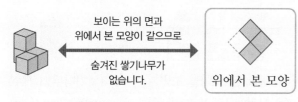

보이는 위의 면과 위에서 본 모양이 같으므로

숨겨진 쌓기나무가 없습니다.

위에서 본 모양

⇨ (쌓기나무의 개수)＝3＋1＝4(개)
　　　　　　　　　1층　2층

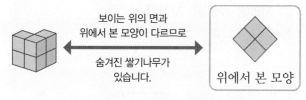

보이는 위의 면과 위에서 본 모양이 다르므로

숨겨진 쌓기나무가 있습니다.

위에서 본 모양

⇨ (쌓기나무의 개수)＝4＋3＝7(개)
　　　　　　　　　1층　2층

5 쌓기나무로 쌓은 모양을 보고 위에서 본 모양을 찾아 선으로 이어 보시오.

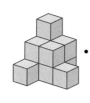 ·   ·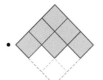

 ·   ·

6 주어진 모양과 똑같이 쌓는 데 필요한 쌓기나무는 몇 개입니까?

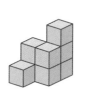   

위에서 본 모양

(   )

7 오른쪽 모양을 보고 위에서 본 모양이 될 수 <u>없는</u> 것을 찾아보시오.

가   나   다

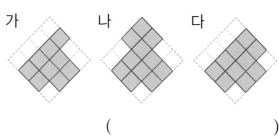

(   )

8 오른쪽은 민주와 세훈이가 각각 쌓기나무로 쌓은 모양을 위에서 본 모양입니다. 쌓기나무를 더 많이 사용한 친구는 누구입니까?

위에서 본 모양

민주   세훈

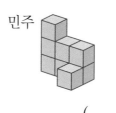   

(   )

9 쌓기나무를 최대한 많이 사용하여 주어진 모양과 똑같이 쌓는 데 필요한 쌓기나무는 몇 개입니까?

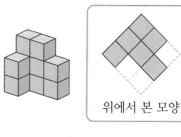

위에서 본 모양

(   )

10 쌓기나무로 쌓은 모양과 위에서 본 모양입니다. 만들 수 있는 쌓기나무 모양은 모두 몇 가지입니까?

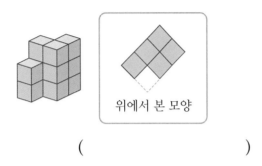

위에서 본 모양

( )

교과 역량 창의·융합, 정보 처리

11 준서가 쌓기나무로 쌓은 모양과 위에서 본 모양입니다. 연주는 준서가 쌓은 모양에 쌓기나무 2개를 더 놓았습니다. 연주가 쌓은 모양을 보고, 위에서 본 모양을 그려 보시오.

준서가 쌓은 모양

위에서 본 모양

연주가 쌓은 모양

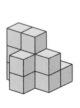

위에서 본 모양

개념책 48쪽

유형 **3** 위, 앞, 옆에서 본 모양을 보고 쌓은 모양과 쌓기나무의 개수 알아보기

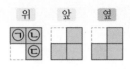

- 앞 에서 본 모양을 보면 ㉠ 자리에 1개가 놓입니다.
- 옆 에서 본 모양을 보면 ㉡ 자리에 2개, ㉢ 자리에 1개가 놓입니다.

(쌓기나무의 개수)
$=3+1=4$(개)
$\underset{\text{1층}}{\underline{}}\,\underset{\text{2층}}{\underline{}}$

12 쌓기나무 9개로 쌓은 모양입니다. 위, 앞, 옆에서 본 모양을 각각 그려 보시오.

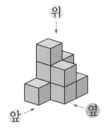

위	앞	옆

13 쌓기나무로 쌓은 모양을 위, 앞, 옆에서 본 모양입니다. 똑같은 모양으로 쌓는 데 필요한 쌓기나무의 개수를 구해 보시오.

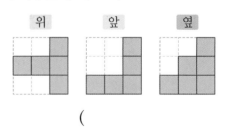

( )

14 쌓기나무로 쌓은 모양을 위, 앞, 옆에서 본 모양입니다. 쌓을 수 있는 모양을 모두 찾아보시오.

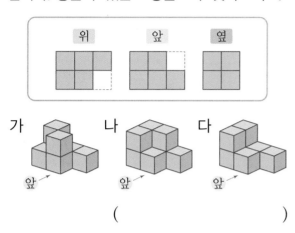

(　　　　　　　)

서술형

15 쌓기나무 8개로 쌓은 모양입니다. 앞에서 본 모양이 다른 것을 찾으려고 합니다. 풀이 과정을 쓰고 답을 구해 보시오.

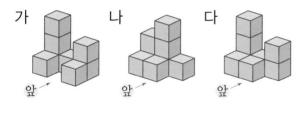

풀이 |

답 |

16 쌓기나무 10개로 만든 모양입니다. 초록색 쌓기나무 3개를 빼냈을 때, 앞에서 본 모양을 그려 보시오.

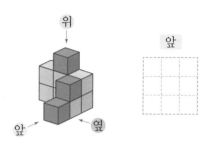

17 쌓기나무로 쌓은 모양과 위에서 본 모양입니다. 옆에서 보았을 때 가능한 모양을 2가지 그려 보시오.

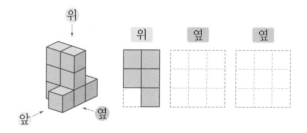

18 위, 앞, 옆에서 본 모양을 보고 쌓기나무로 쌓은 모양이 한 가지가 아닌 것을 찾아 기호를 써 보시오.

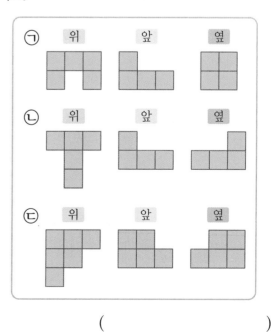

(　　　　　　　)

개념책 52쪽

유형 4 위에서 본 모양에 수를 써서
쌓은 모양과 쌓기나무의 개수 알아보기

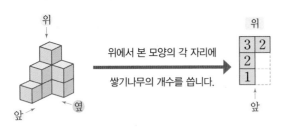

위에서 본 모양의 각 자리에 쌓기나무의 개수를 씁니다.

⇨ (쌓기나무의 개수)=3+2+2+1=8(개)
위에서 본 모양에 쓰인 수의 합

19 쌓기나무로 쌓은 모양을 보고 위에서 본 모양에 수를 쓰고, 똑같은 모양으로 쌓는 데 필요한 쌓기나무의 개수를 구해 보시오.

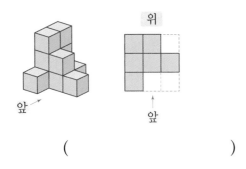

( )

20 쌓기나무로 쌓은 모양을 보고 위에서 본 모양에 수를 썼습니다. 관계있는 것끼리 선으로 이어 보시오.

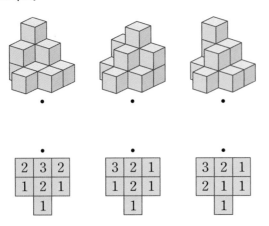

21 쌓기나무로 쌓은 모양을 보고 위에서 본 모양에 수를 썼습니다. 앞과 옆 중 어느 방향에서 본 모양인지 써 보시오.

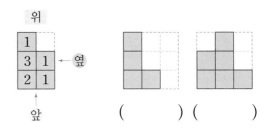

( ) ( )

서술형

22 쌓기나무로 쌓은 모양을 위, 앞, 옆에서 본 모양입니다. 똑같은 모양으로 쌓는 데 필요한 쌓기나무는 몇 개인지 풀이 과정을 쓰고 답을 구해 보시오.

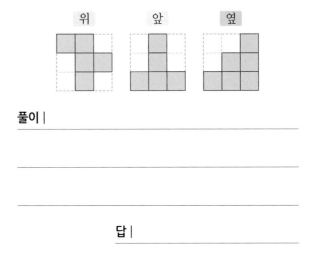

풀이 |

답 |

23 쌓기나무로 쌓은 모양을 보고 위에서 본 모양에 수를 썼습니다. 앞에서 본 모양이 다른 하나를 찾아보시오.

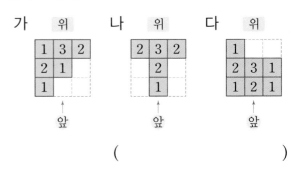

( )

24 쌓기나무 10개로 쌓은 모양입니다. 위에서 본 모양에 수를 쓰는 방법으로 쌓은 모양을 나타내어 보시오.

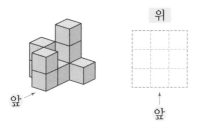

개념책 53쪽

유형 5 층별로 나타낸 모양을 보고 쌓은 모양과 쌓기나무의 개수 알아보기

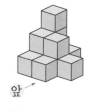

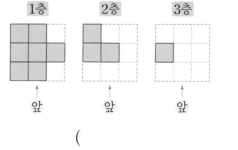

⇨ (쌓기나무의 개수)
=4+2+1=7(개)
  1층 2층 3층

교과 역량 문제 해결, 추론, 정보 처리

25 쌓기나무로 쌓은 모양을 위, 앞, 옆에서 본 모양입니다. 옆에서 본 모양이 변하지 않도록 쌓기나무를 더 쌓으려고 합니다. ㉠~㉤에 쌓기나무를 모두 몇 개까지 더 쌓을 수 있습니까?

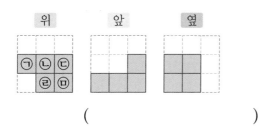

( )

27 오른쪽은 쌓기나무 11개로 쌓은 모양입니다. 층별로 나타낸 모양이 <u>잘못된</u> 것은 몇 층입니까?

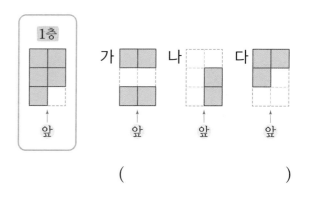

( )

파워 pick

26 쌓기나무 11개로 쌓은 모양을 위와 앞에서 본 모양입니다. 옆에서 본 모양을 그려 보시오.

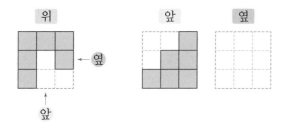

28 1층 모양을 보고 2층 모양이 될 수 있는 것을 찾아보시오.

( )

29 쌓기나무로 쌓은 모양을 층별로 나타낸 모양입니다. 똑같은 모양으로 쌓는 데 필요한 쌓기나무는 몇 개입니까?

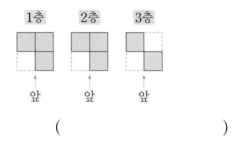

(   )

30 쌓기나무로 쌓은 모양을 층별로 나타낸 모양입니다. 위에서 본 모양을 그리고, 각 자리에 쌓은 쌓기나무의 수를 써 보시오.

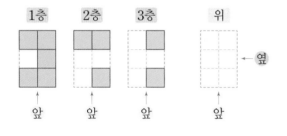

31 쌓기나무로 쌓은 모양을 보고 위에서 본 모양에 수를 썼습니다. 1층, 2층, 3층 모양을 각각 그려 보시오.

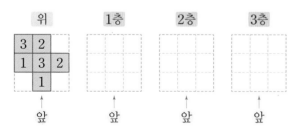

32 쌓기나무로 쌓은 모양을 층별로 나타낸 모양입니다. 똑같은 모양으로 쌓을 때, 위, 앞, 옆에서 본 모양을 각각 그려 보시오.

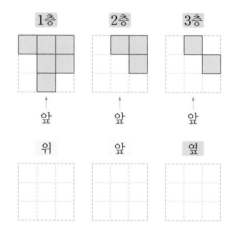

교과 역량 추론, 정보 처리

33 쌓기나무로 쌓은 서로 다른 3층짜리 모양 두 개를 층별로 나타낸 모양이 섞여 있습니다. 두 모양을 만드는 데 사용한 쌓기나무의 개수의 차는 몇 개입니까?

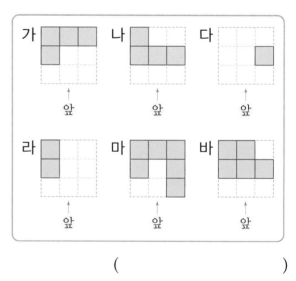

(   )

유형 6 여러 가지 모양 만들기

개념책 54쪽

● 쌓기나무 3개로 서로 다른 모양 만들기

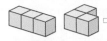 ➡ 2가지   만든 모양을 돌리거나 뒤집었을 때, 모양이 같으면 같은 모양입니다.

● , 모양을 사용하여 새로운 모양 만들기

  등

34 돌리거나 뒤집었을 때 오른쪽과 같은 모양을 찾아보시오.

가   나   다

(   )

35 모양에 쌓기나무 1개를 더 붙여서 만들 수 있는 모양이 <u>아닌</u> 것을 모두 고르시오.

(   )

①   ②   ③

④   ⑤

36 가, 나, 다 모양 중에서 두 가지 모양을 사용하여 새로운 모양 2개를 만들었습니다. 사용한 두 가지 모양을 찾아보시오.

가   나   다

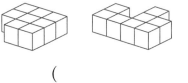

(   )

37 쌓기나무 4개를 붙여서 만든 두 가지 모양을 사용하여 만들 수 있는 새로운 모양을 모두 찾아보시오.

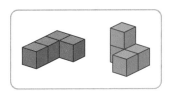

가    나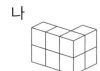

다   라

(   )

교과 역량 추론, 창의·융합, 정보 처리

38 쌓기나무 4개를 붙여서 만든 두 가지 모양을 사용하여 새로운 모양 2개를 만들었습니다. 어떻게 만들었는지 구분하여 색칠해 보시오.

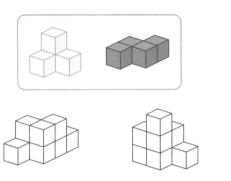

교과 역량 문제 해결, 추론

39 (조건)에 맞게 쌓기나무를 쌓은 것을 찾아보시오.

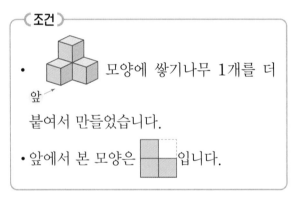

( )

40 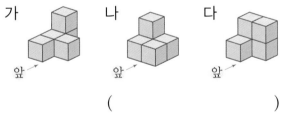 모양에 쌓기나무를 1개 더 붙여서 만들 수 있는 서로 다른 모양은 모두 몇 가지입니까?

( )

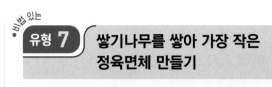

유형 7 쌓기나무를 쌓아 가장 작은 정육면체 만들기

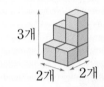 =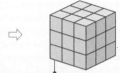

한 모서리에 쌓기나무를 3개씩 쌓으면 가장 작은 정육면체를 만들 수 있습니다.

41 쌓기나무로 쌓은 모양과 위에서 본 모양입니다. 이 모양에 쌓기나무를 더 쌓아 가장 작은 정육면체 모양을 만들려고 합니다. 더 필요한 쌓기나무는 몇 개입니까?

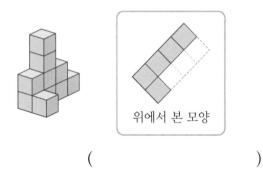

위에서 본 모양

( )

42 쌓기나무로 쌓은 모양을 위, 앞, 옆에서 본 모양입니다. 이 모양에 쌓기나무를 더 쌓아 가장 작은 정육면체 모양을 만들려고 합니다. 더 필요한 쌓기나무는 몇 개입니까?

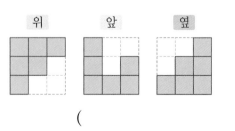

( )

3
단원

유형 8 ▲층에 쌓은 쌓기나무의 개수 구하기

위		
1		
2		1
3	3	1

- (1층에 쌓은 쌓기나무의 개수)
  =(색칠된 전체 칸 수)
- (2층에 쌓은 쌓기나무의 개수)
  =(2 이상인 수가 쓰인 칸 수)
  └→ 2와 3이 쓰인 칸
- (3층에 쌓은 쌓기나무의 개수)
  =(3 이상인 수가 쓰인 칸 수)

43 쌓기나무로 쌓은 모양을 보고 위에서 본 모양에 수를 쓴 것입니다. 1층에 쌓은 쌓기나무는 몇 개입니까?

위		
	2	
1	4	3
2	1	1

( )

44 쌓기나무로 쌓은 모양을 보고 위에서 본 모양에 수를 쓴 것입니다. 3층에 쌓은 쌓기나무는 몇 개입니까?

위		
4	3	1
3	2	
3	2	1

( )

45 쌓기나무로 쌓은 모양을 위, 앞, 옆에서 본 모양입니다. 2층 이상에 쌓은 쌓기나무는 몇 개입니까?

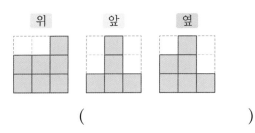

( )

유형 9 쌓기나무를 더 쌓은 모양 알아보기

예 쌓기나무를 ㉠ 자리에 1개 더 쌓을 때, 옆에서 본 모양 그리기

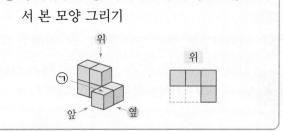

❶ 쌓기나무를 ㉠ 자리에 1개 더 쌓을 때, 위에서 본 모양의 각 자리에 쌓인 쌓기나무의 수 쓰기

❷ 쌓기나무를 ㉠ 자리에 1개 더 쌓을 때, 옆에서 본 모양 그리기

46 쌓기나무로 쌓은 모양과 위에서 본 모양입니다. 쌓기나무를 ㉠ 자리에 2개 더 쌓을 때, 앞과 옆에서 본 모양을 각각 그려 보시오.

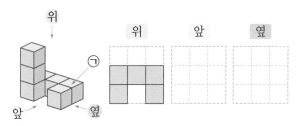

47 쌓기나무 10개로 쌓은 모양입니다. 쌓기나무를 ㉠ 자리에 1개, ㉡ 자리에 2개 더 쌓을 때, 앞과 옆에서 본 모양을 각각 그려 보시오.

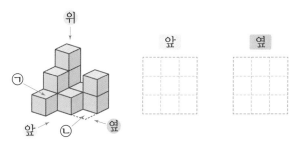

유형10 • 위, 앞, 옆에서 본 모양을 보고 최대(최소)로 쌓은 쌓기나무의 개수 구하기 •

위에서 본 모양에 앞, 옆에서 본 모양에서 정해진 쌓기나무의 개수를 먼저 쓴 후 나머지 칸을 구해!

대표문제

48 쌓기나무로 쌓은 모양을 위, 앞, 옆에서 본 모양입니다. 쌓기나무가 가장 많을 때와 가장 적을 때 쌓기나무는 각각 몇 개입니까?

문제 풀이

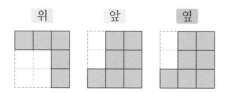

❶ 쌓기나무가 가장 많을 때와 가장 적을 때 위에서 본 모양에 수 쓰기

가장 많을 때	가장 적을 때
위	위

❷ 쌓기나무가 가장 많을 때와 가장 적을 때 쌓기나무의 개수 각각 구하기

　　　가장 많을 때 (　　　　　　　)
　　　가장 적을 때 (　　　　　　　)

49 쌓기나무로 쌓은 모양을 위, 앞, 옆에서 본 모양입니다. 쌓기나무가 가장 많을 때와 가장 적을 때 쌓기나무는 각각 몇 개입니까?

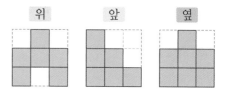

　　　가장 많을 때 (　　　　　　　　　)
　　　가장 적을 때 (　　　　　　　　　)

50 쌓기나무로 쌓은 모양을 위, 앞, 옆에서 본 모양입니다. 쌓기나무가 가장 많을 때와 가장 적을 때 쌓기나무의 개수의 차는 몇 개입니까?

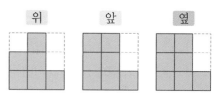

　　　　　　　　　(　　　　　　　　　)

유형11 ᐧ 색칠된 쌓기나무의 개수 구하기 ᐧ

세 면이 색칠된 쌓기나무의 개수는 큰 정육면체의 꼭짓점에 있는 쌓기나무의 수와 같아!

대표문제

51 정육면체 모양으로 쌓기나무를 쌓고 바깥쪽 면을 페인트로 모두 칠했습니다. 세 면에 페인트가 칠해진 쌓기나무는 모두 몇 개입니까?
(단, 바닥에 닿는 면도 칠합니다.)

문제 풀이

❶ 세 면에 페인트가 칠해진 쌓기나무를 찾아 색칠하기

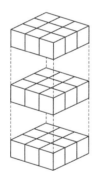

❷ 세 면에 페인트가 칠해진 쌓기나무의 개수 구하기

(   )

52 정육면체 모양으로 쌓기나무를 쌓고 바깥쪽 면을 페인트로 모두 칠했습니다. 두 면에 페인트가 칠해진 쌓기나무는 모두 몇 개입니까?
(단, 바닥에 닿는 면도 칠합니다.)

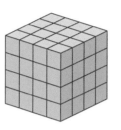

(   )

53 쌓기나무로 쌓은 모양을 보고 위에서 본 모양에 수를 쓴 것입니다. 똑같은 모양으로 쌓고 바깥쪽 면을 페인트로 모두 칠할 때, 한 면에 페인트가 칠해진 쌓기나무는 모두 몇 개입니까?
(단, 바닥에 닿는 면도 칠합니다.)

위

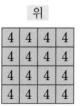

(   )

유형12 • 쌓은 모양의 겉넓이 구하기 •

(모든 겉면의 수)=(위, 앞, 옆에서 본 면의 수의 합)×2

대표문제

54 한 모서리의 길이가 1 cm인 쌓기나무 8개로 쌓은 모양입니다. 쌓기나무로 쌓은 모양의 겉넓이는 몇 cm²입니까? (단, 바닥에 닿는 면도 포함합니다.)

문제 풀이

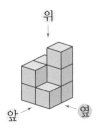

❶ 위, 앞, 옆에서 본 모양 그리기

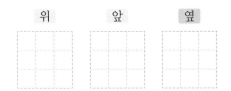

❷ 쌓은 모양에서 겉면의 수 구하기

(   )

❸ 쌓기나무의 한 면의 넓이 구하기

(   )

❹ 쌓은 모양의 겉넓이 구하기

(   )

55 한 모서리의 길이가 1 cm인 쌓기나무 9개로 쌓은 모양입니다. 쌓기나무로 쌓은 모양의 겉넓이는 몇 cm²입니까? (단, 바닥에 닿는 면도 포함합니다.)

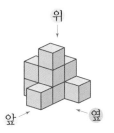

(   )

56 한 모서리의 길이가 2 cm인 쌓기나무 10개로 쌓은 모양입니다. 쌓기나무로 쌓은 모양의 겉넓이는 몇 cm²입니까? (단, 바닥에 닿는 면도 포함합니다.)

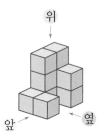

(   )

유형13 • 조건에 알맞게 쌓기나무를 쌓아 만들 수 있는 모양의 수 구하기 •

(위에서 본 모양의 색칠된 칸 수)=(1층에 쌓은 쌓기나무의 개수)

대표문제

57 쌓기나무 6개를 사용하여 (조건)을 만족하는 모양을 만들 때, 만들 수 있는 모양은 모두 몇 가지입니까? (단, 돌렸을 때 같은 모양은 한 가지로 생각합니다.)

문제 풀이

(조건)
• 쌓기나무로 쌓은 모양은 3층입니다.
• 각 층의 쌓기나무의 개수는 모두 다릅니다.
• 위에서 본 모양은 입니다.

❶ 1층, 2층, 3층에 쌓은 쌓기나무의 개수 각각 구하기

1층	2층	3층

❷ 위에서 본 모양의 각 자리에 쌓을 수 있는 쌓기나무의 개수를 써넣기

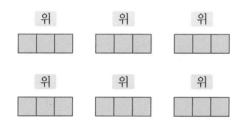

❸ 조건을 만족하는 모양은 모두 몇 가지인지 구하기

(   )

58 쌓기나무 7개를 사용하여 (조건)을 만족하는 모양을 만들 때, 만들 수 있는 모양은 모두 몇 가지입니까? (단, 돌렸을 때 같은 모양은 한 가지로 생각합니다.)

(조건)
• 쌓기나무로 쌓은 모양은 3층입니다.
• 각 층의 쌓기나무의 개수는 모두 다릅니다.
• 위에서 본 모양은 입니다.

(   )

59 쌓기나무 10개를 사용하여 (조건)을 만족하는 모양을 만들 때, 만들 수 있는 모양은 모두 몇 가지입니까? (단, 돌렸을 때 같은 모양은 한 가지로 생각합니다.)

(조건)
• 쌓기나무로 쌓은 모양은 5층입니다.
• 위에서 본 모양은 입니다.

(   )

1 오른쪽 사진을 찍은 방향을 찾아보시오.

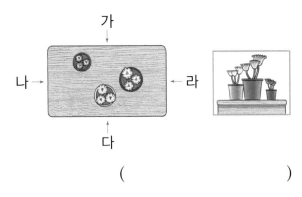

(   )

2 조형물을 보고 찍을 수 <u>없는</u> 사진을 찾아보시오.

가   나   다

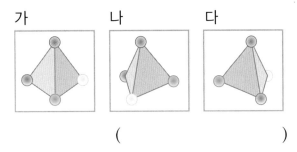

(   )

3 주어진 모양과 똑같이 쌓는 데 필요한 쌓기 나무는 몇 개입니까?

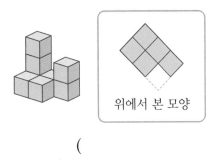

위에서 본 모양

(   )

4 쌓기나무로 쌓은 모양과 위에서 본 모양입니다. 앞과 옆에서 본 모양을 각각 그려 보시오.

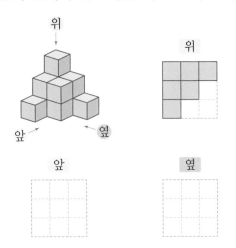

5 쌓기나무로 쌓은 모양을 보고 위에서 본 모양에 수를 써 보시오.

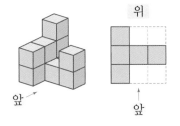

6 쌓기나무로 쌓은 모양과 1층 모양을 보고 2층과 3층 모양을 각각 그려 보시오.

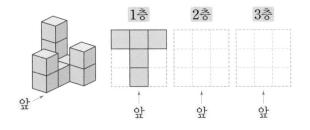

7 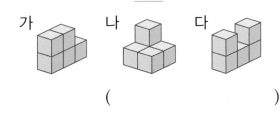 모양에 쌓기나무 1개를 더 붙여서 만들 수 있는 모양이 <u>아닌</u> 것을 찾아보시오.

가   나   다

(   )

8 쌓기나무로 쌓은 모양을 보고 위에서 본 모양에 수를 썼습니다. 앞과 옆에서 본 모양을 각각 그려 보시오.

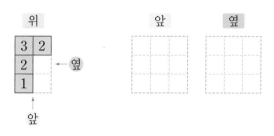

9 쌓기나무로 쌓은 모양을 보고 위에서 본 모양에 수를 쓴 그림을 찾아 선으로 이어 보시오.

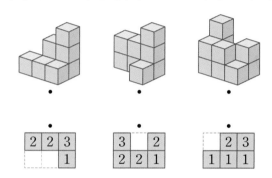

10 쌓기나무로 쌓은 모양을 층별로 나타낸 모양입니다. 위에서 본 모양에 수를 쓰는 방법으로 나타내고, 똑같은 모양으로 쌓는 데 필요한 쌓기나무의 개수를 구해 보시오.

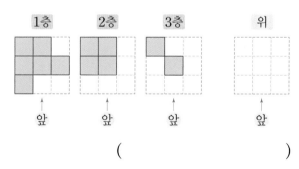

(　　　　　　)

11 쌓기나무 4개를 붙여서 만든 두 가지 모양을 사용하여 새로운 모양을 만들었습니다. 어떻게 만들었는지 구분하여 색칠해 보시오.

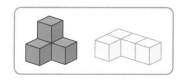

12 쌓기나무로 쌓은 모양을 위, 앞, 옆에서 본 모양입니다. 쌓은 모양을 찾아보시오.

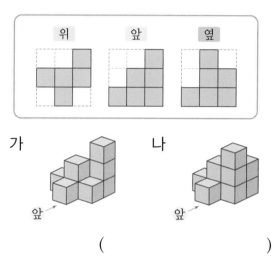

(　　　　　　)

13 쌓기나무 10개로 쌓은 모양을 위와 앞에서 본 모양입니다. 옆에서 본 모양을 그려 보시오.

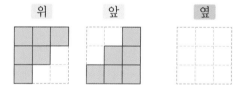

잘 틀리는 문제

14 쌓기나무 14개로 쌓은 모양과 위에서 본 모양입니다. ㉠ 자리에 쌓은 쌓기나무는 몇 개입니까?

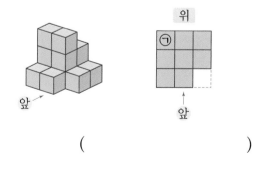

(　　　　　　)

3
단원

15 위, 앞, 옆에서 본 모양을 모두 오른쪽과 같이 만들기 위해 필요한 쌓기나무는 몇 개입니까?

( )

잘 틀리는 문제

16 쌓기나무로 쌓은 모양과 위에서 본 모양입니다. 이 모양에 쌓기나무를 더 쌓아 가장 작은 정육면체 모양을 만들려고 합니다. 더 필요한 쌓기나무는 몇 개입니까?

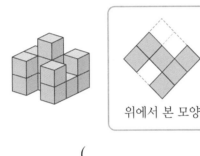

위에서 본 모양

( )

17 정육면체 모양으로 쌓기나무를 쌓고 바깥쪽 면을 페인트로 모두 칠했습니다. 두 면에 페인트가 칠해진 쌓기나무는 모두 몇 개입니까? (단, 바닥에 닿는 면도 칠합니다.)

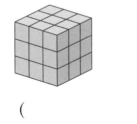

( )

서술형 문제

18 쌓기나무 15개가 있습니다. 주어진 모양과 똑같이 쌓는다면 쌓고 남는 쌓기나무는 몇 개인지 풀이 과정을 쓰고 답을 구해 보시오.

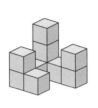 

위에서 본 모양

풀이 |

_____

_____

답 |

19 쌓기나무로 쌓은 모양을 보고 위에서 본 모양에 수를 쓴 것입니다. 2층에 쌓인 쌓기나무는 3층에 쌓인 쌓기나무보다 몇 개 더 많은지 풀이 과정을 쓰고 답을 구해 보시오.

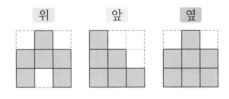

풀이 |

_____

_____

답 |

20 쌓기나무로 쌓은 모양을 위, 앞, 옆에서 본 모양입니다. 쌓은 쌓기나무가 가장 많은 경우는 몇 개인지 풀이 과정을 쓰고 답을 구해 보시오.

| 위 | 앞 | 옆 |

풀이 |

_____

_____

답 |

• 정답 57쪽

점수 □ 확인 □

1 돌리거나 뒤집었을 때 오른쪽 과 같은 모양을 찾아보시오.

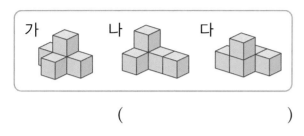

가   나   다

(   )

2 쌓기나무로 쌓은 모양을 층별로 나타낸 모 양을 보고 쌓은 모양을 찾아보시오.

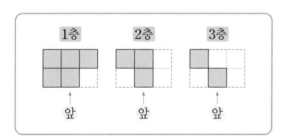

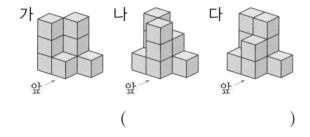

(   )

3 쌓기나무 11개로 쌓은 모양입니다. 옆에서 본 모양을 그려 보시오.

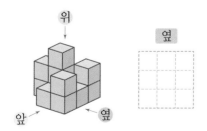

4 쌓기나무를 4개씩 붙여서 만든 두 가지 모 양을 사용하여 만들 수 있는 새로운 모양을 모두 찾아보시오.

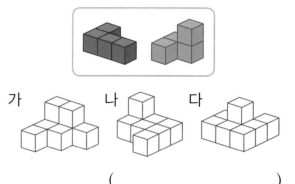

가   나   다

(   )

5 쌓기나무로 쌓은 모양을 위, 앞, 옆에서 본 모양입니다. 똑같은 모양으로 쌓는 데 필요 한 쌓기나무는 몇 개입니까?

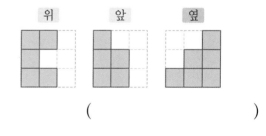

(   )

6 쌓기나무로 쌓은 모양과 위에서 본 모양입 니다. 옆에서 본 모양으로 가능한 모양을 2가지 그려 보시오.

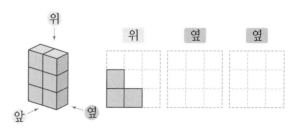

7 쌓기나무로 쌓은 모양과 위에서 본 모양입니다. 쌓기나무를 ㉠ 자리에 1개, ㉡ 자리에 2개 더 쌓았을 때 앞과 옆에서 본 모양을 각각 그려 보시오.

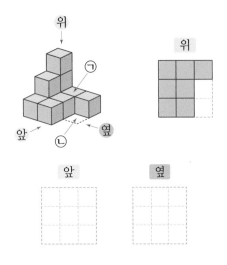

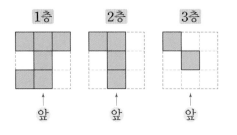

8 쌓기나무 8개를 사용하여 (조건)을 만족하는 모양을 만들 때, 만들 수 있는 모양은 모두 몇 가지입니까? (단, 돌렸을 때 같은 모양은 한 가지로 생각합니다.)

(조건)
• 쌓기나무로 쌓은 모양은 3층입니다.
• 각 층의 쌓기나무의 개수는 모두 다릅니다.
• 위에서 본 모양은 ▦ 입니다.

(   )

◁ 서술형 문제

9 쌓기나무로 쌓은 모양을 층별로 나타낸 모양입니다. 똑같은 모양으로 쌓는 데 필요한 쌓기나무는 몇 개인지 풀이 과정을 쓰고 답을 구해 보시오.

| 1층 | 2층 | 3층 |

풀이 |

답 |

10 한 모서리의 길이가 1 cm인 쌓기나무 10개로 쌓은 모양입니다. 쌓기나무로 쌓은 모양의 겉넓이는 몇 cm^2인지 풀이 과정을 쓰고 답을 구해 보시오. (단, 바닥에 닿는 면도 포함합니다.)

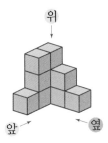

풀이 |

답 |

4 비례식과 비례배분

실전유형 강화

개념책 66쪽

파워 pick 교과서에 자주 나오는 응용 문제
교과 역량 생각하는 힘을 키우는 문제

유형 1 비의 성질

● 비의 전항과 후항

$$1 : 7$$
전항 ●┘ └● 후항

● 비의 성질

❶ 비의 전항과 후항에 0이 아닌 같은 수를 곱하여도 비율은 같습니다.

❷ 비의 전항과 후항을 0이 아닌 같은 수로 나누어도 비율은 같습니다.

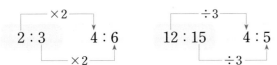

1 후항이 가장 큰 비를 찾아 써 보시오.

$$6 : 19 \qquad 40 : 16 \qquad 24 : 31$$

(   )

2 비율이 같은 비끼리 선으로 이어 보시오.

7 : 2   •   •   18 : 33

20 : 25   •   •   4 : 5

6 : 11   •   •   14 : 4

3 비의 성질을 이용하여 비율이 같은 비를 2개 써 보시오.

$$30 : 48$$

(   )

교과 역량 문제 해결, 정보처리

4 주어진 직사각형의 가로와 세로의 비를 쓰고 (가로) : (세로)와 비율이 같은 직사각형을 1개 그려 보시오.

(가로) : (세로) = □ : □

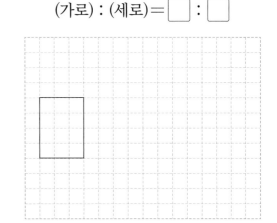

5 세 비의 비율이 모두 같을 때, ㉠과 ㉡에 알맞은 수를 각각 구해 보시오.

$$5 : 13 \qquad ㉠ : 52 \qquad 35 : ㉡$$

㉠ (   )
㉡ (   )

6 후항이 35이고 비율이 0.6인 비가 있습니다. 이 비의 전항을 구해 보시오.

(   )

개념책 67쪽

유형 2 간단한 자연수의 비로 나타내기

- **자연수의 비**
  전항과 후항을 두 수의 **공약수로 나눕니다.**
- **소수의 비**
  전항과 후항에 **10, 100, 1000……을 곱합니다.**
- **분수의 비**
  전항과 후항에 두 분모의 **공배수를 곱합니다.**
- **소수와 분수의 비**
  분수를 소수로 나타내거나 **소수를 분수로** 나타낸 후 간단한 자연수의 비로 나타냅니다.

7 간단한 자연수의 비로 바르게 나타낸 것에 ○표, 잘못 나타낸 것에 ✕표 하시오.

$0.9 : 1 \Rightarrow 9 : 1$	
$27 : 36 \Rightarrow 3 : 4$	

8 강아지의 무게는 $4\dfrac{3}{5}$ kg이고, 고양이의 무게는 2.7 kg입니다. 강아지와 고양이의 무게의 비를 간단한 자연수의 비로 나타내어 보시오.

( )

9 간단한 자연수의 비로 나타내었을 때, 전항이 5인 것을 찾아 기호를 써 보시오.

㉠ $0.4 : 1.6$	㉡ $40 : 96$
㉢ $\dfrac{2}{5} : \dfrac{1}{8}$	㉣ $0.5 : \dfrac{1}{4}$

( )

서술형

10 보민이는 어머니께서 주신 용돈 4000원 중 1200원을 동생에게 주었습니다. 보민이와 동생이 나누어 가진 용돈의 비를 간단한 자연수의 비로 나타내려고 합니다. 풀이 과정을 쓰고 답을 구해 보시오.

풀이 |

_____

_____

답 |

파워 pick

11 비율이 0.5인 간단한 자연수의 비를 구해 보시오. (단, 각 항의 수는 10보다 작습니다.)

( )

12 평행사변형과 마름모의 넓이의 비를 간단한 자연수의 비로 나타내어 보시오.

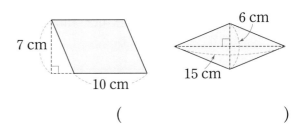

( )

개념책 68쪽

유형 3 비례식

비례식: 비율이 같은 두 비를 기호 '='를 사용하여
나타낸 식

외항 → 바깥쪽에 있는 두 수

$3 : 7 = 6 : 14$

내항 → 안쪽에 있는 두 수

13 비례식에서 내항이면서 전항인 수를 찾아 써 보시오.

$9 : 10 = 27 : 30$

( )

14 두 비의 비율이 같을 때, ㉠에 알맞은 수를 구하여 비례식을 세워 보시오.

$4 : 9$ $16 : ㉠$

$4 : \boxed{} = \boxed{} : \boxed{}$

15 ☐ 안에 들어갈 수 있는 비는 어느 것입니까?

( )

$5 : 3 = \boxed{}$

① $3 : 5$ ② $10 : 9$ ③ $20 : 18$
④ $25 : 15$ ⑤ $33 : 55$

서술형

16 비율이 같은 두 비를 찾아 비례식을 세워 보려고 합니다. 풀이 과정을 쓰고 답을 구해 보시오.

$8 : 7$ $12 : 16$
$\dfrac{3}{4} : \dfrac{1}{2}$ $3.2 : 2.8$

풀이 |

답 |

17 두 비율을 보고 비례식을 세워 보시오.

(1) $\dfrac{3}{4} = \dfrac{12}{16}$ ⇨ _____

(2) $\dfrac{2}{9} = \dfrac{16}{72}$ ⇨ _____

18 우석이네 반은 과학 시간에 실험을 하려고 합니다. 모둠 수에 대한 필요한 비커 수의 비율을 비교하여 표를 완성하고 비례식을 세워 보시오.

모둠 수(모둠)	1	2	3	4
큰 비커 수(개)	4	8		
작은 비커 수(개)	5	10		

( )

개념책 72쪽

•까다로운

유형 4 조건을 만족하는 비례식 완성하기

❶ ▲ : ▓의 비율이 $\dfrac{\blacktriangle}{\blacksquare}$ 임을 이용하여 비를 구하기

❷ 나머지 조건을 이용하여 비례식을 완성하기

교과 역량 문제 해결, 추론

19 (조건)에 맞게 비례식을 완성해 보시오.

┌(조건)─────────
• 비율은 $\dfrac{4}{5}$ 입니다.
• 외항의 곱은 60입니다.
└──────────────

$12 : \square = \square : \square$

20 (조건)에 맞게 비례식을 완성해 보시오.

┌(조건)─────────
• 비율은 $\dfrac{2}{7}$ 입니다.
• 오른쪽 비는 왼쪽 비의 전항과 후항에 2를 곱한 비입니다.
└──────────────

$\square : 14 = \square : \square$

21 (조건)에 맞게 비례식을 완성해 보시오.

┌(조건)─────────
• 비율은 3 : 4의 비율과 같습니다.
• 비례식에서 외항은 9, 56입니다.
└──────────────

$9 : \square = \square : \square$

유형 5 비례식의 성질

비례식에서 외항의 곱과 내항의 곱은 같습니다.

외항의 곱: $6 \times 10 = 60$

$6 : 5 = 12 : 10$

내항의 곱: $5 \times 12 = 60$

22 비례식의 성질을 이용하여 □ 안에 알맞은 수를 써넣으시오.

$$\frac{1}{4} : 2 = \boxed{} : 112$$

23 □ 안에 알맞은 수를 찾아 선으로 이어 보시오.

$8 : 28 = 2 : \square$ •   • 7

$40 : 15 = \square : 3$ •   • 12

$\square : 9.6 = 5 : 4$ •   • 8

24 ㉠과 ㉡에 알맞은 수의 합을 구해 보시오.

┌──────────────
• ㉠ : 9 = 12 : 27
• 2.4 : 6.4 = ㉡ : 8
└──────────────

(   )

25 비례식에서 외항의 곱이 240일 때, ㉠과 ㉡에 알맞은 수를 각각 구해 보시오.

$$㉠ : 16 = ㉡ : 4$$

㉠ (   )
㉡ (   )

26 비례식에서 ☐ 안에 알맞은 수가 서로 같을 때, ㉠에 알맞은 수를 구해 보시오.

- $5 : 8 = ☐ : 56$
- $☐ : 60 = ㉠ : 12$

(   )

27 ㉮와 ㉯의 곱이 100보다 작은 5의 배수일 때, 비례식에서 ☐ 안에 들어갈 수 있는 가장 큰 자연수를 구해 보시오.

$$㉮ : 9 = ☐ : ㉯$$

(   )

비법 있는
유형 6   **두 곱셈식을 간단한 자연수의 비로 나타내기**

비례식에서 외항의 곱과 내항의 곱은 같다는 성질을 거꾸로 이용하여 비례식으로 나타낸 후 간단한 자연수의 비로 나타냅니다.

$$㉮ × ● = ㉯ × ▲$$
$$⇨ ㉮ : ㉯ = ▲ : ●$$

28 ㉮ : ㉯를 간단한 자연수의 비로 나타내어 보시오.

$$㉮ × \frac{2}{3} = ㉯ × \frac{3}{4}$$

(   )

29 ㉮ : ㉯를 간단한 자연수의 비로 나타내어 보시오.

$$㉮ × \frac{3}{14} = ㉯ × \frac{7}{8}$$

(   )

30 ㉮ × 1.6과 ㉯ × 2.3의 값이 같을 때, ㉮와 ㉯의 비를 간단한 자연수의 비로 나타내어 보시오.

(   )

개념책 73쪽

비법 있는
유형 7 수 카드로 비례식 세우기

❶ 두 수의 곱이 같은 수 카드를 찾기

❷ 외항과 내항에 놓아 비례식 세우기
└─▶ 전항과 후항의 순서에 맞게 놓습니다.

파워pick

31 수 카드 중에서 4장을 골라 비례식을 1개 세워 보시오.

| 15 | 1 | 9 | 3 | 5 | 27 |

( )

32 수 카드 중에서 4장을 골라 비례식을 1개 세워 보시오.

| 2 | 4 | 5 | 9 | 10 | 12 |

( )

33 수 카드 중에서 4장을 골라 비례식을 2개 세워 보시오.

| 5 | 6 | 8 | 9 | 12 | 15 |

( )

유형 8 비례식의 활용

⟨예⟩ 농장에 있는 오리와 닭의 수의 비가 5 : 4입니다. 오리가 60마리 있다면 닭은 몇 마리 있습니까?

닭의 수를 ☐마리라 하고 비례식을 세우면
5 : 4=60 : ☐입니다.
따라서 5×☐=4×60, 5×☐=240, ☐=48이
므로 닭은 48마리 있습니다.

34 어느 음식점에서 쇠고기와 돼지고기를 6 : 5로 섞어 요리를 하려고 합니다. 쇠고기를 720 g 넣었다면 돼지고기는 몇 g을 넣어야 합니까?

( )

35 높이가 6 m인 탑의 그림자 길이가 2 m입니다. 같은 시각에 옆 건물의 그림자 길이가 7 m라면 옆 건물의 높이는 몇 m입니까?

( )

서술형

36 9초에 7장을 인쇄할 수 있는 프린트가 있습니다. 이 프린트로 35장을 인쇄하려면 몇 초가 걸리는지 풀이 과정을 쓰고 답을 구해 보시오.

풀이|

답|

37 가로와 세로의 비가 10 : 11인 직사각형이 있습니다. 이 직사각형의 세로가 66 cm일 때, 직사각형의 둘레는 몇 cm입니까?

(   )

파워 pick

38 은정이네 반 전체 학생의 40 %가 음악을 좋아합니다. 음악을 좋아하는 학생이 14명이라면 은정이네 반 전체 학생은 몇 명입니까?

(   )

39 1시간 20분 동안 144 km를 가는 자동차가 있습니다. 같은 빠르기로 이 자동차가 2시간 동안 몇 km를 갈 수 있습니까?

(   )

40 어느 가게에서 배 3개를 4000원에 판매하고 있습니다. 소울이가 15000원을 가지고 이 가게에서 배를 샀더니 3000원이 남았습니다. 소울이는 배를 몇 개 샀습니까?

(   )

개념책 74쪽

유형 9 **비례배분**

• 비례배분: 전체를 주어진 비로 배분하는 것
• 전체를 ㉮ : ㉯ = ■ : ▲ 로 비례배분하기

㉮: (전체)× $\dfrac{■}{■+▲}$, ㉯: (전체)× $\dfrac{▲}{■+▲}$

41 지은이는 감자 36개를 노란색 바구니와 파란색 바구니에 5 : 4로 나누어 담으려고 합니다. 노란색 바구니와 파란색 바구니에 감자를 각각 몇 개 담아야 합니까?

노란색 바구니 (   )
파란색 바구니 (   )

42 6월 한 달 동안 비가 온 날과 비가 오지 않은 날의 비가 3 : 7이었다면 비가 오지 않은 날은 며칠입니까?

(   )

교과 역량 문제 해결

43 사과 따기 체험에서 사과 220개를 수진이와 영훈이가 6 : 5로 나누어 땄습니다. 누가 사과를 몇 개 더 적게 땄습니까?

(,   )

44 지원이네 모둠은 4명이고 민석이네 모둠은 3명 입니다. 색종이 112장을 지원이네 모둠과 민석 이네 모둠의 사람 수의 비로 나누어 가지려고 합니다. 지원이네 모둠과 민석이네 모둠은 색종 이를 각각 몇 장 가지게 됩니까?

지원이네 모둠 (   )

민석이네 모둠 (   )

서술형

45 경진이와 언니는 24000원짜리 케이크를 사려 고 합니다. 필요한 돈을 경진이와 언니가 5 : 7 로 나누어 낸다면 경진이는 얼마를 내면 되는지 두 가지 방법으로 구해 보시오.

방법 1 |

_____

_____

방법 2 |

_____

46 아린이는 설탕과 물을 $\frac{2}{9}$: $\frac{1}{2}$ 의 비로 섞어서 설탕물 780 g을 만들었습니다. 만든 설탕물에 들어 있는 설탕과 물은 각각 몇 g입니까?

설탕 (   )

물 (   )

47 가로와 세로의 비가 5 : 6이고 둘레가 66 cm 인 직사각형이 있습니다. 이 직사각형의 가로와 세로는 각각 몇 cm입니까?

가로 (   )

세로 (   )

48 딱지를 서현이와 민지가 6 : 7로 나누어 가졌습 니다. 민지가 가진 딱지가 42장이라면 처음에 있던 딱지는 모두 몇 장입니까?

(   )

49 두 정삼각형 ㉮와 ㉯의 한 변의 길이의 비가 3 : 4라고 합니다. ㉮와 ㉯의 둘레의 길이의 합이 84 cm일 때, 가의 둘레는 몇 cm입니까?

(   )

50 나래는 티셔츠와 바지를 합하여 69벌 가지고 있습니다. 티셔츠 수가 바지 수의 2배라면 티셔 츠와 바지는 각각 몇 벌입니까?

티셔츠 (   )

바지 (   )

유형**10** · 일의 양의 비 구하기 ·

어떤 일을 하는 데 ■일이 걸리면 전체 일의 양을 1이라 할 때, 하루에 하는 일의 양은 $\dfrac{1}{■}$ 이야!

대표문제

51 어떤 일을 남준이가 혼자 하면 10일, 태희가 혼자 하면 8일이 걸립니다. 남준이와 태희가 하루에 하는 일의 양의 비를 간단한 자연수의 비로 나타내어 보시오. (단, 두 사람이 하루에 하는 일의 양은 각각 일정합니다.)

문제 풀이

❶ 어떤 일의 양을 1이라 할 때, 남준이와 태희가 하루에 하는 일의 양을 각각 분수로 나타내기

남준 (   )

태희 (   )

❷ 남준이와 태희가 하루에 하는 일의 양의 비를 간단한 자연수의 비로 나타내기

(   )

52 어떤 일을 상미가 혼자 하면 9일, 지윤이가 혼자 하면 15일이 걸립니다. 상미와 지윤이가 하루에 하는 일의 양의 비를 간단한 자연수의 비로 나타내어 보시오. (단, 두 사람이 하루에 하는 일의 양은 각각 일정합니다.)

(   )

53 같은 수학 문제집 한 권을 푸는 데 희원이는 36일이 걸렸고 정표는 24일이 걸렸습니다. 희원이와 정표가 하루에 수학 문제집을 푼 양의 비를 간단한 자연수의 비로 나타내어 보시오. (단, 두 사람이 매일 수학 문제집을 푼 양은 각각 일정합니다.)

(   )

유형11 • 도형의 넓이 구하기 •

세로가 같은 두 직사각형의 넓이의 비는 가로의 비와 같아!

대표문제

54 세로가 같은 두 직사각형 ㉮와 ㉯의 넓이의 합은 504 cm²입니다. 직사각형 ㉮의 넓이는 몇 cm²입니까?

문제 풀이

15 cm   21 cm

❶ 직사각형 ㉮와 ㉯의 넓이의 비를 간단한 자연수의 비로 나타내기

(   )

❷ 직사각형 ㉮의 넓이 구하기

(   )

55 높이가 같은 두 평행사변형 ㉮와 ㉯의 넓이의 합은 630 cm²입니다. 평행사변형 ㉮의 넓이는 몇 cm²입니까?

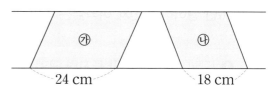

24 cm   18 cm

(   )

56 높이가 같은 평행사변형 ㉮와 삼각형 ㉯의 넓이의 합은 720 cm²입니다. 삼각형 ㉯의 넓이는 몇 cm²입니까?

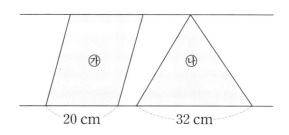

20 cm   32 cm

(   )

유형 **12** · 전체 이익금 구하기 ·

투자한 금액의 비를 간단한 자연수의 비로 나타낸 후 비례배분하기 전의 금액을 구해!

대표문제

57 도현이와 예랑이가 각각 48만 원, 54만 원을 투자하여 얻은 이익금을 투자한 금액의 비로 나누어 가졌습니다. 도현이가 받은 이익금이 40만 원이라면 전체 이익금은 얼마입니까?

① 도현이와 예랑이가 투자한 금액의 비를 간단한 자연수의 비로 나타내기

(   )

② 전체 이익금 구하기

(   )

58 선우와 은지가 각각 56만 원, 64만 원을 투자하여 얻은 이익금을 투자한 금액의 비로 나누어 가졌습니다. 선우가 받은 이익금이 56만 원이라면 전체 이익금은 얼마입니까?

(   )

59 ㉮ 회사와 ㉯ 회사가 각각 2700만 원, 1200만 원을 투자하여 얻은 이익금을 투자한 금액의 비로 나누어 가졌습니다. ㉯ 회사가 받은 이익금이 160만 원이라면 전체 이익금은 얼마입니까?

(   )

유형 13 • 느려지는(빨라지는) 시계의 시각 구하기 •

(느려진 시각)=(정확한 시각)-(느려진 시간), (빨라진 시각)=(정확한 시각)+(빨라진 시간)

대표문제

60 하루에 6분씩 느려지는 시계가 있습니다. 오늘 오전 7시에 시계를 정확히 맞추었다면 다음 날 오전 11시에 이 시계가 가리키는 시각은 오전 몇 시 몇 분입니까?

문제 풀이

❶ 오늘 오전 7시부터 다음 날 오전 11시까지 시계가 느려지는 시간 구하기

(   )

❷ 다음 날 오전 11시에 시계가 가리키는 시각 구하기

(   )

61 하루에 8분씩 느려지는 시계가 있습니다. 오늘 오전 10시에 시계를 정확히 맞추었다면 다음 날 오후 4시에 이 시계가 가리키는 시각은 오후 몇 시 몇 분입니까?

(   )

62 하루에 9분씩 빨라지는 시계가 있습니다. 오늘 오전 5시에 시계를 정확히 맞추었다면 다음 날 오후 1시에 이 시계가 가리키는 시각은 오후 몇 시 몇 분입니까?

(   )

1 비의 성질을 이용하여 □ 안에 알맞은 수를 써넣으시오.

$$4:7 \qquad \boxed{}:63$$
$$\times 9$$

2 간단한 자연수의 비로 나타내어 보시오.

$$32:52$$

(   )

3 비례식의 성질을 이용하여 비례식을 찾아 기호를 써 보시오.

㉠ $11:15=33:30$
㉡ $6:7=18:21$
㉢ $\dfrac{1}{4}:\dfrac{2}{3}=6:8$

(   )

4 비례식의 성질을 이용하여 □ 안에 알맞은 수를 써넣으시오.

$$0.6:2.7=\boxed{}:36$$

5 간단한 자연수의 비로 나타냈을 때 전항이 8인 것을 찾아 ○표 하시오.

$$\dfrac{1}{8}:\dfrac{1}{3} \qquad 3:2.4 \qquad 48:66$$

(   ) (   ) (   )

6 □ 안에 알맞은 수가 가장 작은 것을 찾아 기호를 써 보시오.

㉠ $\boxed{}:28=5:7$
㉡ $1\dfrac{1}{9}:\boxed{}=5:27$
㉢ $\boxed{}:6.3=6:7$

(   )

7 주아네 집에서 우체국까지의 거리는 1.2 km 이고, 주아네 집에서 소방서까지의 거리는 2 km입니다. 주아네 집에서 우체국까지의 거리와 주아네 집에서 소방서까지의 거리의 비를 간단한 자연수의 비로 나타내어 보시오.

(   )

8 두 비율을 보고 비례식을 세워 보시오.

$$\frac{3}{7} = \frac{9}{21} \Rightarrow \underline{\hspace{5cm}}$$

잘 틀리는 문제

9 세 비의 비율이 모두 같을 때, ㉠과 ㉡에 알맞은 수를 각각 구해 보시오.

| 4 : 15   8 : ㉠   ㉡ : 60 |

㉠ (   )
㉡ (   )

10 어느 박물관의 어린이 6명의 입장료는 3000원입니다. 이 박물관에 어린이 14명이 입장하려면 얼마를 내야 합니까?

(   )

11 장미꽃 72송이를 흰색 꽃병과 노란색 꽃병에 5 : 3으로 나누어 꽂으려고 합니다. 흰색 꽃병과 노란색 꽃병에 각각 몇 송이를 꽂아야 합니까?

흰색 꽃병 (   )
노란색 꽃병 (   )

12 전항이 10이고 비율이 $\frac{5}{9}$인 비가 있습니다. 이 비의 후항을 구해 보시오.

(   )

13 두 대각선의 길이의 비가 6 : 7인 마름모가 있습니다. 이 마름모의 긴 대각선의 길이가 49 cm일 때, 마름모의 넓이는 몇 cm²입니까?

(   )

14 가로가 50 cm, 세로가 20 cm인 직사각형 모양의 도화지를 넓이의 비가 2 : 3이 되도록 나누려고 합니다. 나누어진 두 개의 도화지 중 더 넓은 도화지의 넓이는 몇 cm²입니까?

50 cm

20 cm

(   )

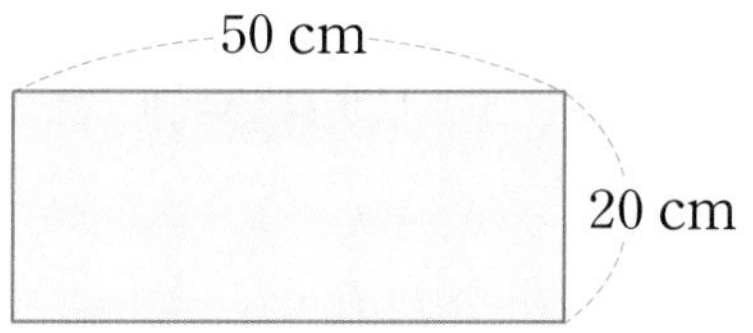

15 수 카드 중에서 4장을 골라 비례식을 1개 세워 보시오.

$$\boxed{2} \quad \boxed{3} \quad \boxed{5} \quad \boxed{7} \quad \boxed{9} \quad \boxed{15}$$

(   )

16 옥수수를 채은이네 가족과 선우네 가족이 9 : 10으로 나누어 가졌습니다. 채은이네 가족이 가진 옥수수가 27 kg이라면 처음에 있던 옥수수는 모두 몇 kg입니까?

(   )

17 선호와 미애가 각각 250만 원, 200만 원을 투자하여 얻은 이익금을 투자한 금액의 비로 나누어 가졌습니다. 선호가 얻은 이익금이 100만 원이려면 전체 이익금은 얼마입니까?

(   )

⟨ 서술형 문제

18 소금 5 kg을 얻으려면 바닷물 175 L가 필요합니다. 소금 12 kg을 얻으려면 바닷물 몇 L가 필요한지 풀이 과정을 쓰고 답을 구해 보시오.

풀이 |

답 |

19 우빈이가 구슬 116개를 빨간색 통과 파란색 통에 $\frac{3}{8} : \frac{5}{6}$ 로 나누어 담으려고 합니다. 파란색 통에 담아야 하는 구슬은 몇 개인지 풀이 과정을 쓰고 답을 구해 보시오.

풀이 |

답 |

20 어떤 일을 준하가 혼자 하면 14일, 제나가 혼자 하면 8일이 걸립니다. 준하와 제나가 하루에 하는 일의 양의 비를 간단한 자연수의 비로 나타내어 보려고 합니다. 풀이 과정을 쓰고 답을 구해 보시오. (단, 두 사람이 하루에 하는 일의 양은 각각 일정합니다.)

풀이 |

답 |

1 가로와 세로의 비가 5 : 3과 비율이 같은 거울을 모두 찾아보시오.

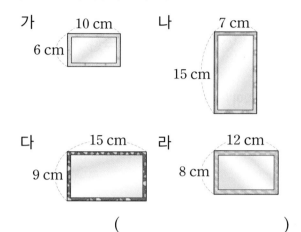

가   10 cm

6 cm

나   7 cm

15 cm

다   15 cm

9 cm

라   12 cm

8 cm

(   )

2 비율이 같은 두 비를 찾아 비례식을 세워 보시오.

| 10 : 15   6 : 4   2 : 4   30 : 20 |

☐ : ☐ = ☐ : ☐

3 ㉠과 ㉡에 알맞은 수의 차를 구해 보시오.

• 7 : ㉠ = 2 : 8

• $\frac{5}{8}$: ㉡ = 5 : 16

(   )

4 연우는 3분 동안 24 L의 물이 일정하게 나오는 수도로 들이가 120 L인 욕조에 물을 가득 채우려고 합니다. 몇 분 동안 물을 받아야 합니까?

(   )

5 길이가 84 cm인 색 테이프를 하율이와 경민이가 5 : 9로 나누어 가졌습니다. 하율이와 경민이는 색 테이프를 각각 몇 cm 가졌습니까?

하율 (   )

경민 (   )

6 다음 비를 간단한 자연수의 비로 나타내면 3 : 10입니다. ☐ 안에 알맞은 수를 구해 보시오.

$\frac{1}{15}$: $\frac{\square}{9}$

(   )

7 (조건)에 맞게 비례식을 완성해 보시오.

(조건)
- 비율은 $\frac{2}{3}$입니다.
- 외항의 곱은 36입니다.

6 : ☐ = ☐ : ☐

8 하루에 4분씩 느려지는 시계가 있습니다. 오늘 오후 1시에 시계를 정확히 맞추었다면 다음날 오후 7시에 이 시계가 가리키는 시각은 오후 몇 시 몇 분입니까?

(   )

《 서술형 **문제**

9 다음을 보고 ㉮ : ㉯를 간단한 자연수의 비로 나타내려고 합니다. 풀이 과정을 쓰고 답을 구해 보시오.

$$㉮ \times \frac{5}{12} = ㉯ \times \frac{1}{8}$$

풀이 |

_____

_____

답 |

잘 **틀리는 문제**

10 높이가 같은 두 평행사변형 ㉮와 ㉯의 넓이의 합은 192 cm²입니다. 평행사변형 ㉮의 넓이는 몇 cm²인지 풀이 과정을 쓰고 답을 구해 보시오.

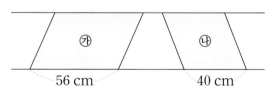
56 cm   40 cm

풀이 |

_____

_____

답 |

5 원의 둘레와 넓이

실전유형 강화

파워 pick 교과서에 자주 나오는 응용 문제
교과 역량 생각하는 힘을 키우는 문제

개념책 86쪽

유형 1 원주

- 원주: 원의 둘레

- 원의 지름이 길어지면 원주도 길어집니다.
- 원주는 원의 지름의 3배보다 길고,
  원의 지름의 4배보다 짧습니다.

1 그림을 보고 ☐ 안에 알맞은 수를 써넣으시오.

(원의 지름) × ☐ < (원주)

(원주) < (원의 지름) × ☐

2 지름이 4 cm인 원의 원주와 가장 비슷한 길이를 찾아 기호를 써 보시오.

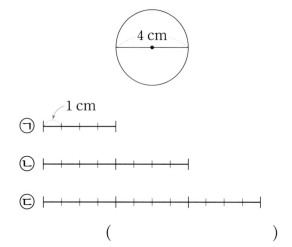

(   )

개념책 87쪽

유형 2 원주율

- 원주율: 원의 지름에 대한 원주의 비율

  $$(원주율) = (원주) \div (지름)$$

- 원주율을 계산하면 3.1415926535897932……
  와 같이 끝없는 소수로 나타나므로 필요에 따라
  3, 3.1, 3.14 등으로 **어림하여 사용**하기도 합니다.

3 굴렁쇠의 (원주)÷(지름)의 값을 반올림하여 주어진 자리까지 나타내어 보시오.

원주: 106.8 cm
지름: 34 cm

반올림하여 소수 첫째 자리까지	반올림하여 소수 둘째 자리까지

(서술형)

4 잘못 설명한 사람을 찾아 이름을 쓰고, 바르게 고쳐 보시오.

- 윤서: 원주율을 소수로 나타내면 끝없이
  계속되기 때문에 어림해서 사용해.
- 지후: 빨간색 원의 원주율은 초록색 원의
  원주율보다 커.

답 |

5 크기가 다른 원 모양의 두 접시의 (원주)÷(지름)의 값을 비교하여 ◯ 안에 >, =, <를 알맞게 써넣으시오.

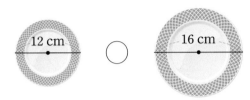

원주: 37.68 cm   원주: 50.24 cm

6 원 모양의 뚜껑을 일직선으로 한 바퀴 굴린 것입니다. 뚜껑의 원주는 지름의 몇 배입니까?

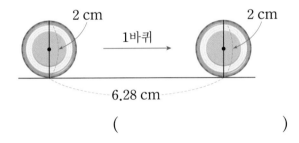

(   )

7 지아는 원 모양의 시계의 지름과 원주를 측정하였습니다. 그런데 한 시계의 원주를 잘못 측정하였습니다. 원주를 <u>잘못</u> 측정한 시계의 기호를 써 보시오.

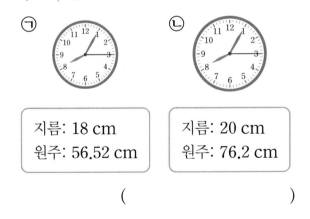

지름: 18 cm
원주: 56.52 cm

지름: 20 cm
원주: 76.2 cm

(   )

개념책 88쪽

유형 3   **원주와 지름 구하기**

- (원주)=(지름)×(원주율)
  =(반지름)×2×(원주율)
- (지름)=(원주)÷(원주율)

8 빈칸에 알맞은 수를 써넣으시오.

반지름(cm)	원주율	원주(cm)
8	3	
9.5	3.1	

9 원주가 56.52 cm인 원 모양의 쟁반이 있습니다. 이 쟁반의 반지름은 몇 cm입니까?
(원주율: 3.14)

(   )

10 둘레가 40 cm인 정사각형 안에 꼭 맞게 그린 원의 원주는 몇 cm입니까? (원주율: 3.1)

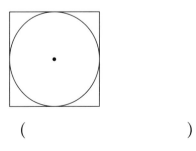

(   )

11 원주가 46.5 cm인 원 옆에 컴퍼스를 다음과 같이 벌려 원을 그리려고 합니다. 두 원의 원주의 차는 몇 cm인지 풀이 과정을 쓰고 답을 구해 보시오. (원주율: 3.1)

서술형

원주: 46.5 cm

6 cm

풀이 |

_____

_____

_____

답 | _____

12 가장 작은 원부터 차례대로 기호를 써 보시오.
(원주율: 3.14)

> ㉠ 지름이 11 cm인 원
> ㉡ 원주가 28.26 cm인 원
> ㉢ 반지름이 7 cm인 원

(   )

교과 역량 추론

13 바퀴의 지름이 30 m인 원 모양의 대관람차에 6 m 간격으로 관람차가 매달려 있습니다. 모두 몇 대의 관람차가 매달려 있습니까? (원주율: 3)

(   )

14 가장 큰 원의 원주가 74.4 cm일 때, 세 원의 반지름의 합은 몇 cm입니까? (원주율: 3.1)

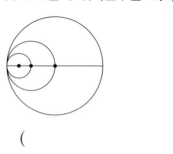

(   )

15 직선 구간과 반원 모양의 곡선 구간으로 이루어진 운동장에서 200 m 달리기 경기를 하려고 합니다. 공정한 경기를 하려면 출발선의 위치를 어떻게 정해야 할지 구하려고 합니다. 물음에 답하시오. (단, 경주로의 거리는 경주로의 안쪽 선을 기준으로 계산합니다.) (원주율: 3.14)

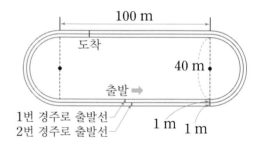

(1) 1번과 2번 경주로의 곡선 구간의 거리는 각각 몇 m입니까?

1번 경주로 (   )
2번 경주로 (   )

(2) 공정한 경기를 하려면 1번 경주로의 출발선을 기준으로 했을 때 2번 경주로에서 달리는 사람은 몇 m 앞에서 출발해야 합니까?

(   )

유형 4 원을 굴렸을 때, 굴러간 거리와 원주의 관계

원을 한 바퀴 굴렸을 때,

(굴러간 거리)=(원의 원주)

16 지름이 50 cm인 원 모양의 바퀴 자를 사용하여 집에서 학교까지의 거리를 알아보려고 합니다. 바퀴 자가 100바퀴 돌았다면 집에서 학교까지의 거리는 몇 cm입니까? (원주율: 3.1)

( )

17 원 모양의 굴렁쇠를 한 바퀴 굴렸더니 앞으로 125.6 cm만큼 굴러갔습니다. 굴렁쇠의 지름은 몇 cm입니까? (원주율: 3.14)

( )

파워 pick
18 지름이 60 cm인 원 모양의 바퀴를 굴렸더니 앞으로 7 m 20 cm만큼 굴러갔습니다. 바퀴를 몇 바퀴 굴린 것입니까? (원주율: 3)

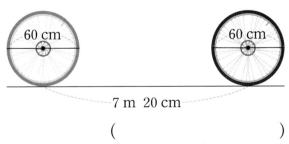

( )

유형 5 원의 넓이 어림하기

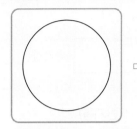 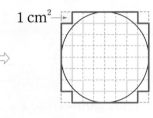

• 원 안의 노란색 모눈의 넓이: 32 cm² _{모눈 32칸}

• 원 밖의 빨간색 선 안의 모눈의 넓이: 60 cm² _{모눈 60칸}

⇨ 32 cm²<(원의 넓이), (원의 넓이)<60 cm²

19 정사각형의 넓이를 구하여 원의 넓이를 어림하려고 합니다. ☐ 안에 알맞은 수를 써넣으시오.

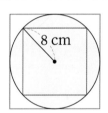

☐ cm²<(원의 넓이)

(원의 넓이)<☐ cm²

⇨ 어림한 원의 넓이: ☐ cm²

교과 역량 추론
20 정육각형의 넓이를 이용하여 원의 넓이를 어림하려고 합니다. 삼각형 ㄱㅇㄷ의 넓이가 64 cm², 삼각형 ㄹㅇㅂ의 넓이가 48 cm²라면 원의 넓이는 몇 cm²라고 어림할 수 있습니까?

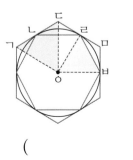

( )

개념책 93쪽

 유형 **6** **원의 넓이 구하기**

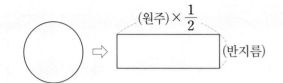

$$(원의 넓이) = (원주) \times \frac{1}{2} \times (반지름)$$

$$= (원주율) \times (지름) \times \frac{1}{2} \times (반지름)$$

$$= (반지름) \times (반지름) \times (원주율)$$

21 원의 넓이는 몇 cm²입니까? (원주율: 3)

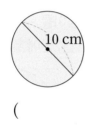

(   )

22 원 모양의 뚜껑의 넓이를 구하기 위해 다음과 같이 지름을 재었습니다. 뚜껑의 넓이는 몇 cm²입니까? (원주율: 3.1)

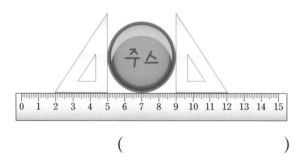

(   )

23 넓이가 254.34 cm²인 원의 반지름은 몇 cm입니까? (원주율: 3.14)

(   )

24 원 ㉯의 반지름은 원 ㉠의 반지름의 2배입니다. 원 ㉯의 넓이는 원 ㉠의 넓이의 몇 배입니까? (원주율: 3.1)

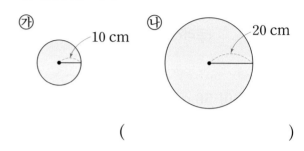

(   )

교과 역량 추론

25 직사각형 모양의 종이를 잘라서 만들 수 있는 가장 큰 원의 넓이는 몇 cm²입니까?

(원주율: 3.14)

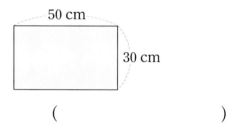

(   )

서술형

26 두 원의 넓이의 차는 몇 cm²인지 풀이 과정을 쓰고 답을 구해 보시오. (원주율: 3)

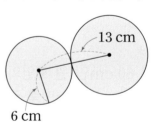

풀이 |

_____

_____

답 |

27 솔아와 민재가 컴퍼스를 벌려서 원을 그렸을 때, 민재가 그린 원의 넓이는 솔아가 그린 원의 넓이보다 몇 cm² 더 넓습니까? (원주율: 3.14)

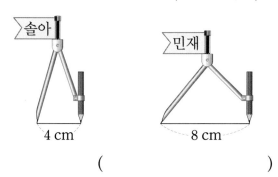

(   )

28 넓이가 가장 넓은 원을 찾아 기호를 써 보시오.
(원주율: 3.1)

⊙ 반지름이 3 cm인 원
ⓒ 원주가 31 cm인 원
ⓒ 넓이가 49.6 cm²인 원

(   )

29 페인트 1 L로 9 m²를 칠할 수 있습니다. 그림과 같이 똑같은 원 4개로 만든 애벌레 모양의 벽화를 모두 칠하는 데 사용한 파란색 페인트는 몇 L입니까? (원주율: 3)

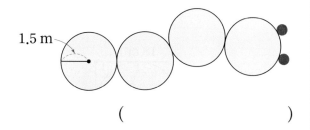

(   )

유형 7 원주가 주어진 원의 넓이 구하기

예 원주가 30 cm인 원의 넓이 구하기 (원주율: 3)

❶ (반지름)×2×(원주율)=(원주)
⇨ (반지름)×2×3=30,
(반지름)=30÷3÷2=5(cm)
❷ (원의 넓이)=(반지름)×(반지름)×(원주율)
=5×5×3=75(cm²)

30 둘레가 108 cm인 원 모양의 쟁반의 넓이는 몇 cm²입니까? (원주율: 3)

(   )

31 길이가 87.92 cm인 철사를 남기거나 겹치지 않게 모두 사용하여 원을 한 개 만들었습니다. 만든 원의 넓이는 몇 cm²입니까? (원주율: 3.14)

(   )

32 원주가 24.8 cm, 43.4 cm인 두 원이 있습니다. 두 원의 넓이의 합은 몇 cm²입니까?
(원주율: 3.1)

(   )

유형 8 넓이가 주어진 원의 원주 구하기

예 넓이가 300 cm²인 원의 원주 구하기
(원주율: 3)

❶ (반지름)×(반지름)×(원주율)=(원의 넓이)
  ⇨ (반지름)×(반지름)×3=300,
    (반지름)×(반지름)=100,
    (반지름)=10(cm)
❷ (원주)=10×2×3=60(cm)

33 넓이가 28.26 cm²인 원이 있습니다. 이 원의 원주는 몇 cm입니까? (원주율: 3.14)

( )

34 직사각형과 원의 넓이가 같을 때, 원의 원주는 몇 cm입니까? (원주율: 3)

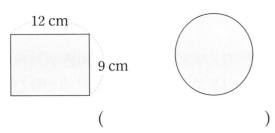

( )

35 넓이가 375.1 cm²인 원 모양의 거울을 5바퀴 굴렸습니다. 이 거울이 굴러간 거리는 몇 cm입니까? (원주율: 3.1)

( )

유형 9 여러 가지 원의 둘레 구하기

예 색칠한 부분의 둘레 구하기 (원주율: 3.14)

5 cm

(색칠한 부분의 둘레)
=(반지름이 5 cm인 원의 원주)÷2+(지름)
=5×2×3.14÷2+5×2=15.7+10=25.7(cm)

36 색칠한 부분의 둘레는 몇 cm입니까? (원주율: 3)

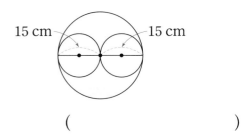

15 cm   15 cm

( )

파워 pick
37 색칠한 부분의 둘레는 몇 cm입니까? (원주율: 3)

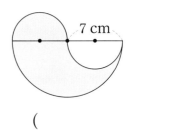

7 cm

( )

38 색칠한 부분의 둘레는 몇 cm입니까?
(원주율: 3.1)

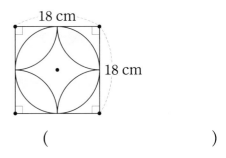

18 cm

18 cm

( )

개념책 94쪽

유형 10 여러 가지 원의 넓이 구하기

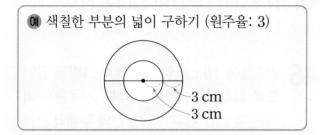

예 색칠한 부분의 넓이 구하기 (원주율: 3)

(색칠한 부분의 넓이)
=(큰 원의 넓이)−(작은 원의 넓이)
=6×6×3−3×3×3=108−27=81(cm²)

39 색칠한 부분의 넓이는 몇 cm²입니까?

(원주율: 3)

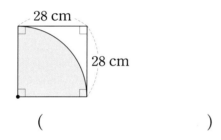

(   )

40 색칠한 부분의 넓이는 몇 cm²입니까?

(원주율: 3.1)

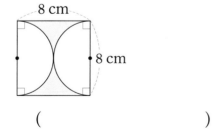

(   )

교과 역량 문제 해결

41 색칠한 부분의 넓이는 몇 m²입니까?

(원주율: 3.14)

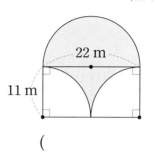

(   )

서술형

42 가장 작은 원의 지름은 6 cm이고, 반지름이 3 cm씩 길어지도록 과녁판을 만들었습니다. 빨간색 부분의 넓이는 몇 cm²인지 풀이 과정을 쓰고 답을 구해 보시오. (원주율: 3.1)

풀이 |

답 |

43 곡선 부분이 같은 크기의 반원일 때, 색칠한 부분의 넓이는 몇 cm²입니까? (원주율: 3)

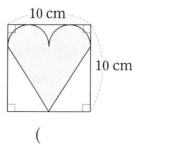

(   )

상위권유형 강화

(사용한 끈의 길이)＝(곡선 부분의 길이의 합)＋(직선 부분의 길이의 합)

대표문제

44 반지름이 20 cm인 원 4개를 그림과 같이 끈으로 겹치지 않게 묶었습니다. 사용한 끈의 길이는 몇 cm입니까? (단, 끈의 두께와 끈을 묶는 데 사용한 매듭의 길이는 생각하지 않습니다.) (원주율: 3)

문제 풀이

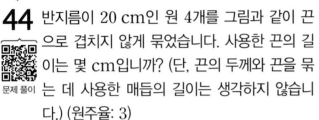
20 cm

❶ 곡선 부분의 길이의 합 구하기

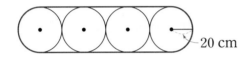

(   )

❷ 직선 부분의 길이의 합 구하기

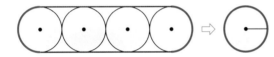

(   )

❸ 사용한 끈의 길이 구하기

(   )

45 반지름이 10 cm인 원 4개를 그림과 같이 끈으로 겹치지 않게 묶었습니다. 사용한 끈의 길이는 몇 cm입니까? (단, 끈의 두께와 끈을 묶는 데 사용한 매듭의 길이는 생각하지 않습니다.) (원주율: 3.1)

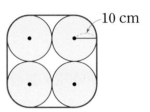
10 cm

(   )

46 반지름이 15 cm인 원 3개를 그림과 같이 끈으로 겹치지 않게 묶었습니다. 사용한 끈의 길이는 몇 cm입니까? (단, 끈의 두께와 끈을 묶는 데 사용한 매듭의 길이는 생각하지 않습니다.) (원주율: 3.14)

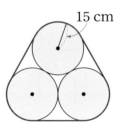
15 cm

(   )

유형**12** ・원의 일부분의 넓이 구하기・

원의 일부분인 도형의 두 반지름이 이루는 각도가 ■°일 때, 도형의 넓이는 (원의 넓이)×$\frac{■}{360}$야!

47 도형은 반지름이 18 cm인 원의 일부분입니다. 도형의 넓이는 몇 cm²입니까?

(원주율: 3.14)

```
    /|
   / |
  /40°|
 /____|
  18 cm
```

❶ 도형의 넓이는 반지름이 18 cm인 원의 넓이의 몇 분의 몇인지 기약분수로 나타내기

(   )

❷ 도형의 넓이 구하기

(   )

48 도형은 반지름이 11 cm인 원의 일부분입니다. 도형의 넓이는 몇 cm²입니까? (원주율: 3)

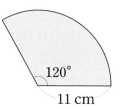
120°
11 cm

(   )

49 도형은 반지름이 12 cm인 원의 일부분입니다. 도형의 넓이는 몇 cm²입니까?

(원주율: 3.1)

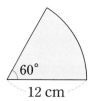
60°
12 cm

(   )

유형13 · 원을 굴린 횟수 구하기 ·

㉮와 ㉯를 서로 마주 보게 하고 동시에 굴릴 때, (㉮와 ㉯를 굴린 거리의 합)=(출발점 사이의 거리)야!

대표문제

50 종우와 수호가 지름이 각각 60 cm, 50 cm 인 원 모양의 굴렁쇠를 21.98 m 떨어진 일직선 도로의 양 끝에서 서로 마주 보고 동시에 굴렸습니다. 종우가 5바퀴까지 굴린 지점에서 두 굴렁쇠가 다음과 같이 만났다면 수호는 굴렁쇠를 몇 바퀴 굴렸습니까? (원주율: 3.14)

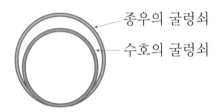
종우의 굴렁쇠
수호의 굴렁쇠

❶ 종우가 굴렁쇠를 굴린 거리는 몇 cm인지 구하기

( )

❷ 수호가 굴렁쇠를 굴린 거리는 몇 cm인지 구하기

( )

❸ 수호가 굴렁쇠를 몇 바퀴 굴렸는지 구하기

( )

51 주미와 영규가 지름이 각각 70 cm, 80 cm 인 원 모양의 바퀴를 85.56 m 떨어진 일직선 도로의 양 끝에서 서로 마주 보고 동시에 굴렸습니다. 주미가 20바퀴까지 굴린 지점에서 두 바퀴가 다음과 같이 만났다면 영규의 바퀴는 몇 바퀴 돌았습니까? (원주율: 3.1)

영규의 바퀴
주미의 바퀴

( )

52 민아와 현수가 반지름이 각각 42 cm, 45 cm 인 훌라후프를 31.14 m 떨어진 일직선 도로의 양 끝에서 서로 마주 보고 동시에 굴렸습니다. 민아가 7바퀴까지 굴린 지점에서 두 훌라후프가 다음과 같이 만났다면 현수는 훌라후프를 몇 바퀴 굴렸습니까? (원주율: 3)

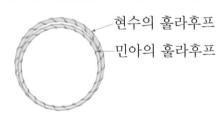
현수의 훌라후프
민아의 훌라후프

( )

유형14 • 색칠한 부분의 넓이 구하기 •

색칠한 부분의 일부분을 옮겨 만든 삼각형의 넓이를 이용해!

대표문제

53 색칠한 부분의 넓이는 몇 cm²입니까?

(원주율: 3.1)

문제 풀이

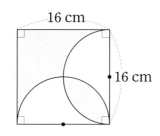

❶ 알맞은 말에 ◯표 하기

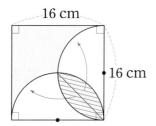

> 빗금친 부분을 반으로 나누어 그림과 같이 화살표 방향으로 옮겼을 때, 색칠한 부분은 (원 , 정사각형 , 삼각형) 모양입니다.

❷ 색칠한 부분의 넓이 구하기

(   )

54 색칠한 부분의 넓이는 몇 cm²입니까?

(원주율: 3.14)

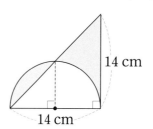

(   )

55 색칠한 부분의 넓이는 몇 cm²입니까?

(원주율: 3)

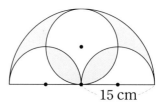

(   )

1 원주가 28.26 cm일 때, 원주율은 얼마입니까?

( )

2 원주는 몇 cm입니까? (원주율: 3.1)

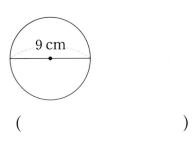

( )

3 원의 넓이는 몇 cm²입니까? (원주율: 3.14)

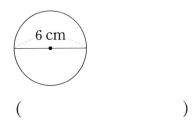

( )

4 넓이가 300 cm²인 원 모양의 접시가 있습니다. 이 접시의 반지름은 몇 cm입니까?
(원주율: 3)

( )

5 정육각형의 넓이를 이용하여 원의 넓이를 어림하려고 합니다. 삼각형 ㄱㅇㄷ의 넓이가 32 cm²이고, 삼각형 ㄹㅇㅂ의 넓이가 24 cm²라면 원의 넓이는 얼마라고 어림할 수 있습니까?

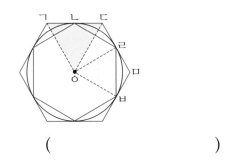

( )

6 원주가 155 cm인 원 모양의 맨홀이 있습니다. 이 맨홀에 빠지지 않도록 딱 맞는 원 모양의 뚜껑을 만들려고 합니다. 뚜껑의 지름은 몇 cm로 만들어야 합니까?
(원주율: 3.1)

( )

잘 틀리는 문제

7 가장 큰 원부터 차례대로 기호를 써 보시오. (원주율: 3.14)

> ㉠ 지름이 12 cm인 원
> ㉡ 원주가 34.54 cm인 원
> ㉢ 반지름이 6.5 cm인 원

( )

8 원주가 72.22 cm인 원 모양의 케이크를 밑면이 정사각형 모양인 사각기둥 모양의 상자에 포장하려고 합니다. 상자 밑면의 한 변의 길이는 최소 몇 cm이어야 합니까? (단, 상자의 두께는 생각하지 않습니다.)
(원주율: 3.14)

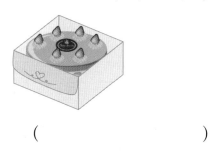

( )

9 직사각형 안에 그릴 수 있는 가장 큰 원의 넓이는 몇 cm²입니까? (원주율: 3.1)

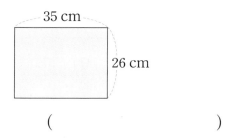

( )

10 반지름이 3 cm인 원이 있습니다. 반지름을 3배로 늘이면 원의 넓이는 몇 배로 넓어집니까? (원주율: 3)

( )

11 원주가 43.96 cm인 원이 있습니다. 이 원의 넓이는 몇 cm²입니까? (원주율: 3.14)

( )

12 컴퍼스의 침과 연필심 사이의 거리를 나연이는 11 cm만큼 벌리고, 제하는 8 cm만큼 벌려서 각각 원을 그렸습니다. 나연이가 그린 원의 넓이는 제하가 그린 원의 넓이보다 몇 cm² 더 넓습니까? (원주율: 3)

( )

13 색칠한 부분의 넓이는 몇 cm²입니까?
(원주율: 3.1)

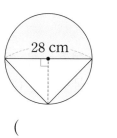

( )

14 지름이 2.4 cm인 100원짜리 동전을 굴렸더니 앞으로 36 cm만큼 굴러갔습니다. 100원짜리 동전을 몇 바퀴 굴린 것입니까? (원주율: 3)

( )

15 색칠한 부분의 둘레는 몇 cm입니까?

(원주율: 3.1)

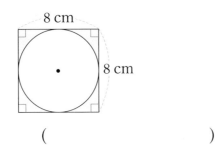

8 cm

8 cm

(   )

16 색칠한 부분의 둘레는 몇 cm입니까?

(원주율: 3.1)

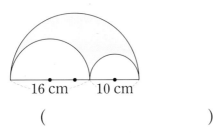

16 cm 10 cm

(   )

17 가온이와 영훈이가 지름이 각각 85 cm, 90 cm인 굴렁쇠를 68.2 m 떨어진 일직선 도로의 양 끝에서 서로 마주 보고 동시에 굴렸습니다. 가온이가 10바퀴 굴린 지점에서 두 굴렁쇠가 다음과 같이 만났다면 영훈이는 굴렁쇠를 몇 바퀴 굴렸습니까?

(원주율: 3.1)

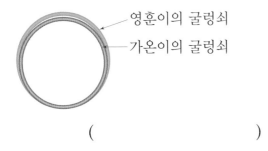

영훈이의 굴렁쇠

가온이의 굴렁쇠

(   )

◀ 서술형 **문제**

18 두 원의 넓이의 합은 몇 cm²입니까?

(원주율: 3)

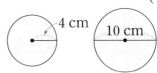

4 cm 10 cm

풀이 |

답 |

19 지름이 40 m인 원 모양 호수의 둘레에 2 m 간격으로 가로등을 세웠습니다. 모두 몇 개의 가로등을 세웠습니까? (단, 가로등의 크기는 생각하지 않습니다.) (원주율: 3.1)

풀이 |

답 |

20 반지름이 15 cm인 원 3개를 오른쪽과 같이 끈으로 겹치지 않게 묶었습니다. 사용한 끈의 길이는 몇 cm인지 풀이 과정을 쓰고 답을 구해 보시오. (단, 끈의 두께와 끈을 묶는 데 사용한 매듭의 길이는 생각하지 않습니다.) (원주율: 3.14)

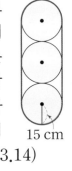

15 cm

풀이 |

답 |

점수

확인

· 정답 71쪽

5
단원

1 두 원의 원주의 차는 몇 cm입니까?

(원주율: 3.14)

> ㉠ 지름이 8 cm인 원
> ㉡ 반지름이 5 cm인 원

(   )

2 원의 넓이가 27 cm²일 때, ☐ 안에 알맞은 수를 써넣으시오. (원주율: 3)

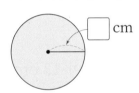

3 둘레가 80 cm인 정사각형 안에 꼭 맞게 그린 원의 원주는 몇 cm입니까?

(원주율: 3.1)

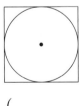

(   )

4 우현이와 재희는 도화지에 다음과 같은 원을 그렸습니다. 누가 그린 원의 넓이가 더 넓습니까? (원주율: 3)

> • 우현: 지름이 9 cm인 원
> • 재희: 원주가 24 cm인 원

(   )

5 작은 원 한 개의 원주가 24.8 cm일 때, 큰 원의 원주는 몇 cm입니까? (원주율: 3.1)

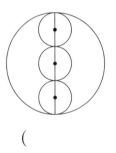

(   )

6 색칠한 부분의 둘레는 몇 cm입니까?

(원주율: 3.14)

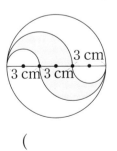

(   )

◖서술형 **문제**

7 그림과 같은 트랙에서 색칠한 부분의 넓이는 몇 m²입니까? (원주율: 3)

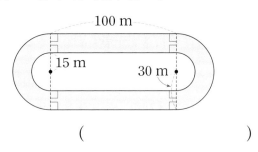

(   )

9 넓이가 78.5 cm²인 원의 원주는 몇 cm인지 풀이 과정을 쓰고 답을 구해 보시오.
(원주율: 3.14)

풀이 |

_____

_____

_____

답 |

잘 **틀리는 문제**

8 색칠한 부분의 넓이는 몇 cm²입니까?
(원주율: 3.1)

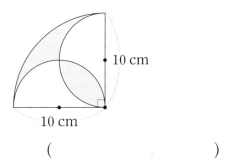

(   )

10 도형은 반지름이 13 cm인 원의 일부분입니다. 도형의 넓이는 몇 cm²인지 풀이 과정을 쓰고 답을 구해 보시오. (원주율: 3)

풀이 |

_____

_____

답 |

6 원기둥, 원뿔, 구

실전유형 강화

파워 pick 교과서에 자주 나오는 응용 문제
교과 역량 생각하는 힘을 키우는 문제

개념책 106쪽

유형 1 원기둥

원기둥: 서로 합동이고 평행한 두 원이 있는 입체도형

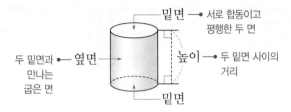

1 원기둥을 모두 찾아 써 보시오.

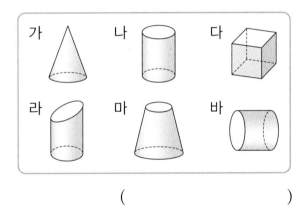

( )

서술형

2 원기둥에 대하여 잘못 말한 사람을 찾고, 그 이유를 써 보시오.

- 건우: 두 밑면이 서로 합동이고 평행한 원이야.
- 세희: 밑면이 2개이고, 옆면은 굽은 면이야.
- 유미: 높이는 1개 그을 수 있어.

답 |

_____

_____

_____

3 한 변을 기준으로 직사각형 모양의 종이를 한 바퀴 돌려 원기둥을 만들려고 합니다. 밑면의 지름이 16 cm인 원기둥을 만드는 사람은 누구입니까?

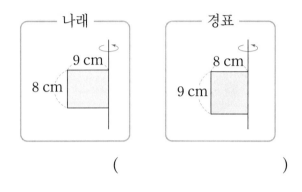

( )

4 원기둥을 앞에서 본 모양의 둘레는 몇 cm입니까?

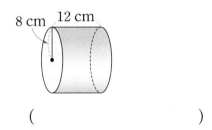

( )

파워 pick

5 한 변을 기준으로 어떤 평면도형을 한 바퀴 돌려 만든 입체도형입니다. 돌리기 전의 평면도형의 넓이는 몇 cm²입니까?

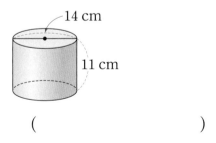

( )

개념책 107쪽

유형 **2** **원기둥의 전개도**

원기둥의 전개도: 원기둥을 잘라서 평면 위에
펼쳐 놓은 그림

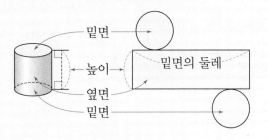

6 원기둥의 전개도를 찾아 써 보시오.

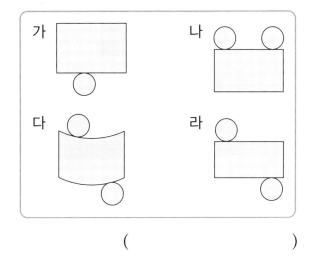

( )

7 원기둥의 전개도에 대한 설명으로 <u>잘못된</u> 것은
어느 것입니까? ( )

① 옆면의 모양은 직사각형입니다.

② 옆면의 세로는 밑면의 지름과 같습니다.

③ 두 밑면의 모양은 원이고, 서로 합동입
니다.

④ 옆면의 가로는 밑면의 둘레와 같습니다.

⑤ 밑면은 2개이고, 옆면은 1개입니다.

8 원기둥의 전개도에서 밑면의 반지름이 6 cm일
때, 원기둥의 옆면의 넓이는 몇 cm²입니까?

(원주율: 3.1)

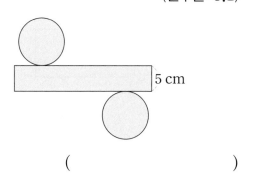

( )

9 전개도가 다음과 같은 원기둥의 한 밑면의 넓이
는 몇 cm²입니까? (원주율: 3)

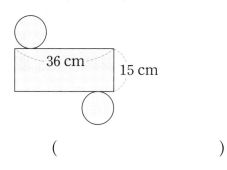

( )

10 원기둥의 전개도의 둘레는 몇 cm입니까?

(원주율: 3)

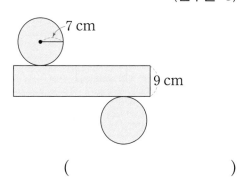

( )

개념책 108쪽

11 원기둥의 전개도의 둘레가 74 cm일 때, 옆면의 넓이는 몇 cm²입니까? (원주율: 3)

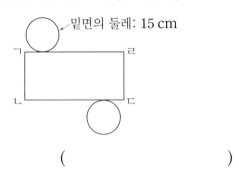

밑면의 둘레: 15 cm

( )

교과 역량 문제 해결, 추론

12 선재는 가 전개도로 만든 원기둥 모양의 용기에 음료수를 담고, 음료수가 담긴 용기를 나 전개도로 만든 상자에 담으려고 합니다. 상자 한 개에 용기를 최대 몇 개까지 담을 수 있습니까? (단, 용기와 상자의 두께는 생각하지 않습니다.)

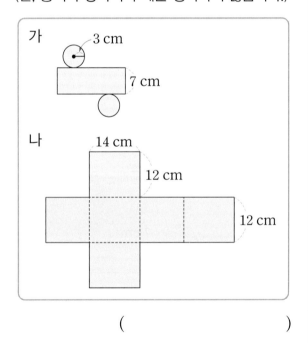

가
3 cm
7 cm

나
14 cm
12 cm
12 cm

( )

유형 **3** 원뿔

원뿔: 한 면이 원인 뿔 모양의 입체도형

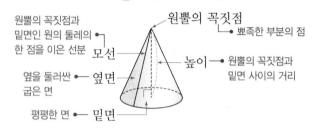

원뿔의 꼭짓점과 밑면인 원의 둘레의 한 점을 이은 선분 → 모선

옆을 둘러싼 굽은 면 → 옆면

평평한 면 → 밑면

원뿔의 꼭짓점 → 뾰족한 부분의 점

높이 → 원뿔의 꼭짓점과 밑면 사이의 거리

13 원뿔을 모두 찾아 써 보시오.

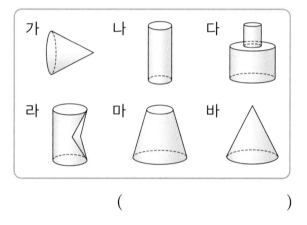

가 나 다
라 마 바

( )

14 원뿔을 보고 나눈 대화에서 잘못 말한 사람은 누구입니까?

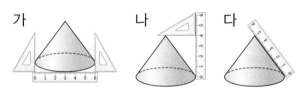

가 나 다

• 진아: 가는 밑면의 지름을 재는 방법이고, 밑면은 반지름이 6 cm인 원이야.

• 은주: 나는 높이를 재는 방법이고, 높이는 4 cm야.

• 동우: 다는 모선의 길이를 재는 방법이고, 모선의 길이는 5 cm야.

( )

15 원뿔에 대한 설명으로 바른 것을 찾아 기호를 써 보시오.

> ㉠ 밑면이 2개입니다.
> ㉡ 모선이 무수히 많습니다.
> ㉢ 원뿔의 꼭짓점이 2개입니다.

(   )

16 원뿔과 각뿔의 공통점을 모두 찾아 기호를 써 보시오.

> ㉠ 밑면의 수   ㉡ 위에서 본 모양
> ㉢ 꼭짓점의 수   ㉣ 앞에서 본 모양

(   )

서술형

17 다혜가 설명하는 원뿔의 밑면의 반지름은 몇 cm인지 풀이 과정을 쓰고 답을 구해 보시오.

> 원뿔을 앞에서 본 모양은 한 변의 길이가 14 cm인 정삼각형이야.

다혜

풀이 |

_____

_____

_____

답 | _____

18 원뿔에서 삼각형 ㄱㄴㄷ의 둘레가 54 cm일 때, 변 ㄱㄴ의 길이는 몇 cm입니까?

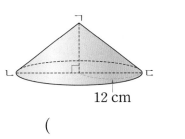

12 cm

(   )

파워 pick

19 오른쪽은 한 변을 기준으로 어떤 평면도형을 한 바퀴 돌려 만든 입체도형입니다. 돌리기 전의 평면도형의 넓이는 몇 cm²입니까?

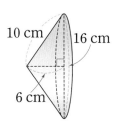

10 cm   16 cm   6 cm

(   )

20 원뿔을 앞에서 본 모양의 넓이가 240 cm²일 때, 원뿔의 밑면의 넓이는 몇 cm²입니까?

(원주율: 3.14)

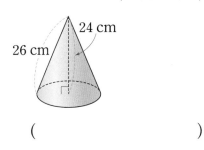

26 cm   24 cm

(   )

개념책 109쪽

유형 **4** 구

구: 공 모양의 입체도형

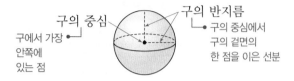

21 구를 모두 찾아 써 보시오.

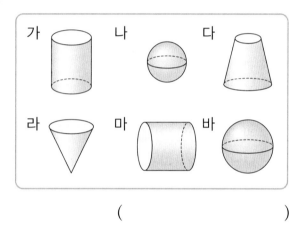

( )

22 구에 대한 설명으로 잘못된 것을 찾아 기호를 써 보시오.

> ㉠ 구의 중심은 무수히 많습니다.
> ㉡ 구의 반지름은 모두 같습니다.
> ㉢ 구는 꼭짓점이 없습니다.

( )

23 구의 겉면에 그릴 수 있는 가장 큰 원의 지름은 몇 cm입니까?

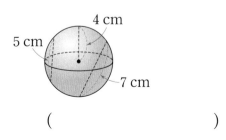

( )

24 지름을 기준으로 반원 모양의 종이를 한 바퀴 돌려 입체도형을 만들었습니다. 만든 입체도형을 앞에서 본 모양의 넓이는 몇 cm²입니까?

(원주율: 3.1)

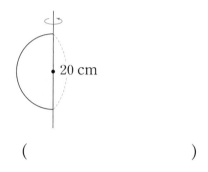

( )

교과 역량 추론

25 구를 원기둥 모양의 상자에 넣었더니 딱 맞았습니다. 구의 반지름이 15 cm일 때, 원기둥 모양 상자의 한 밑면의 둘레는 몇 cm입니까?

(원주율: 3.14)

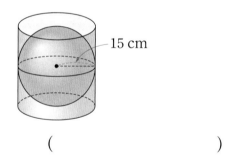

( )

26 한 변을 기준으로 어떤 평면도형을 한 바퀴 돌려 만든 구입니다. 돌리기 전의 평면도형의 넓이가 54 cm²일 때, 구의 반지름은 몇 cm입니까? (원주율: 3)

( )

유형 5 · 원기둥, 원뿔, 구의 비교

	원기둥	원뿔	구
모양	기둥 모양	뿔 모양	공 모양
밑면	원, 2개	원, 1개	없음.
옆면	굽은 면	굽은 면	없음.
꼭짓점	없음.	1개	없음.
위에서 본 모양	원	원	원
앞, 옆에서 본 모양	직사각형	삼각형	원

27 원기둥에는 없지만 원뿔에는 있는 것을 찾아 기호를 써 보시오.

┌─────────────────────────────┐
│ ㉠ 밑면 ㉡ 옆면 ㉢ 높이 ㉣ 꼭짓점 │
└─────────────────────────────┘

(   )

교과 역량 추론

28 입체도형을 보고 물음에 답하시오.

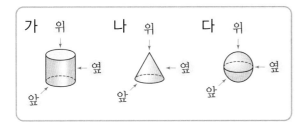

(1) 위에서 본 모양이 원인 입체도형을 모두 찾아 써 보시오.

(   )

(2) 앞에서 본 모양이 직사각형인 입체도형을 찾아 써 보시오.

(   )

(3) 옆에서 본 모양이 삼각형인 입체도형을 찾아 써 보시오.

(   )

29 어느 방향에서 보아도 모양이 같은 입체도형을 찾아 써 보시오.

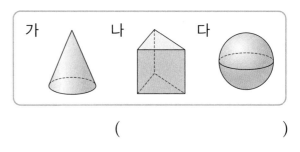

(   )

30 원기둥, 원뿔, 구를 잘못 비교한 것을 찾아 기호를 써 보시오.

┌────────────────────────────────┐
│ ㉠ 원기둥과 원뿔은 밑면의 수가 다릅니다. │
│ ㉡ 원뿔은 뿔 모양이고 구는 공 모양입니다. │
│ ㉢ 원기둥과 구는 앞에서 본 모양이 같습 │
│   니다. │
└────────────────────────────────┘

(   )

서술형

31 원기둥과 구의 공통점과 차이점을 나눈 대화에서 잘못 말한 사람을 찾고, 그 이유를 써 보시오.

┌────────────────────────────────┐
│ • 현지: 원기둥과 구는 뾰족한 부분이 없어. │
│ • 준서: 구와 원기둥은 어느 방향에서 보아 │
│   도 모양이 모두 원이야. │
└────────────────────────────────┘

답 | _____

_____

_____

상위권유형 강화

유형 **6** • 원기둥의 전개도를 이용하여 길이 구하기 •

원기둥의 옆면의 가로는 밑면의 둘레와 같아!

대표문제

32 원기둥의 전개도에서 옆면의 넓이는 341 cm² 입니다. 전개도를 접었을 때 만들어지는 원기둥의 높이는 몇 cm입니까? (원주율: 3.1)

문제 풀이

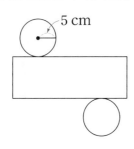

❶ 옆면의 가로 구하기

( )

❷ 원기둥의 높이 구하기

( )

33 원기둥의 전개도에서 옆면의 넓이는 520.8 cm² 입니다. 전개도를 접었을 때 만들어지는 원기둥의 높이는 몇 cm입니까? (원주율: 3.1)

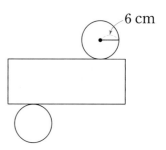

( )

34 원기둥의 전개도에서 옆면의 넓이는 911.4 cm² 입니다. 전개도를 접었을 때 만들어지는 원기둥의 한 밑면의 넓이는 몇 cm²입니까?

(원주율: 3.1)

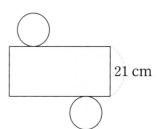

( )

108 파워_유형책 6-2

유형 **7** • 원기둥이 지나간 부분의 넓이를 알 때, 밑면의 반지름 구하기 •

원기둥이 옆면의 넓이는 원기둥이 한 바퀴 지나간 부분의 넓이와 같아!

대표문제

35 높이가 13 cm인 원기둥을 4바퀴 굴렸더니 원기둥이 지나간 부분의 넓이가 624 cm²였습니다. 이 원기둥의 밑면의 반지름은 몇 cm입니까? (원주율: 3)

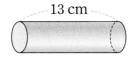

❶ 원기둥의 옆면의 넓이 구하기

(   )

❷ 밑면의 둘레 구하기

(   )

❸ 밑면의 반지름 구하기

(   )

36 높이가 20 cm인 원기둥을 5바퀴 굴렸더니 원기둥이 지나간 부분의 넓이가 1800 cm²였습니다. 이 원기둥의 밑면의 반지름은 몇 cm입니까? (원주율: 3)

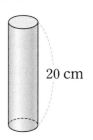

(   )

37 높이가 25 cm인 원기둥 모양의 롤러에 페인트를 묻혀 9바퀴 굴렸더니 페인트가 묻은 부분의 넓이가 5580 cm²였습니다. 이 롤러의 밑면의 반지름은 몇 cm입니까? (원주율: 3.1)

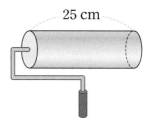

(   )

유형 8 • 직사각형 모양의 종이로 만들 수 있는 원기둥의 최대 높이 구하기 •

종이의 가로와 세로 중 한 변은 (밑면의 지름)×2+(옆면의 세로)야!

대표문제

38 가로 25 cm, 세로 16 cm인 직사각형 모양의 종이에 원기둥의 전개도를 그려서 원기둥 모양의 상자를 만들려고 합니다. 밑면의 반지름을 3 cm로 하여 최대한 높은 원기둥 모양의 상자를 만들려면 상자의 높이를 몇 cm로 해야 합니까? (원주율: 3)

25 cm

16 cm

❶ 원기둥의 전개도에서 옆면의 가로 구하기

(   )

❷ 상자의 최대 높이 구하기

(   )

39 가로 36 cm, 세로 20 cm인 직사각형 모양의 종이에 원기둥의 전개도를 그려서 원기둥 모양의 상자를 만들려고 합니다. 밑면의 반지름을 4 cm로 하여 최대한 높은 원기둥 모양의 상자를 만들려면 상자의 높이를 몇 cm로 해야 합니까? (원주율: 3)

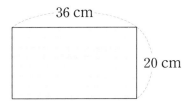

36 cm

20 cm

(   )

40 가로 45 cm, 세로 54 cm인 직사각형 모양의 종이에 원기둥의 전개도를 그려서 원기둥 모양의 상자를 만들려고 합니다. 밑면의 반지름을 7 cm로 하여 최대한 높은 원기둥 모양의 상자를 만들려면 상자의 높이를 몇 cm로 해야 합니까? (원주율: 3)

(   )

유형 **9**   • 원기둥의 전개도의 넓이 구하기 •

(전개도의 넓이)=(한 밑면의 넓이)×2+(옆면의 넓이)야!

대표문제

41 한 변을 기준으로 직사각형 모양의 종이를 한 바퀴 돌렸을 때 만들어지는 입체도형의 전개도를 그렸습니다. 그린 전개도의 넓이는 몇 cm² 입니까? (원주율: 3)

문제 풀이

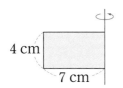

❶ ⬜ 안에 알맞은 수 써넣기

> 직사각형 모양의 종이를 한 바퀴 돌리면 밑면의 반지름이 ⬜ cm, 높이가 ⬜ cm인 원기둥이 만들어집니다.

❷ 한 밑면의 넓이 구하기

( )

❸ 옆면의 넓이 구하기

( )

❹ 전개도의 넓이 구하기

( )

42 한 변을 기준으로 직사각형 모양의 종이를 한 바퀴 돌렸을 때 만들어지는 입체도형의 전개도를 그렸습니다. 그린 전개도의 넓이는 몇 cm² 입니까? (원주율: 3)

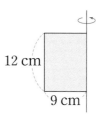

( )

43 긴 변을 기준으로 직사각형 모양의 종이를 한 바퀴 돌렸을 때 만들어지는 입체도형의 전개도를 그렸습니다. 그린 전개도의 넓이는 몇 cm² 입니까? (원주율: 3.1)

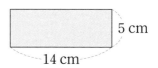

( )

응용 단원 평가

1 원기둥은 어느 것입니까? (   )

 ①
 ②

 ③
 ④

 ⑤

2 원뿔의 모선의 길이는 몇 cm입니까?

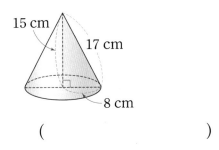

(   )

3 원기둥의 전개도는 어느 것입니까?

(   )

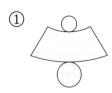 ①
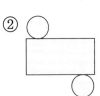 ②

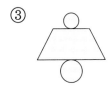 ③
 ④

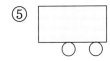 ⑤

4 한 변을 기준으로 직각삼각형 모양의 종이를 한 바퀴 돌려 만든 입체도형의 밑면의 지름과 높이는 각각 몇 cm입니까?

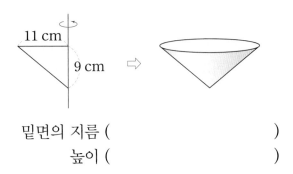

밑면의 지름 (   )

높이 (   )

5 원기둥과 원뿔의 높이의 차는 몇 cm입니까?

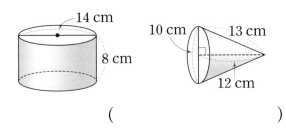

(   )

6 원기둥과 원뿔에 대한 설명을 각각 모두 찾아 기호를 써 보시오.

> ㉠ 밑면이 원입니다.
> ㉡ 밑면이 1개입니다.
> ㉢ 밑면이 2개입니다.
> ㉣ 옆면이 굽은 면입니다.

원기둥 (   )

원뿔 (   )

7 원기둥과 원기둥의 전개도를 보고 □ 안에 알맞은 수를 써넣으시오. (원주율: 3.1)

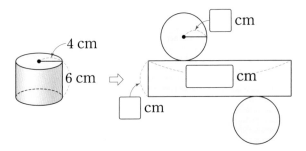

8 오른쪽과 같이 지름을 기준으로 반원 모양의 종이를 한 바퀴 돌려 만든 입체도형의 지름은 몇 cm입니까?

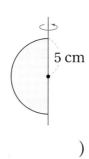

5 cm

(   )

9 위, 앞, 옆에서 본 모양이 모두 원인 입체도형의 이름을 써 보시오.

(   )

10 원뿔과 구의 공통점을 모두 고르시오.

(   )

① 기둥 모양의 입체도형입니다.
② 굽은 면이 있습니다.
③ 밑면은 1개입니다.
④ 꼭짓점이 있습니다.
⑤ 위에서 본 모양이 같습니다.

11 구를 원기둥 모양의 상자에 넣었더니 크기가 딱 맞았습니다. 원기둥의 높이가 14 cm일 때, 구의 반지름은 몇 cm입니까?

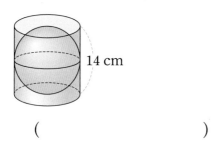

14 cm

(   )

12 전개도가 다음과 같은 원기둥의 한 밑면의 넓이는 몇 cm²입니까? (원주율: 3.1)

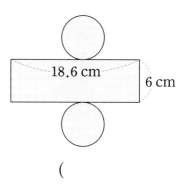

18.6 cm   6 cm

(   )

13 원기둥을 앞에서 본 모양의 넓이는 몇 cm² 입니까?

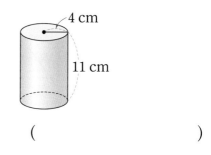

4 cm

11 cm

(   )

^잘 틀리는 문제
14 한 변을 기준으로 어떤 평면도형을 한 바퀴 돌려 만든 입체도형입니다. 돌리기 전의 평면도형의 넓이는 몇 cm²입니까?

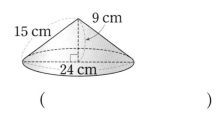

9 cm
15 cm
24 cm

(   )

15 원기둥의 전개도에서 옆면의 둘레는 몇 cm 입니까? (원주율: 3.14)

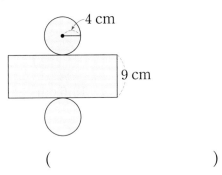

4 cm

9 cm

( )

16 원뿔을 앞에서 본 모양의 넓이가 192 cm² 일 때, 원뿔의 밑면의 넓이는 몇 cm²입니까? (원주율: 3.1)

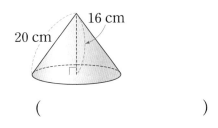

16 cm

20 cm

( )

17 원기둥의 전개도에서 옆면의 넓이는 126 cm² 입니다. 전개도를 접었을 때 만들어지는 원기둥의 높이는 몇 cm입니까? (원주율: 3)

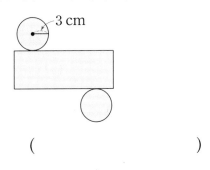

3 cm

( )

◀ 서술형 **문제**

18 오른쪽 그림이 원기둥의 전개도가 <u>아닌</u> 이유를 써 보시오.

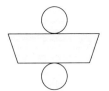

이유 |
_____
_____

19 원기둥의 전개도를 만들었을 때 옆면의 넓이는 몇 cm²인지 풀이 과정을 쓰고 답을 구해 보시오. (원주율: 3)

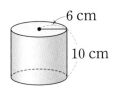

6 cm

10 cm

풀이 |
_____
_____
_____

답 |

20 높이가 8 cm인 원기둥 모양의 롤러에 페인트를 묻혀 3바퀴 굴렸더니 페인트가 묻은 부분의 넓이가 297.6 cm²였습니다. 이 롤러의 밑면의 반지름은 몇 cm인지 풀이 과정을 쓰고 답을 구해 보시오. (원주율: 3.1)

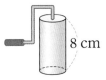

8 cm

풀이 |
_____
_____
_____

답 |

1 직각삼각형 모양의 종이를 직각을 낀 변을 기준으로 한 바퀴 돌렸을 때 만들어지는 입체도형을 찾아 써 보시오.

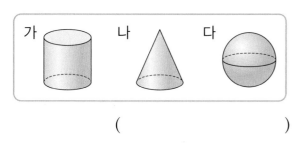

가   나   다

(   )

2 소미가 말하는 입체도형을 찾아 써 보시오.

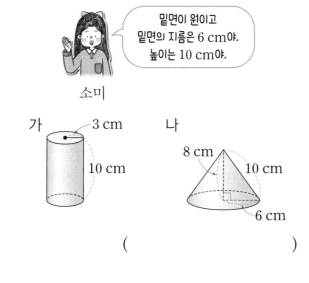

밑면이 원이고
밑면의 지름은 6 cm야.
높이는 10 cm야.

소미

가   3 cm
10 cm

나
8 cm   10 cm
6 cm

(   )

3 구를 앞에서 본 모양의 둘레는 몇 cm입니까? (원주율: 3.14)

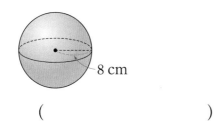

8 cm

(   )

4 전개도가 다음과 같은 원기둥의 옆면의 넓이는 몇 cm²입니까? (원주율: 3)

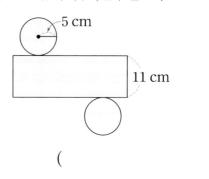

5 cm

11 cm

(   )

5 원기둥, 원뿔, 구를 잘못 비교한 것을 찾아 기호를 써 보시오.

㉠ 원기둥은 밑면이 있지만 구는 밑면이 없습니다.

㉡ 원뿔은 뾰족한 부분이 있지만 구는 뾰족한 부분이 없습니다.

㉢ 원기둥과 원뿔, 구를 위에서 본 모양은 모두 원입니다.

㉣ 원기둥과 구는 어느 방향에서 보아도 모양이 원으로 같습니다.

(   )

6 원뿔에서 삼각형 ㄱㄴㄷ의 둘레가 36 cm일 때, 변 ㄱㄴ의 길이는 몇 cm입니까?

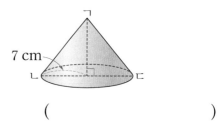

7 cm

ㄱ
ㄴ   ㄷ

(   )

심화 단원평가

7 원기둥의 전개도의 둘레가 128 cm일 때, 원기둥의 밑면의 반지름은 몇 cm입니까?

(원주율: 3)

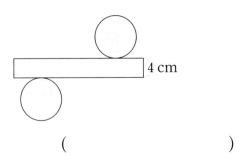

(   )

8 가로 40 cm, 세로 32 cm인 직사각형 모양의 종이에 원기둥의 전개도를 그려서 원기둥 모양의 상자를 만들려고 합니다. 밑면의 반지름을 6 cm로 하여 최대한 높은 원기둥 모양의 상자를 만들려면 상자의 높이를 몇 cm로 해야 합니까? (원주율: 3)

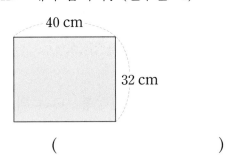

(   )

◁ 서술형 **문제**

9 한 변을 기준으로 어떤 평면도형을 한 바퀴 돌려 만든 입체도형입니다. 돌리기 전의 평면도형의 넓이는 몇 cm^2인지 풀이 과정을 쓰고 답을 구해 보시오.

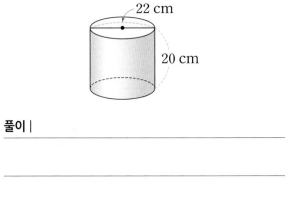

풀이 |

답 |

10 한 변을 기준으로 직사각형 모양의 종이를 한 바퀴 돌렸을 때 만들어지는 입체도형의 전개도를 그렸습니다. 그린 전개도의 넓이는 몇 cm^2인지 풀이 과정을 쓰고 답을 구해 보시오. (원주율: 3)

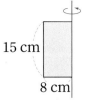

풀이 |

답 |